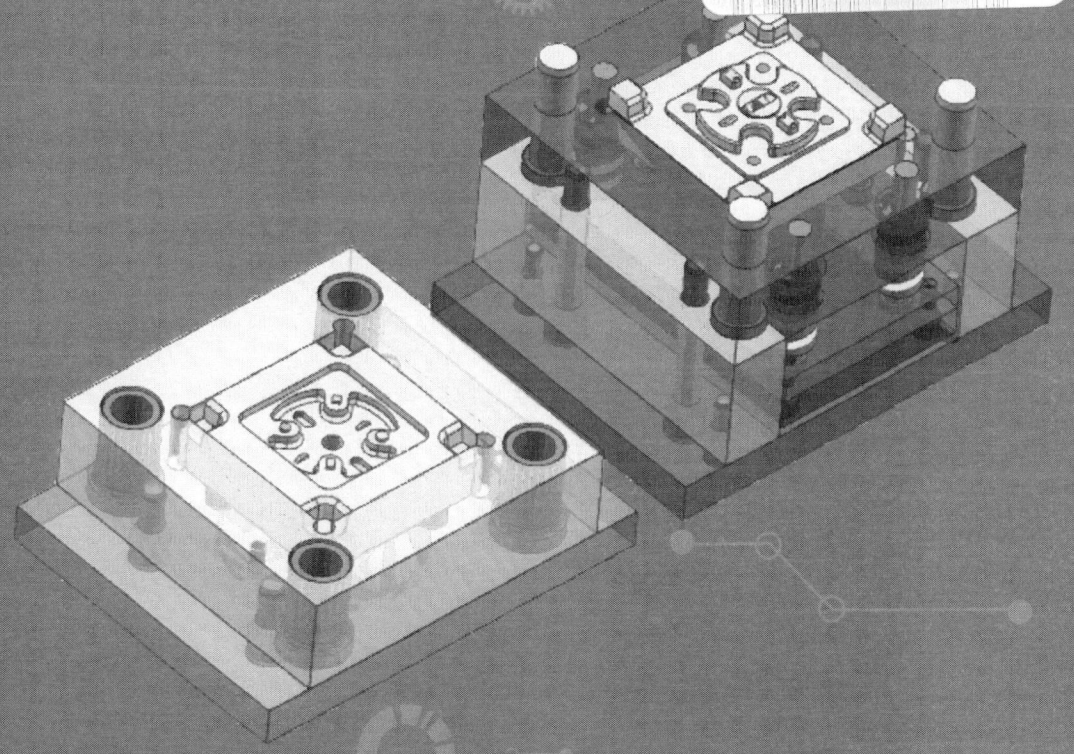

塑膠模具結構

主　編　劉鈺瑩
副主編　彭　浪

前言

　　本書根據人才培養目標的準確定位，在市場調查和總結近幾年各學校模具專業課程教改的基礎上撰寫而成。

　　本書共5個項目，介紹了殼形件模具結構、平板件模具結構設計、直齒輪模具結構設計、水杯模具結構設計、電池蓋模具結構設計。

　　本書具有以下特點：

　　(1)以典型塑膠模具結構設計的工作過程為導向，透過案例引入、任務分析、任務實施等完成單個案例的訓練，並通過要求學生完成其他案例對應的工作任務，達到檢測學習情況的目的。

　　(2)本書內容強化技能和綜合技能的培養，與職業技能鑒定相融合，要求教師在"教中做"，學生在"做中學"。

　　(3)本書與射出成型模具資源庫結合為一體。書內附有大量的模具結構圖和來自企業的模具工程圖，用形象、直觀的圖形語言來講述複雜的問題，以降低學習難度，使複雜問題簡單化，抽象問題形象化，從而提高學生的學習興趣，改善教學效果。

本書由劉鈺瑩主編，彭浪、鄭瑩、周勤、魯紅梅參與編寫。本書可作為中職學校的塑膠模具設計教材，也可供從事塑膠製品生產和塑膠模具設計的工程技術人員和自學者參考使用。在本書的編寫過程中，我們參考了公開出版的同類書籍並引用了部分圖表，在此向這些書籍的作者表示感謝！

由於編者水準有限，書中難免存在紕漏和不足之處，懇請廣大讀者和專家批評指正。

目錄

專案一　殼形件模具結構 001
　　任務一　塑膠的組成及分類 002
　　任務二　認識並選用塑膠 010
　　任務三　塑件結構工藝性分析 024
　　任務四　單型腔注射模結構 036

專案二　平板件模具結構設計 043
　　任務一　多型腔注射模典型結構 044
　　任務二　分析注射成型工藝過程及選擇注射參數 049
　　任務三　確定型腔數目及排位 061
　　任務四　確定分型面的位置 070
　　任務五　設計流道 078
　　任務六　確定澆口 冷料穴及排氣系統的結構與尺寸 086
　　任務七　成型零部件的計算與設計 ... 103
　　任務八　確定模具結構並選用標準模架 121

任務九　選擇推出機構 134
　　任務十　設計模具冷卻系統 155

專案三　直齒輪模具結構設計 167
　　任務一　雙分型面注射模典型結構 ...168
　　任務二　選擇澆注系統 173
　　任務三　設計順序分型機構 186

專案四　水杯模具結構設計 195
　　任務一　側向分型與抽芯注射模典型結構
　　　　　　..................196
　　任務二　設計側向分型與抽芯機構 ... 203
　　任務三　常見的側向分型與抽芯機構... 216

專案五　電池蓋模具結構設計 229
　　任務　　設計電池蓋模具結構 230

附　錄 246
　　附錄一　常見名稱術語對照表 246
　　附錄二　海天公司部分注射機型號參數... 247
　　附錄三　常用熱塑性成型工藝參數 ... 249

殼形件模具結構

　　本項目以某企業中小批量生產的塑膠殼體為載體,如下圖所示,培養合理選擇與分析塑膠原料的能力。要求塑膠殼體具有較高的抗拉、抗壓性能和耐疲勞強度、外表面無瑕疵、美觀、性能可靠。要求設計一套成型該塑件的模具。透過本項目的學習,完成對塑件材料的選擇及對材料使用性能和成型工藝性能的分析。透過識讀模具裝配圖,了解模具結構及其組成。

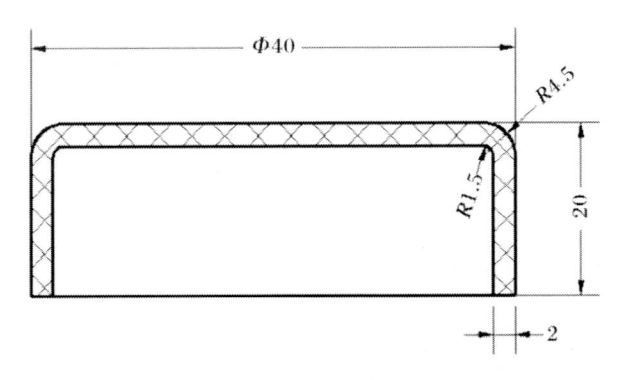

塑膠殼體

目標類型	目標要求
知識目標	(1)掌握塑膠的概念及組成 (2)掌握熱固性塑膠、熱塑性塑膠的概念以及二者的區別 (3)瞭解熱固性塑膠和熱塑性塑膠的成型特性 (4)掌握常用塑膠的名稱和代號 (5)熟悉常用塑膠的基本特性、成型特點和主要用途
技能目標	(1)會分析並選擇塑膠種類 (2)會分析給定塑膠的使用性能和工藝性能
情感目標	(1)學會表達自己的觀點 (2)能自學或是與同伴一起合作學習 (3)能利用網路資源查看、收集學習資料

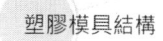

任務一　塑膠的組成及分類

任務目標

(1)熟悉塑膠的組成及性能。

(2)掌握塑膠的分類。

(3)能分析塑膠的工藝性能。

任務分析

表 1-1-1 是 I 型(無衝擊要求)和 II 型(高抗衝擊要求)飲水用管材配方。

(1)請閱讀表 1-1-1 指出各材料組成部分的類型與作用。

(2) I 型和 II 型配方有什麼區別？

表 1-1-1　飲水用管材配方

序號	材料組成名稱	I 型(份)	II 型(份)
1	PVC 樹脂(中–高分子量)	100	100
2	硫酸錫	0.5～2.0	0.5～2.0
3	潤滑劑	0.5～2.0	0.5～2.0
4	抗衝擊改性劑	0～5.0	8.0～15.0
5	加工助劑	2.0～5.0	2.0～5.0
6	顏料	1.9～2.0	1.9～2.0

任務實施

(1)閱讀 PVC 及其助劑的有關內容。

(2)分析表1-1-1各組分的類型與作用。

(3)分析兩種配方的區別。

相關知識

一、樹脂與塑膠

塑膠的主要成分是樹脂。最早，樹脂是從樹木中分泌出的脂物，如松香就是從松樹分泌出的乳液狀松脂中分離出來的。後來發現，從熱帶昆蟲的分泌物中也可提取樹脂，如蟲膠；有的樹脂還可以從石油中得到，如瀝青。這些都屬於天然樹脂，其特點是無明顯熔劑，受熱後漸漸軟化，可溶解於有機溶劑，而不溶解於水等。

隨著生產的發展，天然樹脂在數量和品質上都遠遠不能滿足需要，於是人們根據天然樹脂的分子結構和特性，應用人工方法製造出了合成樹脂。例如，酚醛樹脂、氨基樹脂、環氧樹脂、聚乙烯、聚氯乙烯等都屬於合成樹脂。目前，我們所使用的塑膠一般都是用合成樹脂製成的，而很少採用天然樹脂。因為合成樹脂具有優良的成型工藝性，有些合成樹脂也可以直接作為塑膠使用(如酚醛樹脂、氨基樹脂、聚氯乙烯等)。

塑膠是以高分子合成樹脂為基本原料，加入一定量的添加劑(也稱加工助劑)而組成，在一定的溫度壓力下可塑製成具有一定結構形狀，能在常溫下保持其形狀不變的材料。

1.聚合物的特點

合成樹脂是由一種或幾種簡單化合物透過聚合反應而生成的一種高分子化合物，也叫聚合物，這些簡單的化合物也叫單體。合成樹脂是一種聚合物，所以分析塑料的分子結構實質上是分析聚合物的分子結構。

如果聚合物的分子鏈呈不規則的線狀(或者團狀)，且聚合物是由一根根分子鏈組成的，則稱為線型聚合物，如圖1-1-1(a)所示；如果在大分子的鏈之間還有一些短鏈把它們連接起來，成為立體結構，則稱為體型聚合物，如圖1-1-1(b)所示；此外，還有一些聚合物的大分子主鏈上帶有一些或長或短的小支鏈，整個分子鏈呈枝狀，如圖1-1-1(c)所示，則稱為支鏈型聚合物。

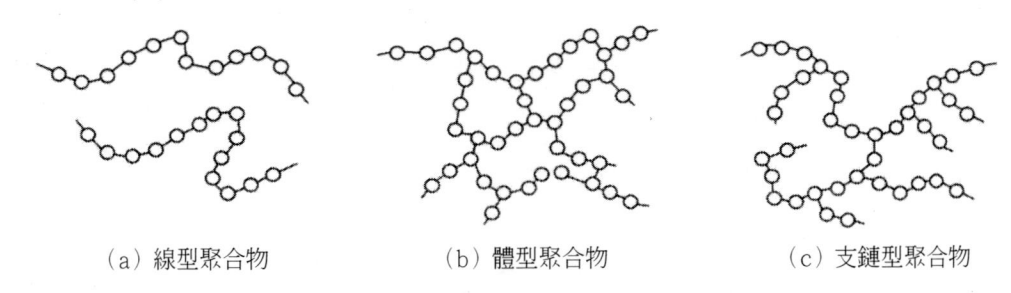

(a) 線型聚合物　　(b) 體型聚合物　　(c) 支鏈型聚合物

圖1-1-1　高分子化合物的結構示意圖

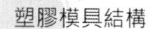

聚合物的分子結構不同，其性質也不同。

(1)線型聚合物的物理特性為具有彈性和塑性，在適當的溶劑中可溶解，當溫度升高時，則軟化至熔化狀態而流動，可以反復成型，這樣的聚合物具有熱塑性。

(2)體型聚合物的物理特性是脆性大和塑性很低，成型前是可溶和可熔的，而一經硬化成型(化學交聯反應)後，就成為不溶不熔的固體，即便在更高的溫度下(甚至被燒焦炭化)也不會軟化，因此，這種材料具有熱固性。

2.聚合物的聚集態結構及其性能

聚合物由於分子特別大且分子間引力也較大，容易聚集為液態或固態，而不形成氣態。固體聚合物的結構按照分子排列的幾何特徵，可分為結晶型和非結晶型(或無定形)兩種。

(1)結晶型聚合物。

結晶型聚合物由"晶區"(分子有規則緊密排列的區域)和"非晶區"(分子處於無序狀態的區域)所組成，如圖1-1-2所示。晶區所占的重品質或體積分數稱為結晶度，低壓聚乙烯在 25 ℃時的結晶度為 85%～90%。通常聚合物的分子結構簡單，主鏈上帶有的側基體積小，對稱性高，分子間作用力大，則有利於結晶；反之，則對結晶不利或不能形成結晶區。結晶只發生線上型聚合物和含交聯不多的體型聚合物中。

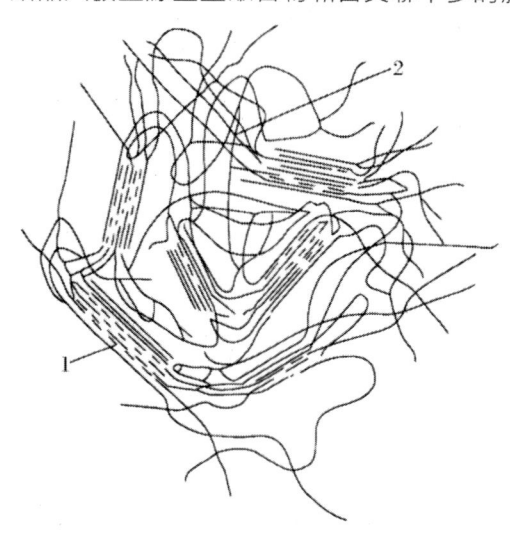

1-晶區；2-非晶區
圖1-1-2　結晶型聚合物晶區形態

結晶對聚合物的性能有較大影響。由於結晶造成了分子緊密聚集狀態，增強了分子間的作用力，所以使聚合物的強度、硬度、剛度及熔點、耐熱性和耐化學性等性能有所提高，但與鏈運動有關的性能如彈性、伸長率和衝擊強度等則有所降低。

(2)非結晶型聚合物。

對於非結晶型聚合物的結構，過去一直認為其分子排列是雜亂無章、相互穿插交纏的。但在電子顯微鏡下觀察，發現非結晶型聚合物的質點排列不是完全無序的，而是大距離範圍內無序、小距離範圍內有序，即"遠端無序、近程有序"。體型聚合物由於分子鏈間存在大量交聯，分子鏈難以做有序排列，所以絕大部分是非結晶型聚合物。

二、塑膠的組成

塑膠是以合成樹脂為基本原料，再加入能改善其性能的各種各樣的添加劑而制成的。在塑膠中，樹脂起決定性的作用，但也不能忽略添加劑的作用。

(1)樹脂。

樹脂是塑膠中最重要的成分，它決定了塑膠的類型和基本性能(如熱性能、物理性能、化學性能、力學性能等)。在塑膠中，它聯繫或膠黏著其他成分，並使塑膠具有可塑性和流動性，從而具有成型性能。

樹脂包括天然樹脂和合成樹脂。在塑膠生產中，一般採用合成樹脂。

(2)填充劑。

填充劑又稱填料，是塑膠中重要的但並非每種塑膠必不可少的成分，如圖1-1-3所示。填充劑與塑膠中的其他成分機械混合，它們之間不起化學作用，但與樹脂牢固膠黏在一起。

填充劑在塑膠中的作用有兩個：一是減少樹脂用量，降低塑膠成本；二是改善塑料的某些性能，擴大塑膠的應用範圍。在許多情況下，填充劑所起的作用是很大的，例如，聚乙烯、聚氯乙烯等樹脂中加入木粉後，既克服了它的脆性，又降低了成本。用玻璃纖維作為塑膠的填充劑，能使塑膠的力學性能大幅度提高，而用石棉作為填充劑則可以提高塑膠的耐熱性。有的填充劑還可以使塑膠具有樹脂所沒有的性能，如導電性、導磁性、導熱性等。

常用的填充劑有碳酸鈣類填充劑、木粉、紙漿、雲母、石棉、玻璃纖維等。

图1-1-3　填充劑　　　　　图1-1-4　增塑劑

(3)增塑劑。

有些樹脂(如硝酸纖維、醋酸纖維、聚氯乙烯等)的可塑性很小,柔軟性也很差。為了降低樹脂的熔融黏度和熔融溫度,改善其成型加工性能,改進塑件的柔韌性、彈性以及其他各種必要的性能,通常加入能與樹脂相溶的、不易揮發的高沸點有機化合物,這類物質稱為增塑劑,如圖1-1-4所示。

對增塑劑的要求:與樹脂有良好的相溶性;揮發性小,不易從塑件中析出;無毒、無色、無臭味;對光和熱比較穩定;不吸濕。

常用的增塑劑有鄰苯二甲酸酯類、癸二酸酯類、磷酸酯類、氯化石蠟等。

(4)著色劑。

為使塑件獲得各種所需色彩,常常在塑膠中加入著色劑。著色劑品種很多,但大體分為無機顏料、有機顏料和染料三大類。三大類著色劑比較如圖1-1-5所示。

三大著色劑兼有其他作用,如本色聚甲醛塑膠用炭黑著色後能在一定程度上有防止光老化。對著色劑的一般要求是:著色力強;與樹脂有很好的相溶性;不與塑膠中其他成分起化學反應;成型過程中不因溫度、壓力變化而分解變色;在塑件的長期使用過程中能夠保持穩定。

■著色能力　　鮮豔性　　■穩定性

無機顏料　　有機顏料　　染料

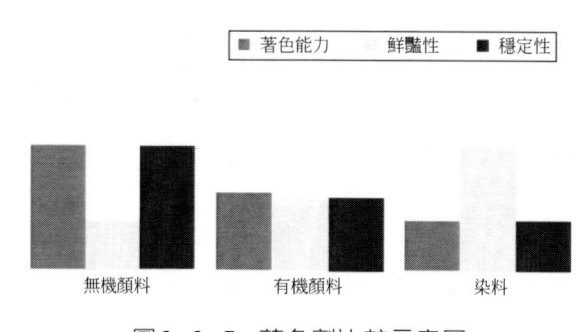

圖1-1-5　著色劑比較示意圖

(5)穩定劑。

為防止或抑制塑膠在成型、儲存和使用過程中，因受外界因素(如熱、光、氧、射線等)作用所引起的性能變化，即所謂"老化"，需要在聚合物中添加一些能穩定其化學性質的物質，這些物質稱為穩定劑。

對穩定劑的要求：對聚合物的穩定效果好，能耐水、耐油、耐化學藥品腐蝕，並與樹脂有很好的相溶性，在成型過程中不分解、揮發小、無色。

穩定劑可分為熱穩定劑、光穩定劑、抗氧化劑等。

常用的穩定劑有硬脂酸鹽類、鉛的化合物、環氧化合物等。

(6)固化劑。固化劑又稱硬化劑、交聯劑。成型熱固性塑膠時，線型高分子結構的合成樹脂需發生交聯反應轉變成體型高分子結構。添加固化劑的目的是促進交聯反應。如在環氧樹脂中加入乙二胺、三乙醇胺等。

塑膠的添加劑還有發泡劑、阻燃劑、防靜電劑、導電劑和導磁劑等。並不是每一種塑膠都要全部加入這些添加劑，而是根據塑膠品種和塑件使用要求按需要有選擇

三、塑膠的分類

塑膠的品種較多，分類的方式也很多，常用的分類方法有以下兩種：

1.根據塑膠中樹脂的分子結構和熱性能分類

(1)熱塑性塑膠。

這類塑膠中樹脂的分子結構是線型或支鏈型結構。它在加熱時可塑製成一定形狀的塑件，冷卻後保持已定型的形狀。如再次加熱，又可軟化熔融，可再次製成一定形狀的塑件，如此可反復多次。在上述過程中一般只有物理變化而無化學變化。由於這一過程是可逆的，在塑膠加工中產生的邊角料及廢品可以回收粉碎成顆粒後重新利用。

可以回收利用，但不是可以無限次地回收利用，因為存在"老化"問題，所以次數是有限的。如一些涼鞋穿幾天就壞了，其原因就是其塑膠已經超過了最大回收利用次數。

常見的熱塑性塑膠有：聚乙烯、聚丙烯、聚氯乙烯、聚苯乙烯、丙烯腈-丁二烯-苯乙烯共聚物(ABS)、聚醯胺、聚甲醛、聚碳酸酯、有機玻璃、聚碸、氟塑膠等。

(2)熱固性塑膠。

這類塑膠在受熱之初分子為線型結構,具有可塑性和可溶性,可塑製成一定形狀的塑件。當繼續加熱時,線型高聚物分子主鏈間形成化學鍵結合(即交聯),分子呈網狀結構,分子最終變為體型結構,變得既不熔融,也不溶解,塑件形狀固定下來不再變化。在成型過程中,既有物理變化又有化學變化。由於熱固性塑膠具有上述特性,故加工中的邊角料和廢品不可回收再生利用,生活中常見的熱固性塑膠件如圖1-1-6所示。

(a)　　　　　　　　　　　(b)

圖1-1-6　常見的熱固性塑膠件(鍋把)

常見的熱固性塑膠有:酚醛塑膠、氨基塑膠、環氧樹脂、脲醛塑膠、三聚氰胺甲醛樹脂和不飽和聚酯等。

2.根據塑膠性能及用途分類

(1)通用塑膠。這類塑膠是指產量大、用途廣、價格低的塑膠。主要包括:聚乙烯、聚氯乙烯、聚苯乙烯、聚丙烯、酚醛塑膠和氨基塑膠六大品種,它們的產量占塑膠總產量的一半以上,構成了塑膠工業的主體。

(2)工程塑膠。這類塑膠常指在工程技術中用作結構材料的塑膠。除具有較高的機械強度外,這類塑膠還具有很好的耐磨性、耐腐蝕性、自潤滑性及尺寸穩定性等。它們具有某些金屬特性,因而現在越來越多地代替金屬作為某些機械零件。目前常用的工程塑膠包括聚醯胺、聚甲醛、聚碳酸酯、ABS、聚碸、聚苯醚、聚四氟乙烯等。

(3)增強塑膠。在塑膠中加入玻璃纖維等填料作為增強材料,以進一步改善材料的力學性能和電性能,這種新型的複合材料通常稱為增強塑膠。它具有優良的力學性能,比強度和比剛度高。增強塑膠分為熱塑性增強塑膠和熱固性增強塑膠。

(4)特殊塑膠。

特殊塑膠指具有某些特殊性能的塑膠。如氟塑膠、聚醯亞胺塑膠、有機矽樹脂、環氧樹脂、導電塑膠、導磁塑膠、導熱塑膠，以及專門為某些用途而改性得到的塑膠，如圖1-1-7所示是小貓站在具有隔熱作用的特殊塑膠上安然無恙。

圖1-1-7 隔熱塑膠效果舉例

任務評價

(1)請將分析資料填寫在表1-1-2的組分類別、組分作用空格處。

表1-1-2 飲水用管材配方分析表

序號	材料組成名稱	Ⅰ型(份)	Ⅱ型(份)	組分類別	組分作用
1	PVC樹脂(中-高分子量)	100	100		
2	硫酸錫	0.5~2.0	0.5~2.0		
3	潤滑劑	0.5~2.0	0.5~2.0		
4	抗衝擊改性劑	0~5.0	8.0~15.0		
5	加工助劑	2.0~5.0	2.0~5.0		
6	顏料	1.9~2.0	1.9~2.0		
衝擊型配方與非衝擊型配方的區別：					

(2)根據完成飲水用管材配方的分析情況進行評價，見表1-1-3。

表1-1-3 塑膠組分分析評價表

評價內容	評價標準	分值	學生自評	教師評價
組分類別	是否正確	30分		
組分作用	是否正確	30分		
兩種配方區別	是否合理	20分		
情感評價	是否積極參與課堂活動，與同學協作完成任務情況	20分		
學習體會				

塑膠模具結構

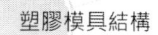

任務二 認識並選用塑膠

任務目標

(1)熟悉常見塑膠的品種。
(2)認識常見塑膠的使用性能及成型性能。
(3)能夠根據產品的要求合理選用塑膠。

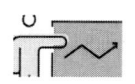

任務分析

每一種塑膠，都有自身的成分與分子結構、使用性能、工藝性能等。對於塑膠制件設計工程師而言，側重考慮塑膠的使用性能和用途；對於模具工程師而言，側重考慮塑膠的工藝性能。透過學習本任務，瞭解塑膠的熱力學性能及工藝性能等，根據塑件的使用要求選擇合適的塑膠品種成型。

任務實施

塑膠殼體為常用機械類零件，需要中小批量生產，考慮其使用性能，選用聚碳酸酯。聚碳酸酯吸水性小，但高溫時對水分比較敏感，因此加工前需要乾燥，否則會出現銀絲、氣泡及強度下降等現象。聚碳酸酯熔融溫度高，熔體黏度大，流動性差，成型時需要較高的溫度和壓力，並且熔體黏度對溫度十分敏感，一般採用提高溫度的方法增強熔體的流動性。

相關知識

一、塑膠的熱力學性能與聚合物的降解

塑膠的物理狀態、力學性能與溫度密切相關。溫度變化時，塑膠的受力行為發生變化,呈現出不同的物理狀態,表現出分階段的力學性能特點。塑膠在受熱時的物理狀態和力學性能對塑膠的成型加工有著非常重要的意義。

1.塑膠的熱力學性能

(1)熱塑性塑膠在受熱時的物理狀態。

熱塑性塑膠在受熱時常存在的物理狀態為玻璃態(結晶聚合物亦稱結晶態)、高彈態和黏流態。如圖1-2-1所示為線型非結晶型聚合物和線型結晶型聚合物受恒定壓力時變形程度與溫度關係的曲線,也稱熱力學曲線。

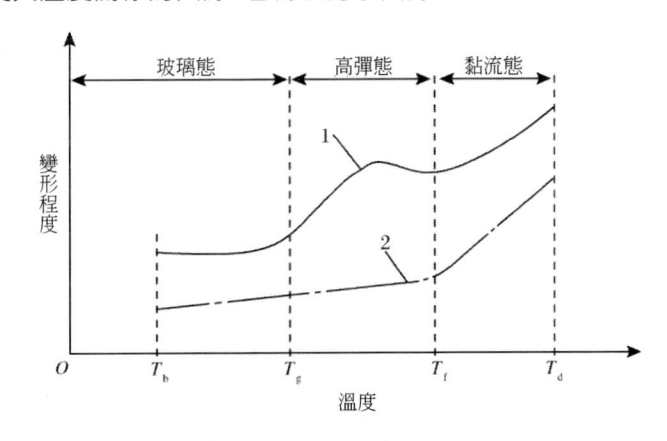

T_b-脆化溫度;T_g-玻璃化溫度;T_f-黏流化溫度;
T_d-分解溫度;1-線型非結晶型聚合物;2-線型結晶型聚合物
圖1-2-1　熱塑性塑膠的熱力學曲線

①玻璃態。

塑膠處於溫度T_g以下的狀態,為堅硬的固體,即玻璃態。在外力作用下,有一定的變形,但變形可逆,即外力消失後,其變形也隨之消失,是大多數塑件的使用狀態。T_g稱為玻璃化溫度,是多數塑膠使用溫度的上限。T_b是聚合物的脆化溫度,是塑膠使用的下限溫度。

加工性:此狀態下,不易進行大變形量加工,但可進行車、鑽、銑、刨等切削加工。

②高彈態。

當塑膠受熱溫度超過T_g時,由於聚合物的鏈段運動,塑膠進入高彈態。處於這一狀態的塑膠類似橡膠狀態的彈性體,仍具有可逆的形變性質。

從圖1-2-1中曲線1可以看到,線型非結晶型聚合物有明顯的高彈態,而從曲線2可以看到,線型結晶型聚合物無明顯的高彈態。這是因為完全結晶的聚合物無高彈態,或者說在高彈態溫度下也不會有明顯的彈性變形,但結晶型聚合物一般不可能完全結晶,都含有非結晶的部分,所以它們在高彈態溫度階段仍能產生一定程度的變形,只不過比較小而已。

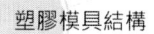

加工性：可進行真空成型、壓延成型、中空成型、壓力成型和彎曲成型等。

③黏流態。

當塑膠受熱溫度超過 T_f 時，由於分子鏈的整體運動，塑膠開始有明顯的流動，塑膠開始進入黏流態變成黏流液體，通常我們也稱之為熔體。塑膠在這種狀態下的變形不具可逆性，一經成型和冷卻後，其形狀永遠保持下來。

T_f 稱為黏流化溫度，是聚合物從高彈態轉變為黏流態(或黏流態轉變為高彈態)的臨界溫度。當塑膠繼續加熱，溫度升至 T_d 時，聚合物開始分解變色，T_d 稱為熱分解溫度，是聚合物在高溫下開始分解的臨界溫度。

加工性：綜上分析，這一溫度範圍常用來進行注射、擠出、吹塑和貼合等加工。

(2)熱固性塑膠在受熱時的物理狀態。熱固性塑膠在受熱時，由於伴隨著化學反應，它的物理狀態變化與熱塑性塑膠明顯不同。開始加熱時，由於樹脂是線型結構，與熱塑性塑膠相似，加熱到一定溫度後，樹脂分子鏈運動使之很快由固態變成黏流態，這使它具有成型的性能。但這種流動狀態存在的時間很短，很快由於化學反應的作用，分子結構變成網狀，分子運動停止，塑膠硬化變成堅硬的固體。再加熱仍不能恢復，化學反應繼續進行，分子結構變成體型，塑膠還是堅硬的固體。當溫度升到一定值時，塑膠開始分解。

聚合物成型時，當溫度達到成型固化溫度，其分子結構由線型或支鏈型結構變為空間網狀體型結構的反應稱為交聯。如圖1-2-2所示。

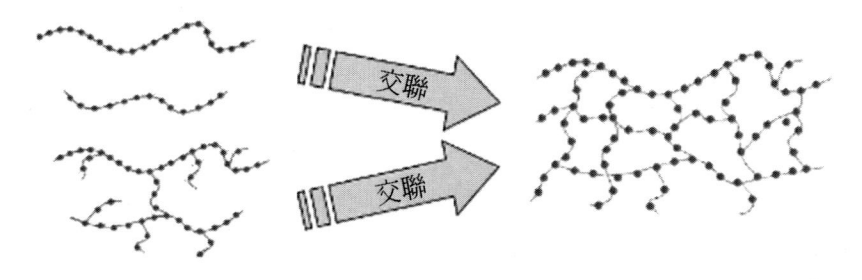

圖1-2-2 交聯反應

2.聚合物的降解

聚合物分子受到熱應力、微量水、酸、鹼等雜質以及空氣中氧的作用，導致聚合物分子鏈斷裂、分子變小、相對分子品質降低的現象稱為聚合物降解(裂解)，如圖1-2-3所示，表1-2-1列出了不同降解程度時聚合物的變化情況及應對措施。

圖1-2-3 聚合物的降解

表1-2-1 不同降解程度時聚合物的變化情況及應對措施

降解程度	變化情況	應對措施
輕度的降解	聚合物變色	減少和消除降解的辦法是依據降解產生的原因採取相應措施
中等程度的降解	聚合物分解出低分子物質,製品出現氣泡和流紋弊病,削弱製品各項物理、力學性能	
嚴重的降解	聚合物焦化,變黑並產生大量的分解物質	

二、塑膠的成型性能

1.流動性

熱塑性塑膠的流動性大小,通常可用熔體流動指數(簡稱熔融指數"MFI")表示。熔融指數是將塑膠在規定溫度下使之熔融,並在規定壓力下從一個規定直徑和長度的口模中,在10min內擠出的材料克數。熔融指數數值愈大,材料流動性愈好。

所有塑膠都是在熔融塑化狀態下成型加工的,流動性是塑膠材料加工為製品的過程中所應具備的基本特性,它代表著塑膠在成型條件下充滿模腔的能力。流動性好的塑膠容易充滿複雜的模腔,獲得精確的形狀。

塑膠的流動性差,就不容易充滿型腔,易產生缺料(即短射)或熔接痕等缺陷,如圖1-2-4所示。因此需要較大的成型壓力才能成型。

塑膠的流動性好,可以用較小的成型壓力使之充滿型腔。但流動性太好,會在成型時產生嚴重的溢料,如圖1-2-5所示。因此,選用塑膠的流動性必須與塑件要求、成型工藝及成型條件相適應,模具設計時也應根據流動性來考慮澆注系統、分型面及進料方向等。

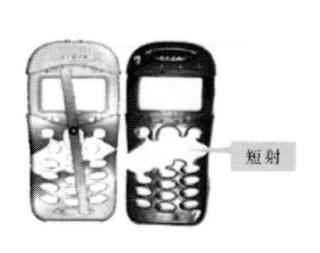

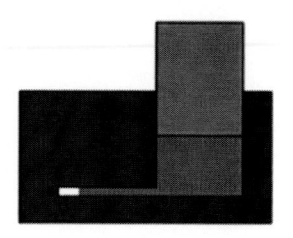

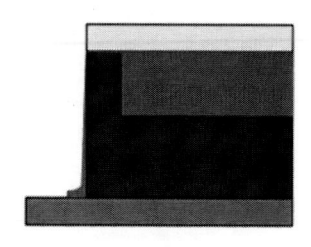

圖1-2-4　熔體流動性差　　　　圖1-2-5　熔體流動性過好出現溢料

2.收縮性

塑件自模具中取出冷卻到室溫後，各部分尺寸都比原來在模具中的尺寸有所縮小，如圖1-2-6所示，這種性能稱為收縮性。

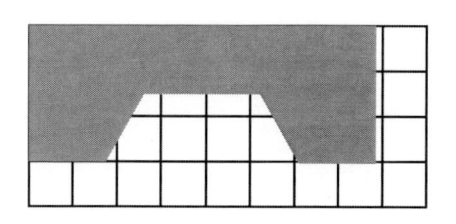

圖1-2-6　冷卻到室溫塑件逐漸收縮

由於這種收縮不僅是樹脂本身的熱脹冷縮造成的，而且還與各種成型因素有關，因此成型後塑件的收縮稱為成型收縮。塑件成型收縮值可用收縮率來表示，計算公式如下：

$$S' = \frac{L_c - L_s}{L_s} \times 100\% \qquad (1-2-1)$$

$$S = \frac{L_m - L_s}{L_s} \times 100\% \qquad (1-2-2)$$

式中：

S'——實際收縮率；

S——計算收縮率；

L_c——塑件在成型溫度時的單向尺寸；

L_s——塑件在室溫時的單向尺寸；

L_m——模具在室溫時的單向尺寸。

因實際收縮率與計算收縮率數值相差很小，所以模具設計時常以計算收縮率為設計參數，計算型腔及型芯等的尺寸。

在實際成型時，塑膠品種不同其收縮率不同，而且同一品種塑膠的不同批號，或同一塑件的不同部位的收縮率也常不同。影響收縮率的主要因素包括以下幾種：

(1)塑膠品種。

各種塑膠都有其各自的收縮率範圍,同一種塑膠由於相對分子品質、填料及配比等不同,則其收縮率及各向異性也不同,對收縮率範圍較小的塑膠,取平均收縮率。

(2)塑件結構。

塑件的形狀、尺寸、壁厚、有無嵌件、嵌件數量及佈局等,對收縮率有很大影響,如塑件壁厚則收縮率大,有嵌件則收縮率小。對收縮率範圍較大的塑膠,可根據塑件的形狀選取恰當的收縮率。壁厚的製品取收縮率上限,壁薄的製品取收縮率的下限。

(3)成型工藝。

注射成型工藝對收縮率有較大影響,如注射壓力越高,收縮率越小;注射溫度越高,收縮率越大;注射時間越短,收縮率越大。

收縮率不是一個固定值,而是在一定範圍內變化,收縮率的波動將引起塑件尺寸波動,因此模具設計時應根據以上因素綜合考慮選擇塑膠的收縮率,對精度高的塑件應選取收縮率波動範圍小的塑膠,並留有試模後修正的餘地。

3.相容性

相容性是指兩種或兩種以上不同品種的塑膠,在熔融狀態下不產生相分離現象的能力。如果兩種塑膠不相容,則混熔時製件會出現分層、脫皮等表面缺陷。不同塑料的相容性與其分子結構有一定關係,分子結構相似者較易相容,如高壓聚乙烯、低壓聚乙烯、聚丙烯彼此之間的混熔等;分子結構不同者較難相容,如聚乙烯和聚苯乙烯之間的混熔。

塑膠的相容性又俗稱共混性,利用塑膠的這一性質,可以得到類似共聚物的綜合性能,是改進塑膠性能的重要途徑之一。例如:ABS(苯乙烯-丁二烯-丙烯腈共聚物)與聚碳酸酯共混後性能大為改善。

4.吸濕性

吸濕性是指塑膠對水分的親疏程度。據此塑膠大致可分為兩類:一類是具有吸濕或黏附水分傾向的塑膠,如聚醯胺、聚碳酸酯、聚碸、ABS等;另一類是既不吸濕也不易黏附水分的塑膠,如聚乙烯、聚丙烯、聚甲醛等。

凡是具有吸濕或黏附水分傾向的塑膠,如成型前水分未去除,則在成型過程中由於水分在成型設備的高溫料筒中變為氣體並促使塑膠發生水解,成型後塑膠出現氣泡、銀絲等缺陷。這樣,不僅增加了成型難度,而且降低了塑件表面品質和力學性能。因此,為保證成型的順利進行和塑件品質,對吸濕性和黏附水分傾向大的塑膠,在成型之前應進行乾燥。

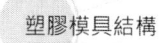

5.熱敏性

熱敏性是指某些熱穩定性差的塑膠，在料溫高和受熱時間長的情況下會產生降解、分解、變色的特性。熱敏性很強的塑膠稱為熱敏性塑膠，如聚氯乙烯、聚三氟氯乙烯、聚甲醛等。

熱敏性塑膠產生分解、變色，實際上是高分子材料的變質、破壞，不但影響塑膠的性能，而且分解出氣體或固體，尤其是有的氣體對人體、設備和模具都有損害。有的分解產物往往又是該塑膠分解的催化劑，如聚氯乙烯分解產物氯化氫，能促使高分子分解作用進一步加劇。因此在模具設計、選擇注射機及成型時都應注意。可採取選用螺桿式注射機、增大澆注系統截面尺寸、模具和料筒鍍鉻，不允許有死角滯料、嚴格控制成型溫度、模溫、加熱時間、螺桿轉速及背壓等措施。還可在熱敏性塑膠中加入穩定劑，以減弱其熱敏性能。

6.結晶性

塑膠在成型後的冷凝過程中，有的具有結晶性，如聚乙烯、聚丙烯、聚甲醛、聚四氟乙烯等，而有的則屬於非結晶型的塑膠，如聚苯乙烯、ABS、聚碳酸酯、聚碸等。一般，結晶型塑膠是不透明或半透明的，非結晶型塑膠是透明的。有兩種塑膠除外，結晶型塑膠聚 4-甲基戊烯-1 高透明度；非結晶型塑膠 ABS 不透明。

三、常見塑膠品種性能與用途

塑膠產品在日常生活中的地位越來越重要，但是廢棄塑膠帶來的"白色污染"也越來越多，詳細瞭解塑膠的分類，不僅能科學地使用塑膠製品，也有利於塑膠的分類回收，有效地控制和減少"白色污染"。塑膠產品標誌符號如圖1-2-7所示。

(a)可回收再生利用　　(b)不可回收再生利用　　(c)再加工塑膠

圖1-2-7　塑膠產品標誌符號

1.聚酯(PET)

(1)性能。

聚酯全稱是聚對苯二甲酸乙二醇酯。PET具有很好的光學性能和耐候性，非晶態的PET具有良好的光學透明性。另外，PET具有優良的耐摩擦性、尺寸穩定性及電絕

緣性。PET做成的瓶具有強度大、透明性好、無毒、防滲透、品質輕、生產效率高等優點，因而得到了廣泛的應用。

(2)用途。

常用來製作礦泉水瓶、可樂飲料瓶、果汁瓶、螢幕保護裝置膜及其他透明保護膜等，通常呈無色透明。因為它只可耐熱至 70 ℃，所以這種塑膠瓶只適合裝冷飲和暖飲；裝高溫液體(如：熱開水)或加熱則易變形，有對人體有害的物質溶出；並且該塑膠製品使用 10 個月後，可能會釋放出致癌物，對人體具有毒性。

PET也可紡絲，就是我們常說的滌綸，故而奧運期間有回收飲料瓶制衣的說法。許多追求透氣和輕便的運動服就是滌綸製成的，很久以前流行的衣料"的確良"也是此物，但是限於當時紡絲手段的落後，"的確良"衣物在穿著上不如現在的舒服。此外，PET亦有許多工程應用。

> **小提示**
>
> PET無毒，但合成過程可能存留單體、低分子齊聚物和副反應產物，如二甘醇，這些都是有一定毒性的，用於飲料瓶的 PET 原料國家有嚴格的標準。PET材質的塑膠瓶不能放在汽車內曬太陽；不要裝酒、油等物質，有害物質容易溶出來。也不要裝 70 ℃以上液體，過高溫度會導致材料分解釋放出有害化學物質。

2. 聚乙烯(PE)

聚乙烯是典型的熱塑性塑膠，為無臭、無味、無毒的可燃性白色粉末。成型用的聚乙烯樹脂均為經擠出造粒的蠟狀顆粒料，外觀呈乳白色。

聚乙烯的分子量在 1 萬～100 萬之間，分子量超過 100 萬的為超高分子量聚乙烯。分子量越高，其物理力學性能越好，但隨著分子量的增高，加工性能降低。因此，要根據使用情況選擇適當的分子量和加工條件。高分子量聚乙烯適合加工結構材料和複合材料，而低分子量聚乙烯只適合作塗覆、上光劑、潤滑劑和軟化劑等。

聚乙烯的力學性能在很大程度上取決於複合物的分子量、支化度和結晶度。高密度聚乙烯的拉伸強度為 20～25 MPa，而低密度聚乙烯的拉伸強度只有 10～12 MPa。聚乙烯的伸長率主要取決於密度，密度大、結晶度高，其蔓延性就差。聚乙烯的電絕緣性能優異。因為它是非絕緣材料，其介電常數及介電損耗幾乎與溫度、頻率無關；高頻性能很好，適於製造各種高頻電纜和海底電纜的絕緣層。

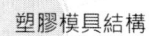

聚乙烯可分為：

(1)低密度聚乙烯(LDPE)。

①性能。

低密度聚乙烯的密度範圍為 0.910～0.925 g/cm³。LDPE 具有良好的化學穩定性，對酸、堿和鹽類水溶液具有耐腐蝕作用。它的電性能極好，具有導電率低、介電常數低、介電損耗低及介電強度高等特性。但低密度聚乙烯的耐熱性能較差，也不耐氧和光，易老化。因此，為了提高其耐老化性能，通常要在樹脂中加入抗氧劑和紫外線吸收劑等。

低密度聚乙烯具有良好的柔軟性、延伸性和透明性，在生活中使用非常廣泛，但機械強度低於高密度聚乙烯和線型低密度聚乙烯。

②用途。

低密度聚乙烯主要用於製造塑膠薄膜及保鮮膜，紙做的牛奶盒、飲料盒等包裝盒都用它作為內貼膜。另外，低密度聚乙烯也可用於牙膏或洗面乳的軟管包裝，但不宜作為飲料容器。薄膜製品約占低密度聚乙烯製品總產量的一半以上，用於農用薄膜及各種食品、紡織品和工業品的包裝。低密度聚乙烯電絕緣性能優良，常用作電線電纜的包覆材料。注射成型製品有各種玩具、蓋盒、容器等。與高密度聚乙烯摻混後經注射成型和中空成型可制管道及容器等。

> **小提示**
>
> LDPE製品由於在較高溫度下會軟化甚至熔化，應儘量避免高於開水溫度100 ℃情況下使用。保鮮膜在溫度超過 110 ℃時會出現熱熔現象，因此，食物放入微波爐前，先要取下包裹著的保鮮膜。

(2)高密度聚乙烯(HDPE)。

①性能。

高密度聚乙烯的密度範圍為 0.941～0.965 g/cm³。與低密度聚乙烯相比，密度大，使用溫度較高，硬度和機械強度較大，耐化學性能好，較耐各種腐蝕性溶液，多被用在清潔用品、沐浴產品等的包裝瓶上。

②用途。

高密度聚乙烯的用途與低密度聚乙烯不同。低密度聚乙烯 50%～70%用於製造薄膜；而高密度聚乙烯則主要用於製造中空硬製品，占總消費量的 40%～65%。

適於裝食品及藥品、裝清潔用品和沐浴產品，可作為購物袋、垃圾桶等。目前，超市和商場中使用的塑膠袋多是由此種材質製成，可耐 110 ℃高溫，標明食品用的塑膠袋可用來 盛裝食品。HDPE 在各種半透明、不透明的塑膠容器上被廣泛地使用，手感較厚。常用於白色藥瓶、不透明洗髮水瓶、優酪乳瓶、口香糖瓶等。

> **小提示**
>
> 盛裝清潔用品、沐浴產品的瓶子可在清潔後重複使用，但這些容器通常洗不乾淨，殘留的物質會變成細菌的溫床，最好不要迴圈使用，特別不推薦作為循環盛放食品、藥品的容器使用。

3.聚丙烯(PP)

(1)性能。

聚丙烯重量輕，密度為 0.90～0.91 g/cm³，是通用塑膠中最輕的一種。

聚丙烯具有優良的耐熱性，長期使用的溫度可達 100～120 ℃，無載荷時使用溫度可達 150 ℃。聚丙烯是通用塑膠中唯一能在水中煮沸，並能經受 135 ℃ 消毒溫度的品種，因此可製造輸送熱水的管道。微波爐餐盒採用這種材質製成，能耐 130 ℃高溫，透明度差，這是唯一可以放進微波爐的塑膠盒，在小心清潔後可重複使用。PP 的硬度較高，且表面有光澤。

聚丙烯的耐低溫性能不如聚乙烯，脆化溫度為-10～-13 ℃(聚乙烯為-60 ℃)。低溫甚至室溫下的抗衝擊性能不佳，低溫下易脆裂是聚丙烯的主要缺點。

聚丙烯具有優良的化學穩定性，並且結晶度越高，化學穩定性越好。除強化性酸(如濃硫酸、硝酸)對它有腐蝕作用外，室溫下還沒有一種溶劑能使聚丙烯溶解，只是低分子量的脂肪烴、芳香烴和氯化烴對它有軟化或溶脹作用。它的吸水性很小，吸水率還不到 0.01%。聚丙烯在成型和使用中易受光、熱、氧的作用而老化。聚丙烯在大氣中12天就老化變脆，室內放置4個月就會變質，通常需添加紫外線吸收劑、抗氧劑、炭黑和氧化鋅等來提高聚丙烯製品的耐候性。

聚丙烯的力學強度、剛性和耐應力開裂都超過高密度聚乙烯，而且有突出的延伸性和抗彎曲疲勞性能，用它製成的活動鉸鏈經過 7000 萬次彎曲試驗，無損壞痕跡。聚丙烯的電絕緣性能優良，特別是高頻絕緣性很好，擊穿電壓強度也高，加上吸水率低，可用於 120 ℃ 使用的無線電、電視的耐熱絕緣材料。

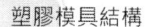

(2)用途。

PP的使用範圍也很廣泛，日常用品如包裝、玩具、臉盆、水桶、衣架、水杯、瓶子等；工程應用如汽車保險桿等。紡成絲的PP被稱為丙綸，在紡織品、繩索、漁網等製品中很常見。常用於一次性果汁杯、飲料杯、塑膠餐盤、樂扣樂扣保鮮盒等。

> **小提示**
>
> 若溫度過高，PP仍會有對人體不好的氣體擴散出來。另外，部分微波爐餐盒盒體用PP製成，但是盒蓋卻是用6號PS製成，使用前仔細檢查，若有此類情況應先將盒蓋取下後加熱。相比PE製品，PP製品的耐熱性略優，典型的樂扣樂扣水杯使用溫度可以達到110°C，但是再高的溫度就有軟化和熔化的危險了，應儘量避免。

4.聚氯乙烯(PVC)

(1)性能。

聚氯乙烯是無毒、無臭的白色粉末，密度為1.40 g/cm³，加入增塑劑和填料的聚氯乙烯塑膠的密度為1.15～2.00 g/cm³。

聚氯乙烯的力學性能取決於聚合物的分子量、增塑劑和填料的含量。聚合物的分子量越大，力學性能、耐寒性、熱穩定性越高，但成型加工比較困難；分子量低則相反。增塑劑的加入，不但能提高聚氯乙烯的流動性、降低塑化溫度，而且能使其變軟。通常，在100份聚氯乙烯樹脂中增塑劑加入量大於25份時，即變成軟質塑膠，伸長率增加，而拉伸強度、剛度、硬度等力學性能均降低；增塑劑加入量小於25份時為硬質或半硬質塑膠，具有較高的力學強度。

聚氯乙烯是無定型聚合物，它的玻璃化溫度(T_g)為80°C左右，在此溫度下開始軟化，隨著溫度的升高，力學性能逐漸喪失。顯然，T_g是聚氯乙烯理論使用溫度的上限。但在實際應用中，聚氯乙烯的長期使用溫度不宜超過65°C。聚氯乙烯的耐寒性較差，儘管其脆化溫度低於-50°C，但低溫下即使軟質聚氯乙烯製品也會變硬、變脆。由於聚氯乙烯含氯量達65%，因而具有阻燃性和自熄性。聚氯乙烯的熱穩定性差，無論受熱或日光都能引起變色，從黃色、橙色、棕色直到黑色，並伴隨著力學性能和化學性能的降低。聚氯乙烯具有較好的電絕緣性能，可與硬橡膠媲美。

(2)用途。

聚氯乙烯的應用比較廣泛。常用於雨衣、PVC塑膠線管、水管、塑膠開關、插座。

PVC現在多用於製造一些廉價的人造皮革、腳踏墊、下水管道等；由於其電絕緣性能良好又有一定的自身阻燃特性，被廣泛用於電線、電纜的外皮製造。此外，PVC 在工業領域應用廣泛，特別是在對耐酸堿腐蝕要求高的地方。

> **小提示**
> 這種材質只能耐熱 81 ℃，因此無法在溫度較高的地方使用。PVC 生產中會使用大量增塑劑(塑化劑，如 DOP)和含有重金屬的熱穩定劑，且合成過程很難杜絕游離單體的存在，遇到高溫和油脂時容易析出有毒物，容易致癌，所以 PVC 在接觸人體、特別是醫藥食品應用中，基本被 PP、PE 所取代。

5.聚苯乙烯(PS)

(1)性能。

聚苯乙烯是質硬、脆、透明、無定型的熱塑性塑膠。沒有氣味，燃燒時冒黑煙。密度為 1.04~1.09 g/cm³，易於染色和加工，吸濕性低，尺寸穩定性、電絕緣和熱絕緣性能極好。PS 的熱變形溫度為 70~90 ℃，T_g 為 74~105 ℃，長期使用溫度為 60~80 ℃，熱分解溫度 T_f 約為 300 ℃。PS 是良好的冷凍絕緣材料。

PS 在拉伸過程中，通常表現為硬而脆的性質，是剛性較大、抗彎能力較強的塑膠品種。但是，它的抗衝擊強度較低，常溫下脆性大，並且在成型加工過程中易產生內應力，在較低的外力作用下易產生開裂。聚苯乙烯的透光率為 87%~92%，其透光性，僅次於有機玻璃。折光指數為 1.59~1.60。受光照射或長期存放，會出現面混濁和發黃現象。為了改善 PS 強度較低、性脆易裂的特點，以 PS 為基質與不同單體共聚或與共聚體、均聚體共混，可制得多種改性體。例如：高抗沖聚苯乙烯(HIPS)、苯烯腈-苯乙烯共聚物(SAN)等。HIPS 除了具有苯乙烯的優點外，還具有較強的韌性、衝擊強度和較大的彈性。SAN 具有較高的耐應力開裂性、耐油性、耐熱性和耐化學腐蝕性。

(2)用途。

在工業上可製作儀錶外殼、燈罩、化學儀器零件和透明模型。電氣上可用作良好的絕緣材料、接線盒和電池盒。日用品上廣泛用於包裝材料和各種容器、玩具等。

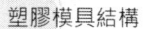

> **小提示**
>
> PS 遇強酸、強鹼性物質時，會產生有害物質，因此使用 PS 器具時要小心，勿裝酸性或鹼性食品。PS 既耐熱又抗寒，但不能放在微波爐中，以免因溫度過高釋放化學物質，因此，要儘量避免用速食盒打包滾燙的食物，也不要用微波爐加熱碗裝速食麵。另外，聚苯乙烯易燃，特別是發泡之後的 PS。燃燒會產生大量有毒氣體。在一些高層火災事故中，由於隔熱層材料廣泛採用了的PS發泡板，著火後產生的大量濃煙和有毒氣體成了導致大量傷亡的主要原因。

6.聚碳酸酯(PC 或 OTHER)

(1)性能。

聚碳酸酯是一種無定形、無毒、無味、無臭、透明無色或微黃色非晶體型熱塑性工程塑膠。PC 樹脂按黏度可分為三級，分別是高黏度級、中黏度級和低黏度級。高黏度級適合擠出加工，低黏度級適合注塑加工。

PC 材料的綜合機械性能好，其抗衝擊強度在一般熱塑性材料中最好，但易應力開裂，對缺口比較敏感。耐熱性好，可在-60～120 ℃下長期使用。熱變形溫度為 130～140 ℃。玻璃化溫度為 149 ℃。PC 蠕變性小，尺寸穩定性好，尺寸精度高。

PC是用雙酚A與碳酸二苯酯為原料合成的，常用於製造水壺、水杯、奶瓶等。在製作PC過程中，原料雙酚A應該完全成為塑膠結構成分，不應在使用中釋放。但不合格產品，會有小部分雙酚A沒能完全轉化到塑膠中，遇熱會被釋放到食品中，對小孩、胎兒有害。

(2)用途。

聚碳酸酯具有綜合的優異性能，應用廣泛。生活中常被用於製作透明水杯、奶瓶、飲水桶、CD基材、鏡片和燈罩；在機械工業中，製造齒輪、齒條、蝸輪及蝸桿等，傳遞中小負荷，還可用於製造受力不大的緊固件，如螺絲及螺帽等；在電氣和電子行業中，用於製造電器儀錶零件和外殼，如絕緣外掛程式。聚碳酸酯是目前最常見的水杯材質，很多百貨公司、汽車廠家都用這種材質的水杯當作贈品。

> **小提示**
>
> 聚碳酸酯的缺點是抗紫外線及耐候性差，表面不耐磨、易刮傷、不耐強鹼。

任務評價

(1)根據圖1-2-8所示的塑膠產品使用要求選取合適的塑膠原料,並填寫表1-2-2。

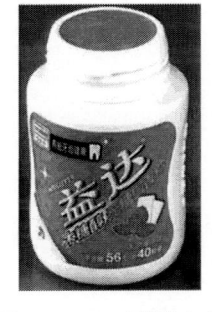

圖1-2-8 塑膠產品

表1-2-2 任務完成表

項目＼物品	插座	口香糖盒	飯盒
選材			
選材理由			
選材使用性能			

(2)根據塑件的使用情況選擇合適的塑膠進行評價,見表1-2-3。

表1-2-3 塑膠選材評價

評價內容	評價標準	分值	學生自評	教師評價
插座選材情況	是否合理	25分		
口香糖盒選材情況	是否合理	25分		
飯盒選材情況	是否合理	25分		
情感評價	是否積極參與課堂活動、與同學協作完成任務情況	25分		
學習體會				

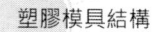

任務三 分析塑件結構工藝性

任務目標

(1)能查閱塑膠製品公差數值表。
(2)知道常用塑膠注射製品結構參數的範圍。
(3)能分析製品結構不良造成的製品缺陷,並能提出改進方案。
(4)能合理確定製件精度,並能按照國標標注製品尺寸公差。

任務分析

塑膠製品的形狀結構、尺寸大小、精度和表面品質要求,與塑膠成型工藝和模具結構的適應性,稱為製品的工藝性。如果製品的形狀結構簡單、尺寸適中、精度低、表面品質要求不高,則製品成型就比較容易,所需的成型工藝條件比較寬鬆,模具結構比較簡單,這時製品的工藝性比較好;反之,則製品的工藝性較差。塑件結構工藝性好,既可使成型工藝性能穩定,保證塑件品質,提高生產率,又可使模具結構簡單,降低模具設計與製造成本。

透過本任務的學習,掌握塑件的結構工藝性,進而對塑膠殼體的結構工藝性進行判斷,並能對塑件結構不合理的地方進行修改。

任務實施

本專案中塑膠殼體結構簡單,外形為直徑 40 mm 的圓。塑件精度為 MT5 級,尺寸精度不高,無特殊要求。塑件壁厚均勻,為 2 mm,生產批量較大。塑件材料為 PC,成型工藝性較好,可以注射成型。綜合分析可知,該塑件結構工藝性較為合理,不需要進行修改,可以直接進行模具設計。

相關知識

一、塑件的尺寸精度與表面品質

1.尺寸精度

目前使用最多的塑件標準公差為 SJ/T10628-1995。標準見表 1-3-1 表 1-3-2。兩個表配合使用,先根據塑膠材料類別,在表1-3-1中選用適宜的精度等級,然後利用表1-3-2查出尺寸公差值。

表1-3-1　塑件精度等級選用(摘自 SJ/T10628)

收縮特性值	材料		相應的公差等級		
	代號	名稱	高精度	一般精度	低精度
0~1	ABS	丙烯腈-丁二烯-苯乙烯共聚物	3	4	5
	AS	丙烯腈-苯乙烯共聚物			
	GRD	30%玻璃纖維增強塑膠			
	HIPS	高衝擊強度聚苯乙烯			
	MF	氨基塑膠			
	PBTP	聚對苯酸丁二(醇)酯(增強)			
	PC	聚碳酸酯			
	PETP	聚對苯酸乙二(醇)酯(增強)			
	PF	酚醛塑膠			
	PMMA	聚甲基丙烯酸甲酯			
	PPE	聚苯硫醚(增強)			
	PPO	聚苯醚			
	PPS	聚苯醚碸			
	PS	聚苯乙烯			
	PSU	聚碸			
1~2	PA	聚醯胺 6、66、610、9、1010	4	5	6
		氯化聚醚			
	PVC	聚氯乙烯(硬)			
2~3	PE	聚乙烯(高密度)	6	7	8
	POM	聚甲醛			
	PP	聚丙烯			
3~4	PE	聚乙烯(低密度)	8	9	10
	PVC	聚氯乙烯(軟)			

說明：

1. 其他材料,可按加工尺寸的穩定性,參照選取公差等級。

2. 1、2 級為精密級,只有在特殊條件下才採用,表中未列。

3. 當沿脫模方向兩端尺寸均有要求時,應考慮脫模斜度對公差的影響。

SJ/10628 標準將塑件分為 10 個精度等級,每種塑膠可選用其中 3 個精度等級。1、2 級精度要求較高,一般不採用或很少採用。

表1-3-2中只給出公差值,分配上下偏差時,可根據塑件配合性質確定。對塑件無配合要求的自由尺寸,按表1-3-2規定 7～10 級公差選用精度。

表1-3-2　公差數值表　　　　　　　單位/mm

基本尺寸	公差等級									
	1	2	3	4	5	6	7	8	9	10
	公差數值									
~3	0.02	0.03	0.04	0.06	0.08	0.12	0.16	0.24	0.32	0.48
>3~6	0.03	0.04	0.05	0.07	0.08	0.14	0.18	0.28	0.36	0.56
>6~10	0.03	0.04	0.06	0.08	0.10	0.16	0.20	0.32	0.40	0.64
>10~14	0.03	0.05	0.06	0.09	0.12	0.18	0.22	0.36	0.44	0.72
>14~18	0.04	0.05	0.07	0.10	0.12	0.20	0.24	0.40	0.48	0.80
>18~24	0.04	0.06	0.08	0.11	0.14	0.22	0.28	0.44	0.56	0.88
>24~30	0.05	0.06	0.09	0.12	0.16	0.24	0.32	0.48	0.64	0.96
>30~40	0.05	0.07	0.10	0.13	0.18	0.26	0.36	0.52	0.72	1.00
>40~50	0.06	0.08	0.11	0.14	0.20	0.28	0.40	0.56	0.80	1.20
>50~65	0.06	0.09	0.12	0.16	0.22	0.32	0.46	0.64	0.92	1.40
>65~80	0.07	0.10	0.14	0.19	0.26	0.38	0.52	0.76	1.00	1.60
>80~100	0.08	0.12	0.16	0.22	0.30	0.44	0.60	0.88	1.20	1.80
>100~120	0.09	0.13	0.18	0.25	0.34	0.50	0.68	1.00	1.40	2.00
>120~140	0.10	0.15	0.20	0.28	0.38	0.56	0.76	1.10	1.50	2.20
>140~160	0.12	0.16	0.22	0.31	0.42	0.62	0.84	1.20	1.70	2.40
>160~180	0.13	0.18	0.24	0.34	0.46	0.68	0.92	1.40	1.80	2.70
>180~200	0.14	0.20	0.26	0.37	0.50	0.74	1.00	1.50	2.00	3.00
>200~225	0.15	0.22	0.28	0.41	0.56	0.82	1.10	1.60	2.20	3.30
>225~250	0.16	0.24	0.30	0.45	0.62	0.90	1.20	1.80	2.40	3.60
>250~280	0.18	0.26	0.34	0.50	0.68	1.00	1.30	2.00	2.60	4.00

续表

基本尺寸	公差等級									
	1	2	3	4	5	6	7	8	9	10
	公差數值									
>280~315	0.20	0.28	0.38	0.55	0.74	1.10	1.40	2.20	2.80	4.40
>315~355	0.22	0.30	0.42	0.60	0.82	1.20	1.60	2.40	3.20	4.80
>355~400	0.24	0.34	0.46	0.65	0.90	1.30	1.80	2.60	3.60	5.20
>400~450	0.26	0.38	0.52	0.70	1.00	1.40	2.00	2.80	4.00	5.60
>450~500	0.30	0.42	0.60	0.80	1.10	1.60	2.20	3.20	4.40	6.40

塑件尺寸的上下偏差根據塑件的性質來分配，模具行業通常按"入體原則"，軸類尺寸標注為單向負偏差，孔類尺寸標注為單向正偏差，中心距尺寸標注為對稱偏差。為了便於記憶，可以將塑件尺寸的上下偏差的分配原則簡化為"凸負凹正、中心對稱"。這裡"凸"代表軸類尺寸，要求標注外形尺寸，長期使用由於磨損尺寸會減小，這類尺寸應標注為單向負偏差；"凹"代表孔類尺寸，要求標注內形尺寸，長期使用由於磨損尺寸會增大，這類尺寸應標注為單向正偏差；"中心"代表中心線尺寸，長期使用沒有磨損的一類尺寸，這類尺寸應標注為對稱偏差。

模具活動部分對塑件精度影響較大，其公差值應為表中數值與附加值之和。2級精度附加值為0.02 mm，3~4級精度的附加值為0.04 mm，5~7級精度的附加值為0.1 mm，8~10級附加值為0.2 mm。

2.塑件的表面品質

塑件的外觀要求越高，表面粗糙度值應越低。成型時要盡可能從工藝上避免冷疤、雲紋等缺陷產生，除此之外，還取決於模具型腔的表面粗糙度。一般模具表面粗糙度要比塑件的要求低1~2級。模具在使用過程中，由於型腔磨損而使表面粗糙度不斷加大，所以應隨時予以拋光復原。透明塑件要求型腔和型芯的表面粗糙度相同，而不透明塑件則根據使用情況決定它的表面粗糙度。

二、塑件的結構設計

1.壁厚

製品壁厚應保證製品的強度與剛度，同時，其他的型體和尺寸如加強筋和圓角等，都是以壁厚為參照。若壁厚不均勻，會使塑膠熔體的充模速率和冷卻收縮不均勻。由此產生許多品質問題，如凹陷、真空泡、翹曲，甚至開裂。確定合適的製品壁厚是設計製品的主要內容之一。

如圖1-3-1(a)製品壁厚不均勻,當製品冷卻時,由於製品壁厚不均勻,導致薄壁部分的冷卻速度快於厚壁部分,使製品脫模後厚壁部分產生縮痕和翹曲。為解決制品壁厚不均勻的問題,設計時可考慮壁厚部分局部挖空或在壁面交界處逐步過渡,如圖1-3-1(b)所示,使製品的壁厚盡可能均勻一致。

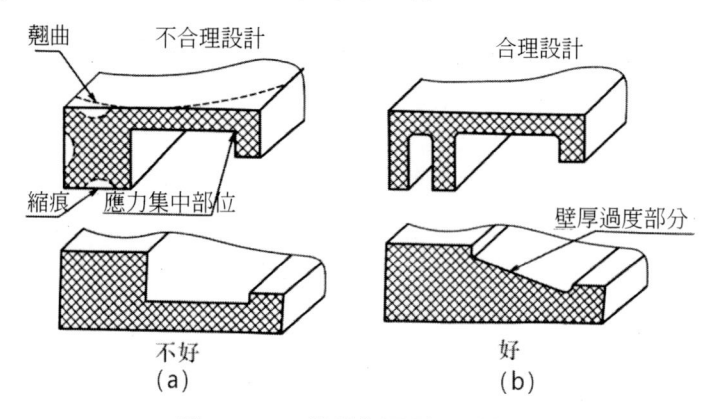

圖1-3-1 塑膠製品壁厚的設計

熱塑性塑膠的壁厚一般為 2~4 mm,小塑件取偏小值,中等塑件取偏大值,大塑件可適當加厚。熱塑性塑件的最小壁厚取決於塑膠的流動性,如流動性好的聚乙烯,其最小壁厚為 0.2~0.4 mm;流動性較差的聚氯乙烯、聚碳酸酯等塑件,其最小壁厚為 1 mm。常用熱塑性塑膠選用範圍見表 1-3-3。

表1-3-3 常用熱塑性塑膠製品壁厚推薦值　　　　　　　　　　　　單位/mm

塑膠制品材料	最小壁厚	最大壁厚	推薦壁厚	塑膠制品材料	最小壁厚	最大壁厚	推薦壁厚
聚甲醛(POM)	0.4	3.0	1.6	聚丙烯(PP)	0.6	7.6	2.0
丙烯腈-丁二烯-苯乙烯共聚物(ABS)	0.75	3.0	2.3	聚碸(PSU)	1.0	9.5	2.5
丙烯酸類	0.6	6.4	2.4	改性聚苯醚(MPPO)	0.75	9.5	2.0
醋酸纖維素(CA)	0.6	4.7	1.9	聚苯醚(PPO)	1.2	6.4	2.5
乙基纖維素(EC)	0.9	3.2	1.6	聚苯乙烯(PS)	0.75	6.4	1.6
氟塑膠	0.25	12.7	0.9	改性聚苯乙烯	0.75	6.4	1.6
尼龍(PA)	0.4	3.0	1.6	苯乙烯-丙烯腈共聚物(SAN)	0.75	6.4	1.6
聚碳酸酯(PC或OTHER)	1.0	9.5	2.4	硬質聚氯乙烯(RPVC)	1.0	9.5	2.4
聚酯(PET)	0.6	12.7	1.6	甲基丙烯酸甲酯(有機玻璃)(372°)	0.8	6.4	2.2
低密度聚乙烯(LDPE)	0.5	6.0	1.6	氯化聚醚(CPT)	0.9	3.4	1.8
聚甲醛(POM)	0.9	6.0	1.6	聚氨酯(PU)	0.6	38.0	12.7

有了合理的壁厚，還應力求同一塑件上各部位的壁厚盡可能均勻或從厚壁向薄壁的過渡儘量順清，否則會因冷卻速度不同而引起收縮力不一致，在塑件內部產生內應力，致使塑件產生翹曲、縮孔、裂紋，甚至開裂等缺陷。一般壁厚差保持在30%以內，如圖1-3-2所示。壁厚差過大，可採用將塑件過厚部分挖空的方法改進。圖1-3-3為壁厚設計實例。

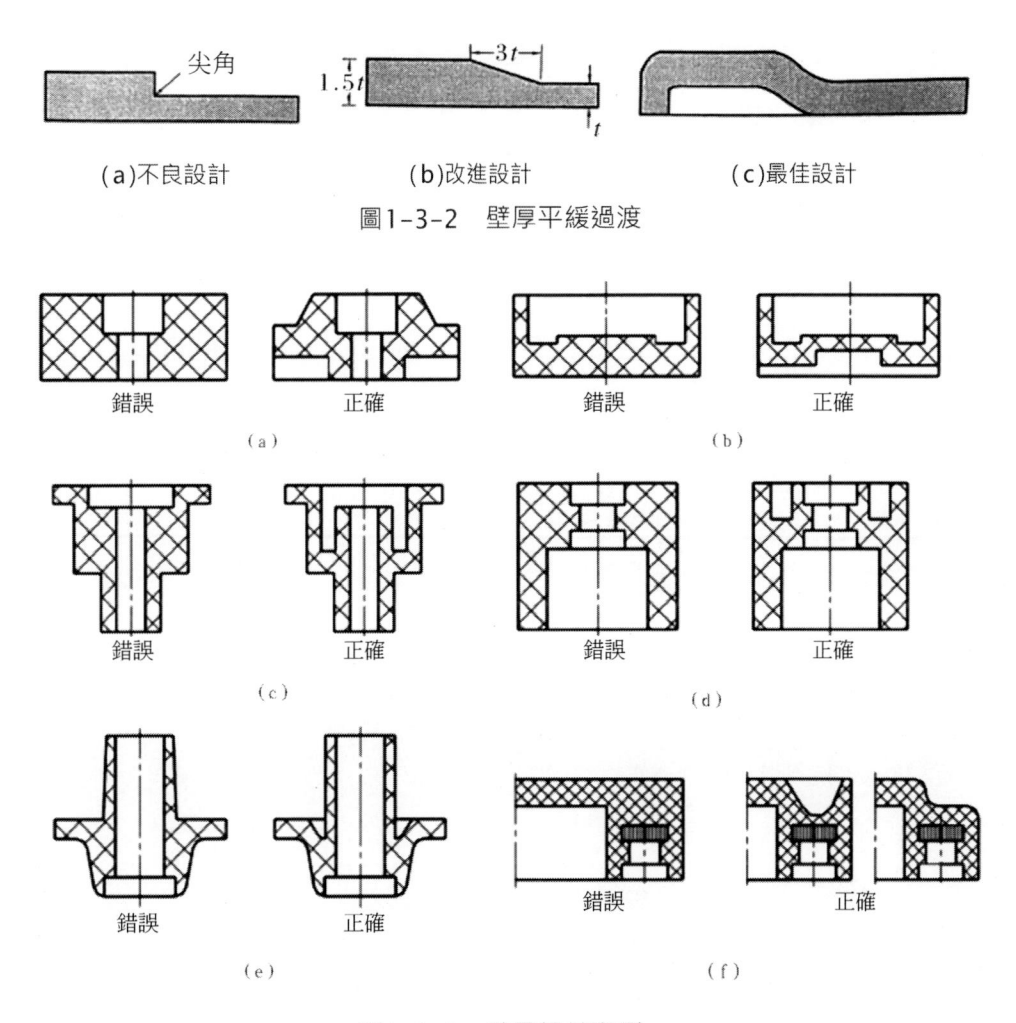

(a)不良設計　　　(b)改進設計　　　(c)最佳設計

圖1-3-2　壁厚平緩過渡

錯誤　　正確　　　　錯誤　　正確
　　(a)　　　　　　　　(b)

錯誤　　正確　　　　錯誤　　正確
　　(c)　　　　　　　　(d)

錯誤　　正確　　　　錯誤　　正確
　　(e)　　　　　　　　(f)

圖1-3-3　壁厚設計實例

二、脫模斜度

1.脫模斜度的要求

　　為了便於塑件脫模，以防脫模時擦傷塑件表面，設計塑件時必須考慮塑件內外表面沿脫模方向均應具有合理的脫模斜度。只有當塑件高度很小(≤5　mm)，並採用收縮

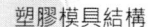

率較小的塑膠成型時,才可以不考慮。塑膠材料收縮率大,則其製品的斜度也應加大;製品厚度大,其脫模斜度也應大;製品精度越高,脫模斜度越小;尺寸大的製品,應該選用小的脫模斜度。表1-3-4為常用塑膠脫模斜度的選取範圍。

表1-3-4　常用塑膠脫模斜度選取範圍

塑膠名稱	脫模斜度	
	型芯	型腔
聚乙烯	20′~	25´~
聚苯乙烯	30´~	35´~1°30´
改性聚苯乙烯	30´~	35´~1°30´
(未增強)尼龍 (增強)尼龍	20´~ 40´	25´~ 40´
丙烯酸塑膠	30´~	35´~1°30´
聚碳酸酯	30´~	35´
聚甲醛	20´~	25´~
丙烯腈–丁二烯–苯乙烯	35´~	40´~1°20´
氯化聚醚	20´~	25´~

2.塑件脫模斜度的設計

脫模斜度的取向原則是內孔以小端為准,符合圖紙要求,脫模斜度由擴大方向得到;外形以大端為准,符合圖紙要求,脫模斜度由縮小方向得到,如圖 1-3-4 所示。脫模斜度值一般不包括在塑件尺寸的公差範圍內,但對塑件精度要求高的,脫模斜度應包括在公差範圍內。一般情況下脫模斜度 α 可不受製品公差帶的限制,但高精度塑膠製品的脫模斜度則應當在公差帶內。如圖1-3-5所示為注塑件的脫模斜度的選取實例。

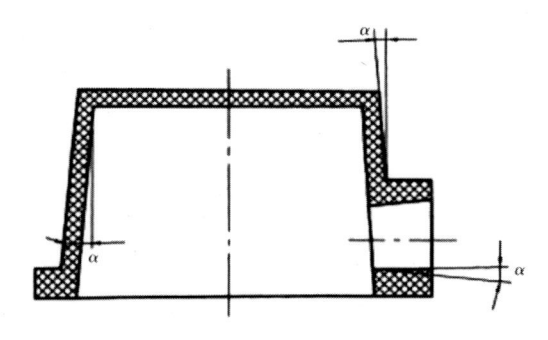

圖1-3-4　塑件上脫模斜度留取方向

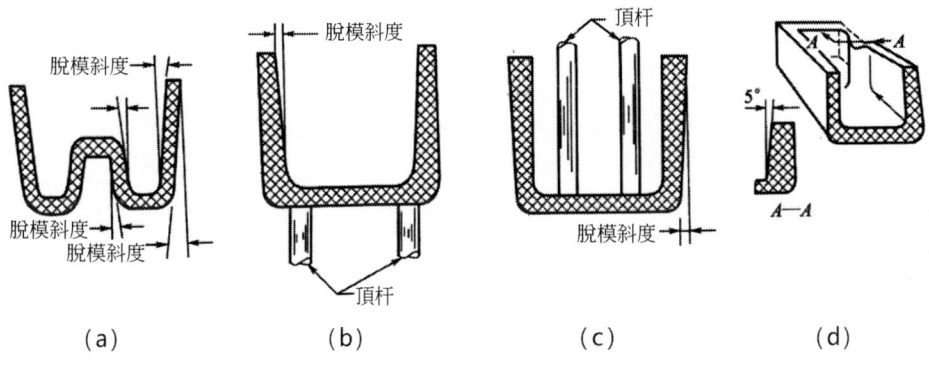

図1-3-5　注塑件的脫模斜度

3.加強筋

加強筋的主要作用是增加塑件的強度,避免變形和翹曲。用增加壁厚來提高塑件的強度和剛度,常常是不合理的,易產生縮孔或凹痕,此時為了確保塑件的強度和剛度而又不至於使塑件的壁厚過大,可在塑件的適當位置上設置加強筋。設置加強筋後,可能在其背面引起凹陷,但只要尺寸設計得當,可以有效地避免。圖1-3-6所示為加強筋的應用及尺寸比例關係。

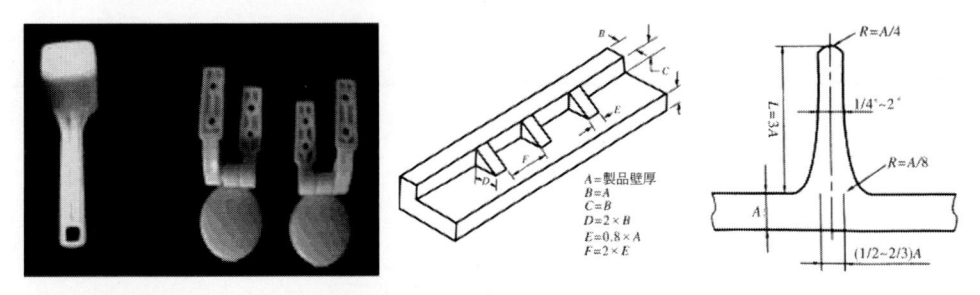

圖1-3-6　加強筋的應用及尺寸

4.圓角

(1)圓角要求。

①塑件除了使用上要求必須採用尖角之處外,其餘所有轉角處均應盡可能採用圓弧過渡。帶有尖角的塑件,往往會在尖角處產生應力集中,影響塑件強度;同時還會出現凹痕或氣泡,影響塑件外觀品質。

②塑件上的圓角增加了塑件的美觀,有利於塑膠充模時的流動,便於充滿與脫模,消除了壁部轉折處的凹陷等缺陷。

③圓角可以分散載荷,增強及充分發揮製品的機械強度。

④在塑件的某些部位如分型面、型芯與型腔配合處等不便做成圓角的地方而只能採用尖角。

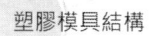

(2)塑件圓角的設計。

圓角半徑一般不應小於 0.5~1 mm。內壁圓角半徑可取壁厚的一半，外壁圓角半徑可取 1.5 倍的壁厚。從減小製品內應力角度出發，製品的壁厚 t 與圓角半徑 R 的關係為 $1/4 \leq R/t \leq 3/5$，$R \geq 0.5$，如圖 1-3-7 所示。

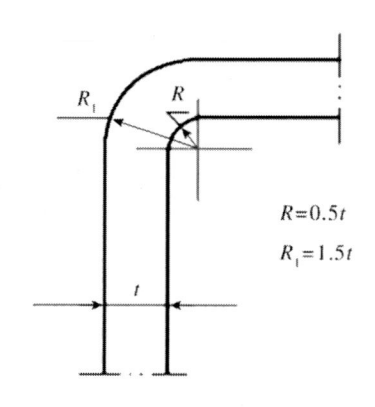

圖1-3-7 塑件的圓角

5.孔

塑件上的孔有簡單孔與複雜孔、通孔與不通孔、斜孔和螺紋孔等。孔的設計，除滿足使用要求、有利於成型外，還要保證塑件有足夠的強度。

(1)孔的極限尺寸。

①孔儘量設在不減弱製品強度的部位。孔間距、孔邊距不應太小(如圖1-3-8，見表1-3-5)。

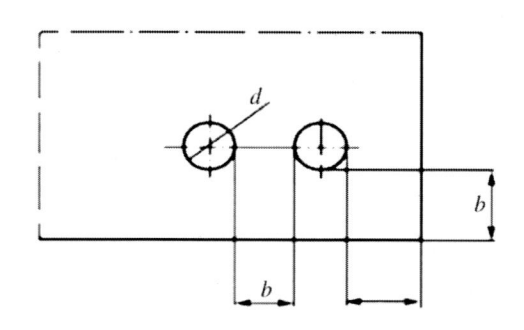

圖1-3-8 孔間距與孔邊距不應太小

表1-3-5　不同孔徑的孔間距與孔邊距參考值　　　　　　　單位/mm

孔徑	<1.5	<1.5~3	<3~6	<6~10	<10~18	<18~30
孔間距與孔邊距	<1.5~3	<1.5~2	<2~3	3~4	4~5	5~7

②固定孔和受力孔應採用凸邊和加強筋，以增加孔的強度，避免孔在受力時損壞和變形，如圖1-3-9所示。

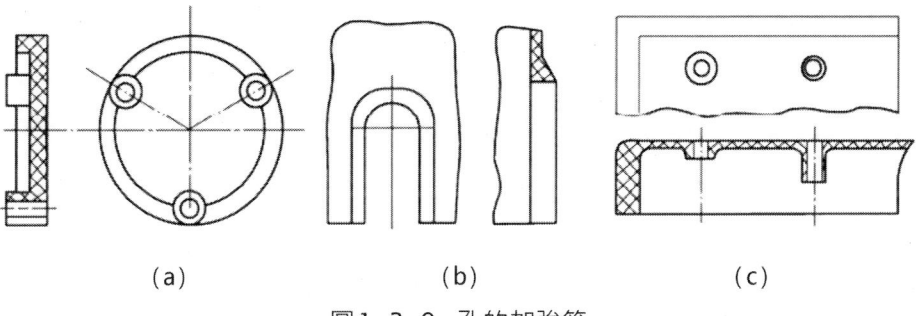

(a)　　　　　　　(b)　　　　　　　(c)

圖1-3-9　孔的加強筋

(2)孔的成型方法。

孔的成型主要有以下幾種方式，如圖1-3-10所示。碰穿結構，塑膠製件的封膠面與開模方向垂直。插穿結構，塑膠製件的封膠面與開模方向平行。插穿結構的剛性較好，可避免細小型芯的失穩變形，也避免了橫向飛邊，不影響裝配。除此之外，通孔還可以採用兩個型芯相對的方式進行成型，即所謂的對碰和對插結構。盲孔只能用一段固定的型芯成型,如果孔徑較小但深度又很大時,成型時會因熔體流動不平衡易使型芯彎曲或折斷。因此,可以成型的盲孔深度與其直徑有關,設計時可參考圖 1-3-11所示數值。對於比較複雜的孔形,可採用圖1-3-12所列的方法成型。

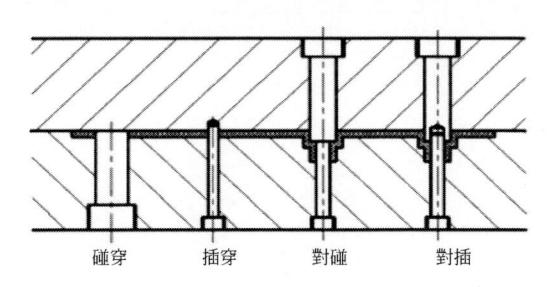

碰穿　　插穿　　對碰　　對插

圖1-3-10　常見孔及成型方法

塑膠模具結構

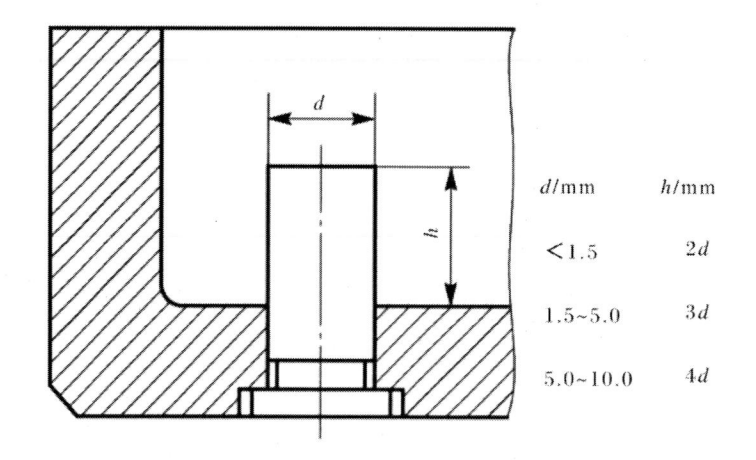

d/mm	h/mm
<1.5	2d
1.5~5.0	3d
5.0~10.0	4d

圖1-3-11　成型盲孔時深度與直徑的關係

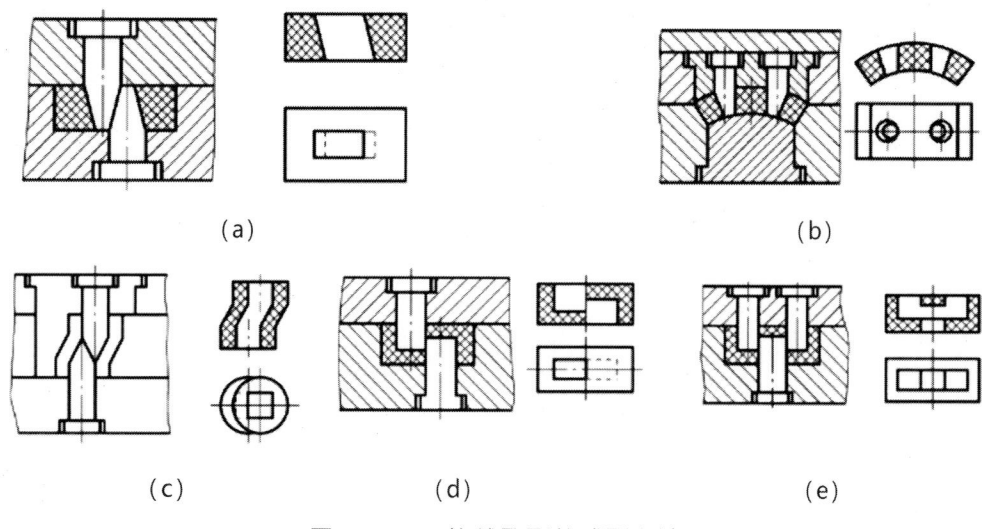

(a)　(b)　(c)　(d)　(e)

圖1-3-12　複雜孔形的成型方法

任務評價

(1)完成燈座(圖1-3-13)的結構工藝性分析,並將相關要點填入表1-3-6中。

圖1-3-13　燈座

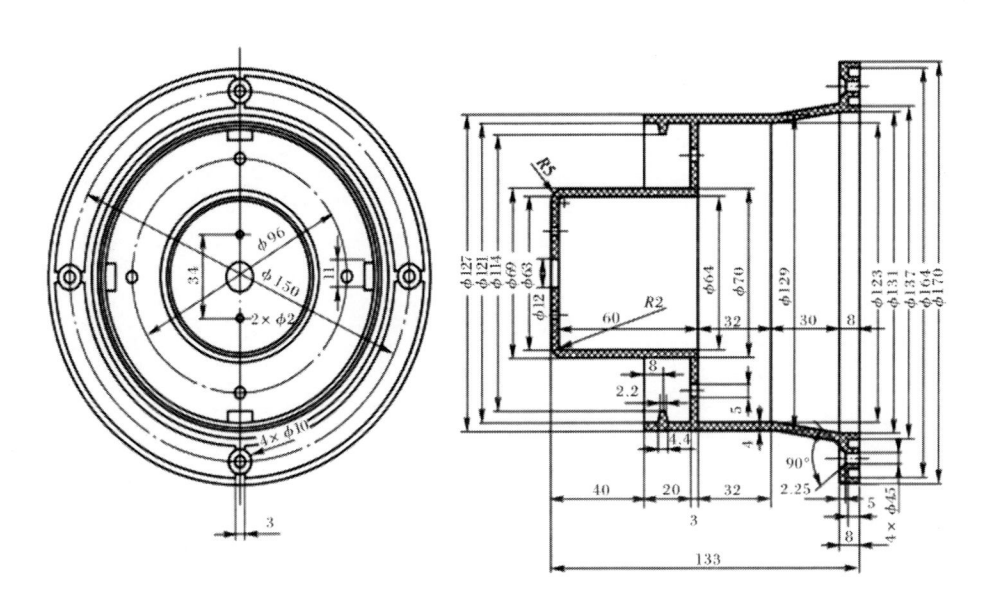

表1-3-6　燈座結構工藝性分析任務完成表

序號	要點
1	
2	
3	
4	
5	
6	

(2)根據燈座的結構工藝性分析情況進行評價，見表 1-3-7。

表1-3-7　燈座的結構工藝性分析評價表

評價內容	評價標準	分值	學生自評	教師評價
塑件尺寸與公差	分析是否合理	15分		
塑件表面品質	分析是否合理	15分		
塑件的壁厚	分析是否合理	15分		
脫模斜度的選取	分析是否合理	15分		
加強筋	分析是否合理	15分		
塑件圓角	分析是否合理	15分		
情感評價	是否積極參與課堂活動、與同學協作完成任務情況	10分		
學習體會				

任務四　單型腔注射模結構

任務目標
能夠識讀簡單模具結構裝配圖，分析模具結構組成及工作原理。

任務分析
單分型面注射模由動模、定模兩部分組成，只有一個分型面，是注射模中最簡單的一種結構形式，根據需要，可以設計成單型腔和多型腔注射模。本任務透過識讀單分型面單型腔注射模具裝配圖掌握模具的基本組成。

任務實施
(1)判斷模具的分型面位置，分析工作原理。
(2)確定模具的結構組成。
(3)指出各零件的名稱。

🖥️ 相關知識

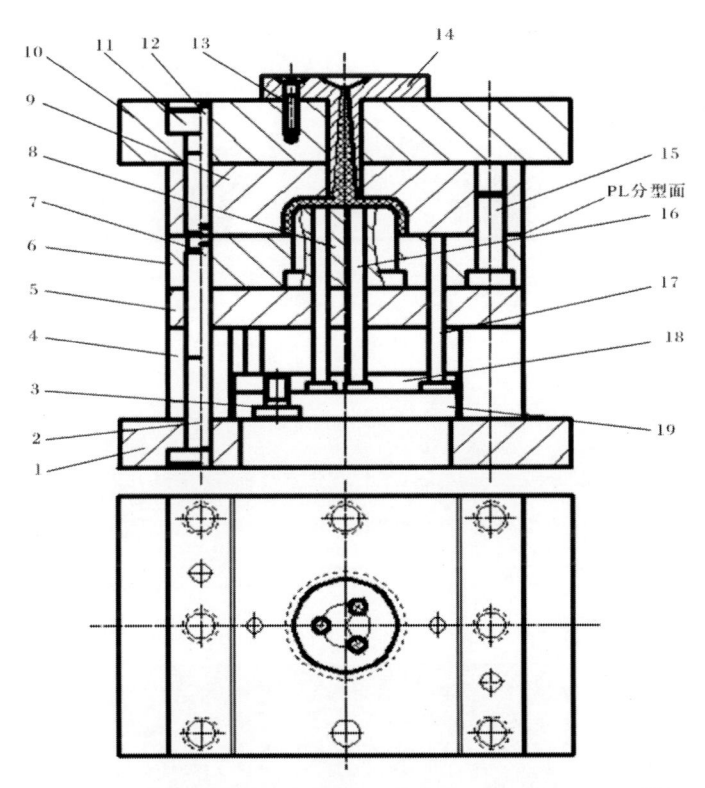

1-動模座板 ;2、3、11、13-緊固螺釘 ;4-墊塊 ;5-支承板 ;6-動範本 ;7、12-銷釘 ;8-型芯 ;9-定範本 ;10-定模座板 ;14-定位圈 ;15-導柱 ;16-推桿 ;17-復位桿 ;18-推桿固定板 ;19-推板

圖1-4-1　單型腔注射模具裝配圖

一、單型腔注射模具的結構組成

　　注射模由動模和定模兩部分組成,定模部分固定在注射機的固定範本上,動模部分安裝在注射機的移動範本上,如圖1-4-1模具裝配圖所示。根據模具上各個部分所起的作用,注射模有以下幾個組成部分。

1.成型零部件

　　成型零部件是直接與塑膠接觸並且決定塑件形狀和精度的零件。它包括：

　　(1)凸模(或型芯)。成型塑件的內表面的凸狀零件。習慣上,尺寸較大的稱凸模,尺寸較小的稱型芯。如圖1-4-1中型芯8及圖1-4-2(a)所示。

　　(2)凹模(或型腔)。成型塑件的外表面的凹狀零件。如圖1-4-1中定範本9及圖1-4-2(b)所示。

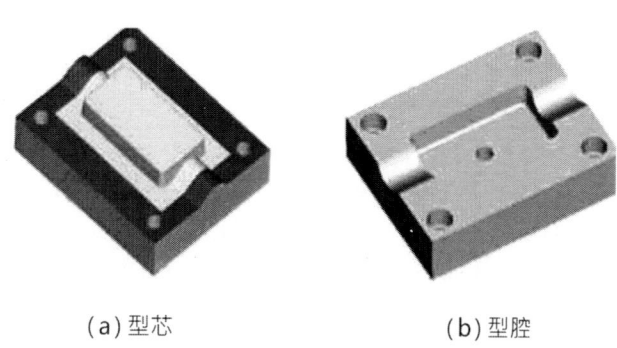

(a) 型芯　　　　　　(b) 型腔

圖1-4-2　成型零部件

2.澆注系統

　　熔融塑膠從注射機噴嘴進入模具型腔所流經的通道。其作用是將熔融的塑膠由注射機噴嘴引向閉合的模具型腔。它由主流道、分流道、澆口及冷料穴組成。

　　主流道是指注射機噴嘴與型腔(單型腔模)或與分流道之間的進料通道。主流道一般製成單獨的澆口套(如圖1-4-3)鑲在定模座板上。該模具中採用的是直澆口。直澆口是主流道的延伸。

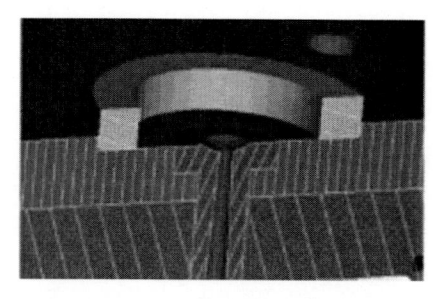

圖1-4-3　定位圈與澆口套

3.導向與定位機構

導向與定位機構包括導向機構和定位機構。導向機構是為了保證合模時動模和定模準確對合,以保證塑件的形狀和尺寸精度,避免模具中其他零件(經常是凸模)發生碰撞和干涉。導向機構一般包括導柱、導套(或導向孔)零件,如圖1-4-4所示。

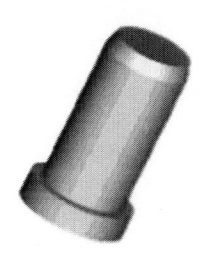

圖1-4-4 導向機構

4.推出機構

開模時,將塑件和澆注系統凝料從模具中推出,實現脫模的裝置。其結構較複雜,形式多樣,最常用的推出機構有推桿推出、推管推出和推件板推出等。如圖1-4-5所示是典型的推桿推出的模具。它包括:

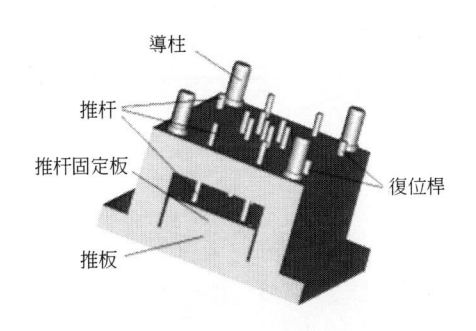

圖1-4-5 推桿推出機構

(1)推桿用於推出塑件;
(2)推桿固定板用於固定推桿;
(3)推板與注射機頂桿接觸,推動推出機構;
(4)復位桿用於推出機構的復位。

5.溫度調節系統

注射模的溫度調節系統包括冷卻和加熱兩方面,但絕大多數都是要冷卻,因為熔體注入模具時的溫度一般在200~300 ℃之間,塑膠製品從模具中取出時,溫度一般在60~80 ℃之間。熔體釋放的熱量都被模具吸收,模具吸收了熔體的熱量則溫度升高,為了滿足模具溫度對注射工藝的要求,需要將模具中的熱量帶走,以便對模具溫度進行控制。

將模具溫度控制在合理範圍內的這部分結構稱為溫度調節系統。模具的溫度調節系統常用的是冷卻水道,如圖1-4-6所示。

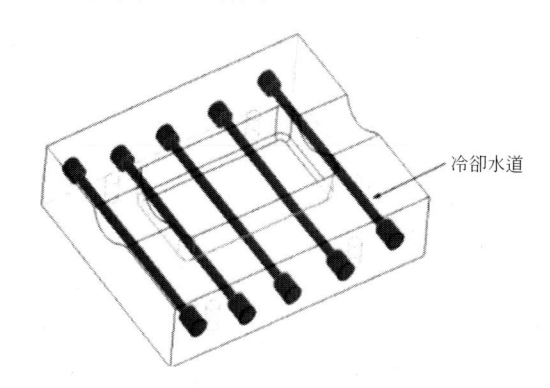

圖1-4-6 冷卻水道

6.排氣系統

注射充模時,為了塑膠熔體的順利進入,需要將型腔內的原有空氣和注射成型過程中塑膠本身揮發出來的氣體排出模外。這種將型腔內的氣體排出模具,以及在開模時讓氣體及時進入型腔,避免產生真空的結構,稱為排氣系統。常在模具分型面處開設幾條排氣槽。小型塑件排氣量不大,可直接利用分型面排氣,不必另外設置排氣槽。許多模具的推桿或型芯與範本的配合間隙也可起到排氣的作用。大型塑件必須設置排氣槽。

7.支承零部件

用來安裝固定和支承成型零部件或起定位和限位作用的零部件,包括定模座板、動模座板、墊塊、支承板等。如圖1-4-7所示。

圖1-4-7 支承零部件

二、模具工作原理分析

分型面以上為定模部分,以下為動模部分。

(1)開模動作。在注射機作用下,動模部分與定模部分分開,分開到設定位置時停止。注射機頂出桿經頂出孔,推動模具頂出底板,帶動製品脫出系統(推桿、推管、推板等)前移,從而將製品從模具中脫出。

(2)閉模動作。在注射機作用下,動模部分向定模方向合模。待動模與定模完成合模後,注射機開始下一個週期的注射工作。模具所要完成的工作過程就是"合模—填充—保壓—冷卻—開模—推件—清理"這樣一個反復的過程。

任務評價

(1)讀圖1-4-8,將組成模具零件的名稱、零件分類、模具動作、模具排氣分析等填寫在表1-4-1相應的欄目中。

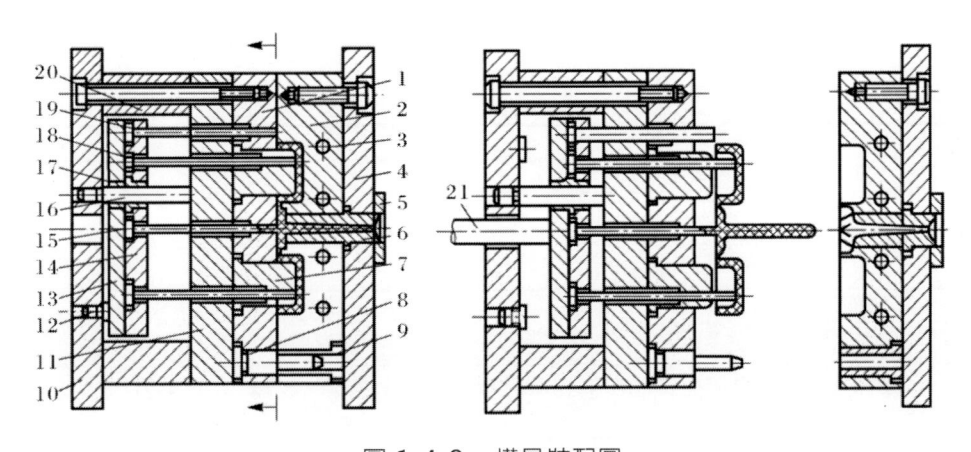

圖1-4-8 模具裝配圖

表1-4-1　任務完成表

零件號	零件名稱	零件作用	零件號	零件名稱	零件作用
1			14		
2			15		
3			16		
4			17		
5			18		
6			19		
7			20		
8			21		
9					
10					
11					
12					
13					

模具組成零件分類	機構系統零件：	
	成型零部件：	
	澆注系統零件：	
	推出機構：	
	冷卻系統：	
	模架零件：	
模具工作原理分析		

（2）根據注射模具裝配圖的結構組成分析情況進行評價，見表1-4-2。

表1-4-2　單型腔注射模結構組成分析情況評價表

評價內容	評價標準	分值	學生自評	老師評價
零件名稱	是否正確	30分		
零件作用	是否正確	30分		
零件分類	是否正確	15分		
模具工作原理	分析是否合理	15分		
情感評價	是否積極參與課堂活動、與同學協作完成任務情況	10分		
學習體會				

平板件模具結構設計

　　本專案綜合訓練學生設計單分型面注射模的初步能力。如下圖所示，該產品是某企業生產的外殼，作用是防塵，保護內部結構。塑件要求表面品質一般，不能有波浪紋、氣泡、銀絲、推桿痕跡，要求尺寸精度高，不能有錯位、飛邊等。產品使用壽命不低於 10 年，生產批量為 100 萬件，根據要求，為該產品選擇原料並設計一套注塑模具。

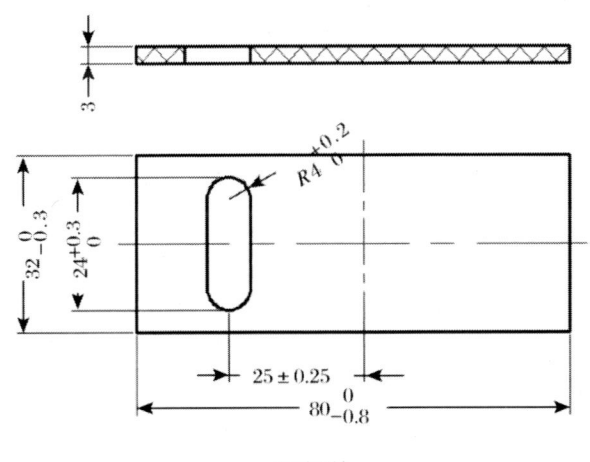

平板件

目標類型	目標要求
知識目標	(1)掌握單分型面注射模的典型結構及各零部件作用 (2)掌握塑膠注射模與注射機之間的關係及注射模型腔數量的確定方法 (3)掌握單分型面注射模澆注系統的作用、分類與組成及尺寸的確定 (4)掌握注射模成型零部件的結構及工作尺寸計算方法 (5)掌握推桿、推板、推管、多元件組合等脫模機構的設計及模具冷卻系統的設計
技能目標	(1)能夠設計簡單、中等複雜程度的單分型面注射模 (2)具備單分型面塑膠注射成型模的讀圖能力
情感目標	(1)具備自學能力、思考能力、解決問題能力與表達能力 (2)具備團隊協作能力、計畫組織能力及學會與人溝通、交流能力 (3)能參與團隊合作並完成工作任務

塑膠模具結構

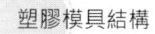

任務一 多型腔注射模典型結構

任務目標

(1)知道注射模的分類方法和名稱。
(2)能識讀典型單分型面注射模的結構圖。
(3)能根據模具裝配圖分析模具的工作原理。

任務分析

　　單分型面注射模也稱兩板式注射模，這種模具只有一個分型面，是注射模中最簡單的一種結構形式。單分型面注射模根據需要，既可以設計成單型腔注射模，也可以設計成多型腔注射模，應用十分廣泛。透過本任務的學習，瞭解多型腔模具的組成及工作原理。

任務實施

(1)判斷模具的分型面位置，分析工作原理。
(2)確定模具的結構組成。
(3)指出各零件的名稱。

相關知識

一 模具工作原理與過程

　　如圖2-1-1所示，模具分為動模、定模兩部分。在一個注射迴圈中，模具的基本任務是容納和分配塑膠熔體、成型、冷卻及塑件的推出，因此模具的基本結構必須滿足這些作用。如圖2-1-2所示為多型腔的注射模典型結構，注射機將已完成塑化的高壓塑膠熔體經澆注系統注射進入由成型零部件8、9構成的封閉型腔，塑膠熔體在冷卻系

044

統的作用下固化成型，注射機移動範本帶動模具動模部分運動與定模部分分開，同時因塑膠收縮的作用使塑膠製件包緊在突出的動模仁8上，注射機的頂出機構運動，其頂桿作用於模具的推出板 22，帶動推桿 5、6 推出塑膠製件與凝料，取出塑膠製件後，注射機移動範本再次運動，帶動模具動模部分進行合模運動，模具重定裝置3、4確保推出機構回到原位，重新完成封閉型腔的構建，準備下一次注射。

圖2-1-1　模具動模、定模部分

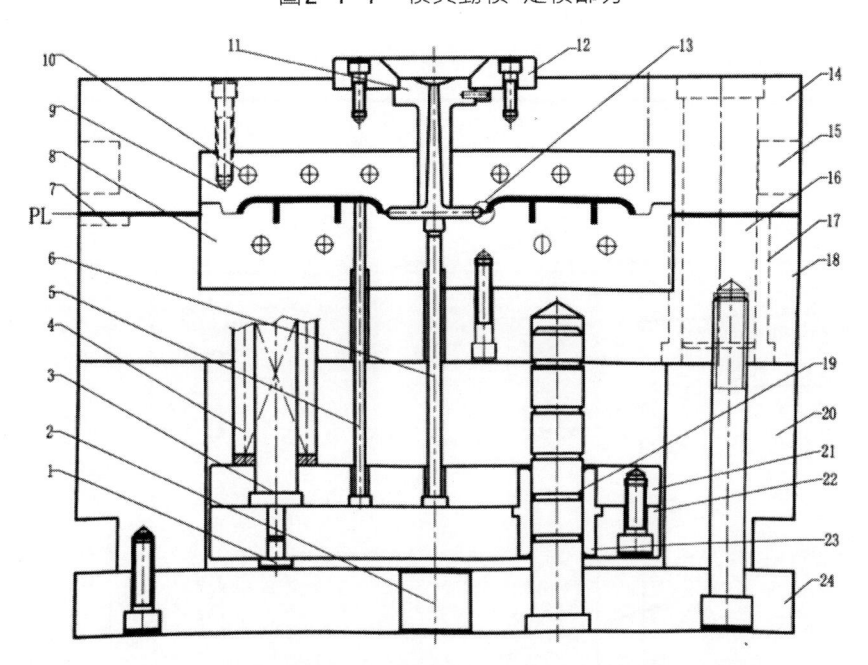

1-垃圾釘；2-KO 孔；3-回程桿；4-回程彈簧；5、6-推桿；7-撬模槽；8-動模仁；9-定模仁；10-冷卻水孔；11-流道襯套；12-定位圈；13-澆口；14-定模座板；15-碼模槽；16-導柱；17-導套；18-動範本；19-推出導柱；20-墊塊；21-推出固定板；22-推出板；23-推出導套；24-動模座板

圖2-1-2　多型腔注射模典型結構

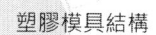

二、模具的機構組成

1.支承零部件

模具的主骨架,主要包含了固定板、支承板、導向機構及座板,能將模具各個部分有機的組合在一起,使模具與注射機相連接,並具有一定的強度、剛度,標準化程度高。以下為部分零部件作用介紹。

(1)定位圈。

如圖2-1-2所示的件12。模具安裝時,將定位圈安裝在注射機定範本的定位孔中,以保證注射機的噴嘴與模具的主流道襯套的同軸度。定位圈材料通常為 S55C。

(2)導柱與導套。

如圖2-1-2所示的件16、件17,導柱與導套構成模具的導向機構,其作用為:①合模過程中,對動模、定模進行導向。導柱與導套的配合精度在很大程度上決定模具的精度。②起定位作用。防止動模、定模安裝時錯位。

一般設置4根導柱,靠基準角側的導柱通常與其他3根導柱做成不對稱的排列,從而起定位作用。如圖2-1-3所示非對稱排列導柱,標有OFFSET 2 mm字樣的導柱與其他3根導柱即為非對稱的排列。導柱與導套常用Cr2(GCr15)(SUJ2)(高頻淬火60±2HRC)材料。

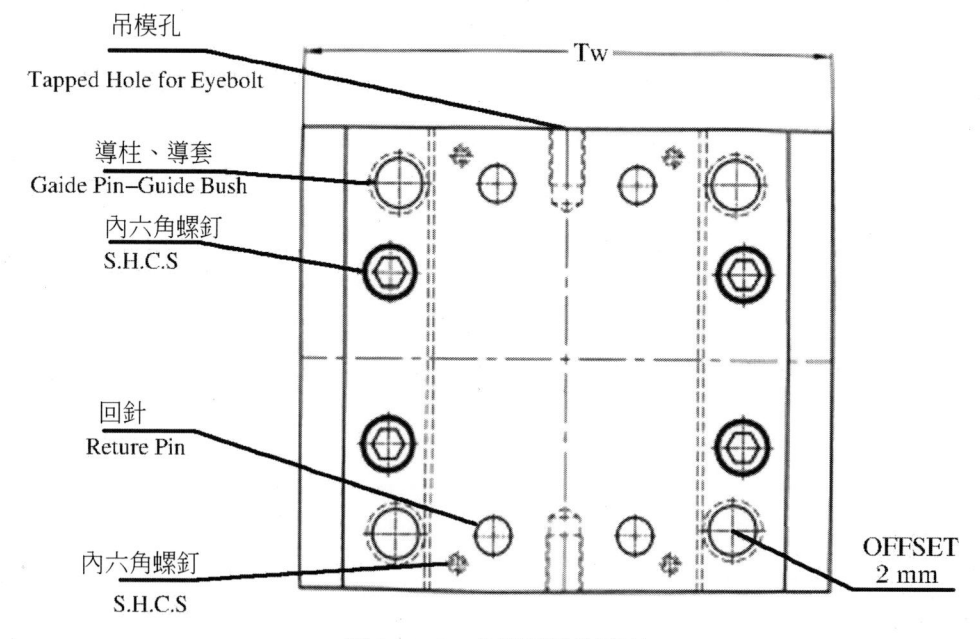

圖2-1-3 非對稱排列導柱

(3)停止銷。

如圖2-1-2所示的件1垃圾釘，其作用為減少頂出板與動模座板的接觸面積，以便調整頂出板的平面度，並且避免因料渣掉入影響頂出板的回位。停止銷常用 S45C (淬火40～50HRC)材料。

(4)流道襯套。

如圖2-1-2所示的件11，其作用為將注射機噴嘴的塑膠熔體引入分流道或模腔中。流道襯套的材料通常為SKD61(52HRC)或T8、T10(52～56HRC)。

2.澆注系統

澆注系統為注射機噴嘴開始至模腔的一段通道，包括主流道、分流道、澆口、冷料穴。

3.推出機構

製品脫出是注射成型週期中最後一個環節，當製品在模具中固化後，需要有一套有效的機構將其從模具中脫出。脫出品質的好壞將最後決定製品的品質，脫出過程中不能使製品產生變形、頂白、破裂等製品缺陷。常見的製品推出機構有圓頂針、扁頂針、推管、推板等。

一般情況下，推出機構包括有推桿、復位桿、推桿固定板、推板、主流道拉料桿等。圖2-1-2中所示的件3回程桿和件4回程彈簧組成重定裝置。其作用為：模具合模過程中，首先靠彈簧將製品脫出機構回位。當回程桿與定模接觸時確保製品脫出機構完成復位。回程桿常用Cr2(GCr15)(SUJ2)(高頻淬火60±2HRC)材料。

圖2-1-2所示的件19推出導柱、件23推出導套，構成模具的推出導向機構，其作用為：在製品脫出與脫出機構回位過程中，對頂出板進行導向。推出導柱與推出導套常用Cr2(GCr15)(SUJ2)(高頻淬火60±2HRC)材料。

4.冷卻系統

冷卻系統設置的目的是，控制模溫從而控制製品的品質並提高生產效率。模具溫度及其波動對製品的收縮率、變形、尺寸穩定性、機械強度、應力開裂和表面品質等均有影響。主要表現為對表面光潔度、殘餘應力、結晶度、熱彎曲等方面的影響。

5.成型零件

成型零件指用於成型塑件內外表面的零件，即模仁。如圖2-1-2中件8動模仁、件9定模仁均為成型零件。視製品使用要求、模具排氣要求、模仁製造要求及模具維護要求，模仁可做成整體式，也可做成組合式。

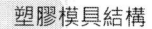

6.排氣結構

模腔中氣體的來源:模內原有的空氣、塑膠中的水分及低分子揮發物、塑膠分解放氣體。因此,考慮排氣是十分必要的。此外,對於不同結構的塑膠製件,模具還應有其他組成部分,如採用三板式模具結構時應有順序脫模機構,當塑件存在側凹、側凸時應有側抽芯機構等。

任務評價

(1)繪製兩板式注射模模具裝配圖草圖,並標注名稱,塑件形狀自擬。
(2)根據模具裝配圖草圖繪製完成情況進行評價,見表2-1-1。

表2-1-1　模具裝配圖草圖繪製評價表

評價內容	評價標準	分值	學生自評	教師評價
成型零件	結構是否完整、正確	15分		
澆注系統	結構是否完整、正確	15分		
支承零部件	結構是否完整、正確	15分		
推出機構	結構是否完整、正確	15分		
冷卻系統	結構是否完整、正確	15分		
資料查閱情況	是否查閱各種資料	10分		
情感評價	是否積極參與課堂、與同學協作完成情況	15分		
學習體會				

任務二　分析注射成型工藝過程及選擇注射參數

任務目標

(1)熟悉注射成型的工藝參數。
(2)能根據製品情況初步設定注射成型參數。
(3)能進行工藝參數的調試,並確定注射成型工藝規程。

任務分析

注射成型過程是在注射成型機上完成的。無論是從事模具設計,還是模具的調試及注射成型操作,都需要熟悉注射成型機的參數及工藝過程。透過本任務的完成,熟悉注射成型機的操作過程,並能分析注射成型參數對注射成型品質與生產效率的影響。

任務實施

(1)擬訂成型製品的工藝過程,查原料的種類與牌號、MFR 值,確定所有材料是否需要乾燥及乾燥條件,製品是否有後處理及後處理工藝條件。
(2)擬訂成型製品的工藝參數。
(3)將擬訂的工藝過程與工藝參數填寫在表中。
(4)完成模具的安裝與注射機的操作。

相關知識

一 注射成型原理及特點

注射成型(注塑)是使熱塑性或熱固性塑膠先在加熱料筒中均勻塑化,而後由柱塞或移動螺桿推擠到閉合模具的模腔中成型的一種方法。

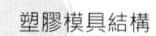

1.注射成型的原理

注射成型是根據金屬壓鑄成型原理發展起來的,首先將粒狀或粉狀的塑膠原料加入注射機的料筒中,經過加熱熔融成黏流態,然後在柱塞或螺桿的推動下,以一定的流速透過料筒前端的噴嘴和模具的澆注系統注射入模具型腔中,經過一定時間後,塑膠在模內硬化定型,接著打開模具,從模內脫出成型的塑件。

2.注射成型的特點

(1)優點。成型週期短、生產效率高、易實現自動化;能成型形狀複雜、尺寸精確、帶有金屬或非金屬嵌件的塑膠製件;產品品質穩定、適應範圍廣。到目前為止,除含氟塑膠以外,幾乎所有的熱塑性塑膠都可以用注射成型的方法成型。另外,一些流動性好的熱固性塑膠也可注射成型。

(2)缺點。注射設備價格較高、注射模具結構複雜;生產成本高、生產週期長、不適合於單件小批量的塑件生產。

二、注射成型的工藝過程

注射成型的整個工作週期包括成型前的準備、注射過程和塑膠製件的後處理。注射成型的工藝過程如圖2-1-1所示。

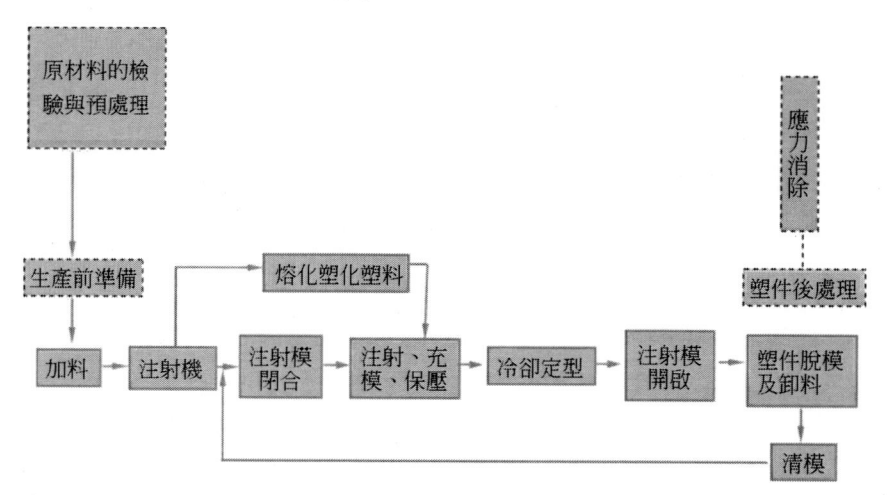

圖2-2-1　注射成型工藝過程

注射過程的3個主要階段如圖2-2-2所示。注射階段如圖2-2-2(a)所示,迴圈開始時,注射機鎖模機構啟動合模壓力閉合模具,形成封閉模具型腔,熔體在注射機料筒中塑化,經模具澆注系統注入模腔。

保壓和定型階段如圖2-2-2(b)所示,在注射壓力下,熔體注入模具並充滿型腔,模具內部壓力逐步增加到最大,注射壓力保持,直到塑膠製件固化成型。

推出階段如圖2-2-2(c)所示,當塑膠製件已固化定型,在注射機鎖模機構作用下開啟模具,推出裝置將塑膠製件推出型腔。

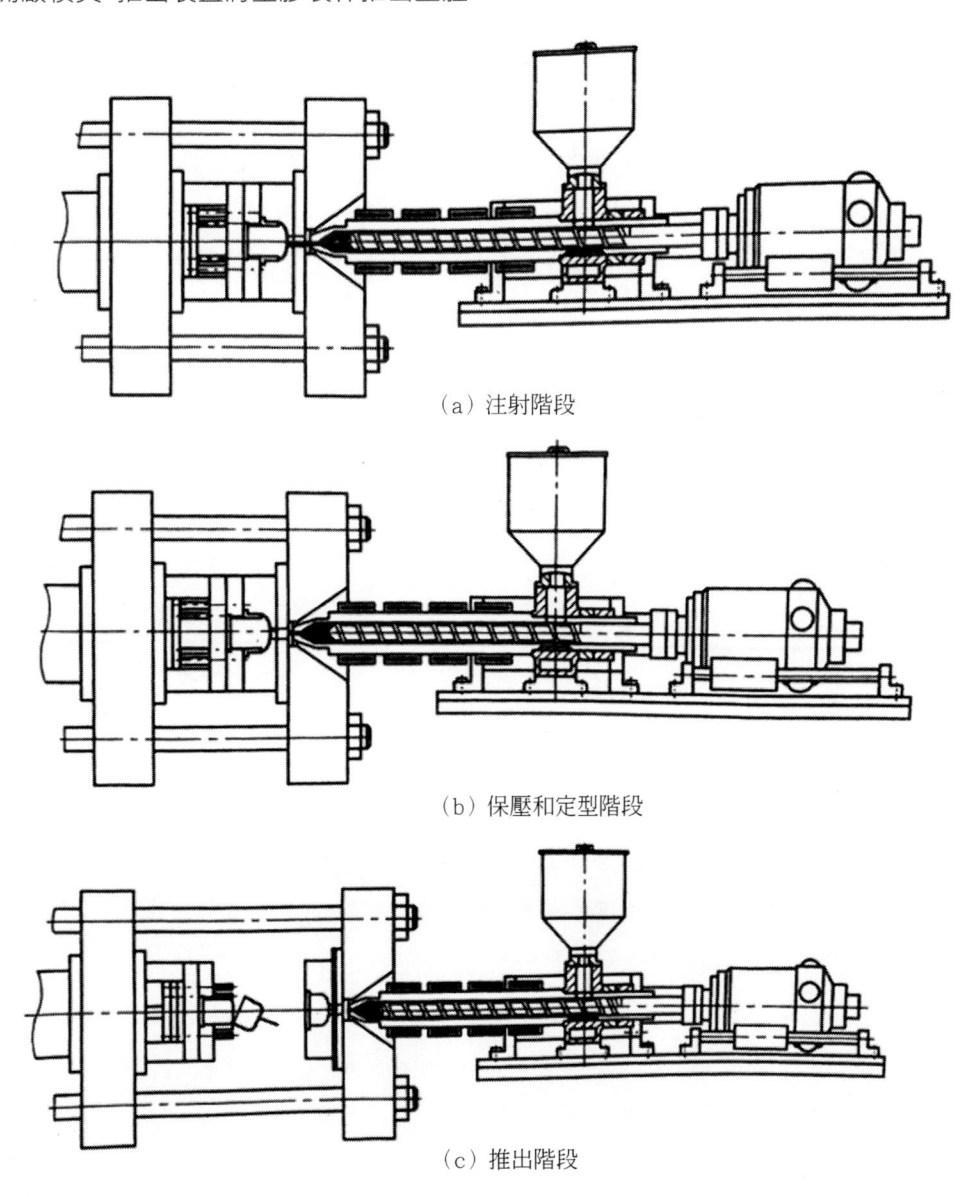

(a) 注射階段

(b) 保壓和定型階段

(c) 推出階段

圖2-2-2 注射成型主要階段原理圖

1.成型前的準備

在成型前需做一些必要的準備工作:

(1)檢驗塑膠原料的色澤、顆粒大小及均勻性等。

（2）測定塑膠的熔體流動速率、流動性、熱性能及收縮率等工藝性能；如果是粉料，有時還需要進行染色和造粒；有些塑膠容易吸濕，如聚碳酸酯、聚醯胺等，還需要進行充分的乾燥和預熱；有些塑膠原料如 PA、PC、PMMA、PET、ABS 等成型前必須乾燥。

（3）對注射機（主要是料筒）進行清洗和拆換。

（4）如有金屬嵌件時，由於金屬嵌件與塑膠的熱性能和收縮率差別較大，在嵌件周圍容易出現裂紋，成型前對金屬嵌件進行預熱，可以有效防止嵌件周圍過大的內應力，從而減少裂紋的產生。

（5）脫模有一定困難的塑件，要選擇合適的脫模劑。脫模劑是使塑件容易從模具中脫出而敷在模具表面的一種助劑。

2.注射成型過程(以螺桿式注射機為例)

(1)注射成型的流程。

①塑膠原料加入料筒，料筒外部安裝有電加熱圈，加熱使塑膠原料塑化。

②轉動螺桿（柱塞）透過其螺旋槽輸送塑膠原料向前移動，直至料筒前端的噴嘴附近，螺桿的轉動使料溫在剪切摩擦力的作用下進一步提高，原料進一步塑化。

③當料筒前端的塑膠熔料積聚到一定程度，對螺桿產生一定壓力時，螺桿就在轉動中後退，直到與調整好的行程開關相接觸，此時料筒前部熔融塑膠的儲量正好可以完成一次注射。

④注射液壓缸開始工作，與液壓缸活塞相連接的螺桿以一定的速度和壓力將熔融塑膠透過料筒前端的噴嘴注入溫度較低的閉合模具型腔中。

⑤保壓一段時間，塑膠經冷卻固化後即可保持模具所賦予的形狀，然後開模分型，在推出機構的作用下，將塑件推出型腔，完成一個注射成型週期。

(2)注射成型的具體步驟。

①加料。需要定量加料。加料的主要問題是確定一次的加料量，也就是料筒中一次的注射（塑化）量。一次加料量過多，塑膠的受熱時間過長，容易引起物料的熱降解，同時注射機的功率損耗增多；加料過少，注射時料筒內缺少傳壓介質，型腔中塑膠熔體壓力降低，難於補壓，容易使塑件出現收縮、凹陷和充填不足等缺陷。

②塑化。塑化是顆粒狀固體塑膠在料筒中經過加熱，轉變為黏流態且具有良好的可塑性的過程。對塑化的要求：塑膠熔體在進入型腔之前，應達到規定的成型溫度，並能在規定的時間內提供足夠數量的熔體，熔體各處溫度應均勻一致，不發生或者極少發生熱分解，以保證生產的連續順利進行。

③充模。從螺桿開始推動塑膠熔體起,塑膠熔體經過噴嘴及模具澆注系統,直至充滿型腔為止,如圖2-2-3所示。

圖2-2-3 充模過程

④保壓。從塑膠熔體充滿型腔起到螺桿撤回的一段時間。熔體充滿型腔後,開始冷卻收縮,但螺桿繼續保持施壓狀態,料筒內的熔料會向模具型腔內繼續流入,以補充因收縮而留出的空隙。保壓階段對於提高塑件的密度、降低收縮和克服塑件表面缺陷都有影響。

⑤倒流。保壓結束後,螺桿後退,這時型腔內的壓力比流道內的高,因此會發生熔體的倒流,從而使型腔內壓力迅速下降,直到澆口處熔料凍結才結束。如果螺桿後退之前澆口已經凍結或者在噴嘴中裝有止逆閥,倒流階段就不會出現。

⑥澆口凍結後的冷卻。從澆口的塑膠完全凍結開始,到塑件從型腔中脫出為止。這一階段,型腔內塑膠繼續冷卻,以便塑件在脫模時具有足夠的剛度而不致發生扭曲變形。沒有塑膠從澆口處流進或流出,但型腔內還可能有少量流動。

⑦脫模。塑件冷卻到一定程度即可開模,在推出機構的作用下將塑件推出模外。

3.塑件的後處理

為了減小塑件的內應力,改善和提高塑件的性能和尺寸穩定性,塑件經脫模或機械加工後,常需要進行適當的後處理。後處理主要有退火和調濕處理。

(1)退火處理。

製品脫模後,其內部存在內應力,並因此導致塑件在使用過程中產生開裂和變形,此時可以用退火的方法消除內應力。

退火處理是使塑件在一定溫度的烘箱或加熱液體介質(如熱水、熱的礦物油、甘油、乙二醇和液狀石蠟)中靜置一段時間,然後緩慢冷卻。

退火溫度:退火溫度應控制在塑件使用溫度以上 10~20 ℃,或塑件的熱變形溫度以下10~20℃。

退火時間:4~24 h。

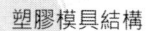

(2)調濕處理。

有些製品在高溫下與空氣接觸會氧化變色,有些在空氣中使用或存放時容易吸收水分膨脹,該情況下需要很長時間才能得到穩定尺寸,此時可用調濕的方法來避免上述情況。

將剛脫模的塑件放在熱水中處理,即可以隔絕空氣進行防止氧化的退火,還可以加快達到吸濕平衡,這個過程稱為調濕處理。

通常聚醯胺類塑件需要進行調濕處理,因為此類塑件在高溫下與空氣接觸時常 會發生氧化變色,在空氣中使用或存放時又容易吸收水分而膨脹,需要較長時間才能 得到穩定的尺寸。

調濕處理的溫度一般為 100～120 ℃。

調濕時間一般為 2～96 h。

三、注射成型工藝條件的選擇與控制

1.溫度控制參數

注射過程中所需控制的溫度參數有料筒溫度、噴嘴溫度、模具溫度及油溫。

(1)料筒溫度。

料筒溫度是指料筒表面的加熱溫度。料筒分3段加熱,從料斗到噴嘴,溫度依次增高。第 1 段靠近料斗,溫度應低些。第 2 段處於壓縮段,其溫度一般比所用塑膠的熔點或黏流態溫度高 20～25 ℃。第 3 段為計量段,該段的溫度比第 2 段高 20～25 ℃。

(2)噴嘴溫度。

噴嘴溫度通常略低於料筒的最高溫度。

(3)模具溫度。

模具溫度通常靠通入定溫的冷卻介質進行控制,對較小的製品,也可靠熔體注入模腔後的自然升溫和降溫來達到平衡,從而保持一定的模溫。特殊情況下,還可採用電加熱方式來控制模溫。

2.壓力

注射模塑過程中要控制的壓力有塑化壓力和注射壓力。

(1)塑化壓力。

所謂塑化壓力是指採用螺桿式注射機,螺桿頂部熔體在螺桿轉動後退時所受到的壓力。又稱為背壓。

(2)注射壓力。

注射壓力是指螺桿頂部對塑膠所施加的壓力。其作用是克服熔體從料筒流向型腔的流動阻力,使熔體具有一定的充滿型腔的速率,對熔體進行壓實。

注射壓力大小取決於塑膠品種、注射機類型、模具結構、塑膠製品的壁厚和熔料流程及其他工藝條件，尤其是澆注系統的結構和尺寸。

3.時間(成型週期)

完成一次注射模塑過程所需的時間稱為成型週期，或稱模塑週期。主要包括以下4部分：

①充模時間。充模時間是指螺桿前進的時間。

②保壓時間。保壓時間是指螺桿在高壓補料階段所停留的時間。

③總的冷卻時間。它包括保壓時間和閉模冷卻時間。

④其他時間。如開模、脫模、塗脫模劑、安裝嵌件及閉模等所需時間。

表2-2-1　常見材料的注射成型工藝參數範圍

樹脂名稱	螺桿轉速/(r·min⁻¹)	噴嘴形式	噴嘴溫度/℃	料筒溫度/℃ 前	料筒溫度/℃ 中	料筒溫度/℃ 後	模具溫度/℃	注射壓力/MPa	保壓壓力/MPa	注射時間/s	保壓時間/s	冷卻時間/s	總週期/s
PS	範圍較寬	直通式	200~210	170~190	170~190	140~160	20~60	60~100	30~40	1~3	15~40	15~40	40~90
ABS	30~60	直通式	180~190	200~210	200~220	180~200	50~70	70~90	50~70	3~5	15~30	15~30	40~70
PP	30~60	直通式	170~190	180~200	200~220	160~170	40~80	70~120	50~60	1~5	20~60	10~50	40~120
HDPE	30~60	直通式	150~180	180~190	180~200	140~160	30~60	70~100	40~50	1~5	15~60	15~60	40~140
POM	20~40	直通式	170~180	170~190	180~200	170~190	90~120	80~130	30~50	2~5	20~90	20~60	50~160
PC	20~40	直通式	230~250	240~280	260~290	240~270	90~100	80~130	40~50	1~5	20~80	20~50	50~130

注："注射壓力""保壓壓力"等表示的是在相應壓力下產生的壓強，故模具行業中通常將其單位定為Pa(或kPa、MPa)。書中其他相似情況也同此，特此說明。

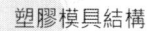

四、成型常見缺陷及其產生原因

　　注射中常見的缺陷有充填不足、熔接痕跡、波流痕、翹曲變形、溢料、銀紋、凹陷、糊斑、裂紋、氣泡、暗泡等。注射製品的缺陷既與成型工藝條件有關，也與原料、設備、塑件結構、模具結構等有關。本任務僅從工藝參數調節的角度進行分析，主要介紹以下一些常見缺陷及其產生的原因。

　　(1)充填不足。

　　充填不足的表現：型腔未完全充滿，導致製品不飽滿，製品外形殘缺不全。

　　工藝方面的原因：模溫過低，注射壓力過低，保壓時間太短，熔體溫度過低，注射速率太慢。

　　(2)熔接痕跡。

　　熔接痕跡的表現：塑件表面出現一種線形痕跡，影響塑件外形，且對製品強度造成影響。

　　工藝方面的原因：保壓時間過短，模具溫度過低，注射速率過大或過小。

　　(3)波流痕。

　　波流痕的表現：塑件表面產生以澆口為中心的年輪狀、螺旋狀或雲霧狀的波形凹凸不平的現象。

　　工藝方面的原因：保壓時間過短，模具溫度過低，注射速率過大或過小。

　　(4)翹曲變形。

　　翹曲變形的表現：塑件產生旋轉或扭曲現象，平面處有起伏，自邊緣朝裡或朝外彎曲與扭曲。

　　工藝方面的原因：注射壓力過高，熔體溫度過高，熔體流速過慢，保壓壓力過高。

　　(5)溢料。

　　溢料的表現：熔體流入模具分模面及模具間隙中，形成飛邊。

　　工藝方面的原因：熔體溫度過高，注射壓力過大，注射量大。

　　(6)銀紋。

　　銀紋的表現：塑件表面形成很長的針狀白色如霜的細紋。

　　工藝方面的原因：熔體溫度過高，保壓時間過長，注射速率過大，熔體在料筒中停留時間太長。

　　(7)凹陷。

　　凹陷的表現：製品表面不平整，向內產生淺坑。

工藝方面的原因：熔體溫度過高導致製品冷卻不足、模具溫度過高、注射及保壓時間太短、注射及保壓壓力太低。

(8)糊斑。

糊斑的表現：塑件表面或內部有許多暗黑色條紋或斑點。

工藝方面的原因：熔體溫度太高、注射壓力太大、注射速率過大。

(9)裂紋。

裂紋的表現：塑件內、外表面出現間隙或裂縫及由此形成的製品破裂。

工藝方面的原因：保壓時間過長、注射及保壓壓力過大。

(10)氣泡。

氣泡的表現：塑件內部形成體積較小或成串孔隙的現象。

工藝方面的原因：注射速度過快、熔體溫度過高或過低、模溫過高或過低、加料量過多或過少、保壓壓力過低或保壓時間太短、機筒供料段溫度過高。

(11)暗泡。暗泡的表現：塑件內部產生的真空孔洞，又稱真空泡。

工藝方面的原因：模溫過低、熔體溫度過高、保壓壓力與保壓時間不夠。

五、注射成型設備(注射機)

注射機通常包括注射系統、液壓動力系統、鎖模系統和控制系統等。注射機操作專案包括控制鍵盤操作、電器控制系統操作和液壓系統操作3個方面。分別進行注射過程動作、加料動作、注射壓力、注射速度、頂出形式的選擇、料筒各段溫度的監控、注射壓力和背壓壓力的調節等。

注射機的分類方法較多，通常可分為以下幾種：

(1)按鎖模機構的運動方向分：臥式注射機、立式注射機和直角式注射機，如圖2-2-4所示。

(2)按注射裝置結構分：柱塞式、螺桿式，如圖2-2-5所示。

(3)按原材料的種類分：熱塑性塑膠注射機、熱固性塑膠注射機(電木機)。

(4)按鎖模裝置結構分：曲軸式注射機、直壓式注射機、複合直壓式注射機。

(a)臥式　　(b)立式　　(c)直角式

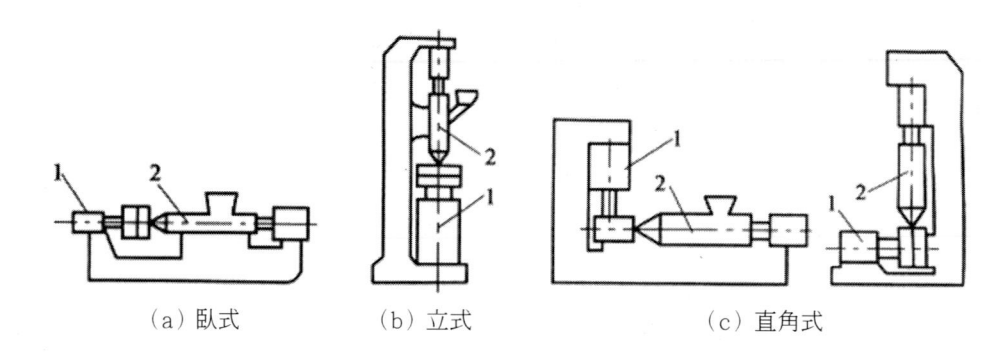

1-合模裝置　2-注射裝置

圖2-2-4　按鎖模機構的運動方向分

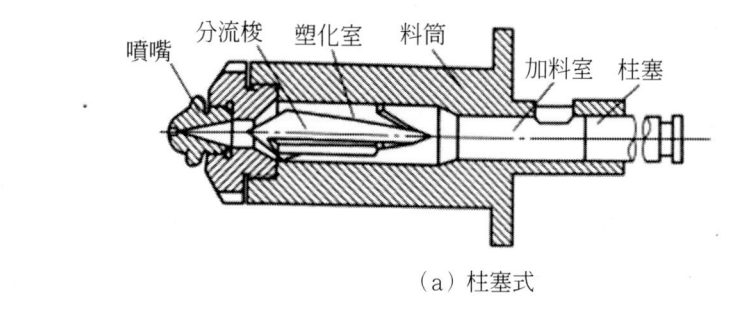

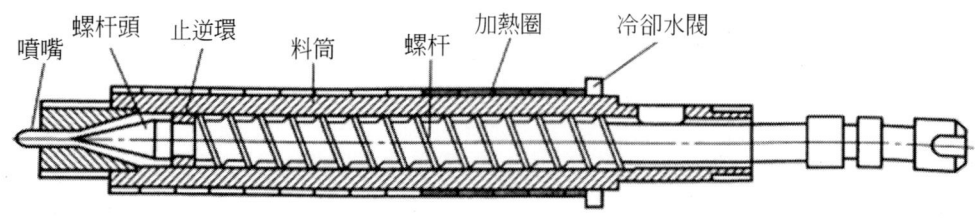

(a)柱塞式

(b)螺杆式

圖2-2-5　按注射裝置結構分

其中 臥式注射機 螺桿式注射機 熱塑性塑膠注射機最為常見。

注塑機行業制訂的注射機規格有 SZ 系列和 XS 系列。SZ 系列是以理論注射量和鎖模力共同表示設備規格。如 SZ-200/1000，"SZ"表示塑膠注射成型機，理論注射量為200 cm³，合模力為1000 kN。

XS 系列是比較早時採用的系列，它以理論注射量表示注射的規格。如 XS-ZY-125A，XS-ZY 指預塑式(Y)塑膠(S)成型機(X)，125 指理論注射量為 125 cm³，A 指設備設計序號第1次改型。

目前,注射機的生產廠家較多,其規格已突破了原標準規定的系列,往往用廠家的名字的縮寫字母加上主參數來表示注射機的規格。如HT系列為海天機械有限公司生產的注射機,HTF90W2表示海天公司FW2系列,鎖模力為900 kN;LY系列為利源機械有限公司生產的注射機等,主參數也往往採用了鎖模力來描述注射機的型號大小。

任務評價

(1)在表2-2-2中填寫項目二開篇中所提到平板件所用塑膠的成型工藝。

表2-2-2　成型工藝卡

塑件名稱	塑膠材料種類	塑膠材料牌號	塑膠材料乾燥條件	脫模劑	塑件淨重	製品後處理	使用設備型號
溫度/°C	噴嘴	前	中	後	定模	動模	冷卻介質
壓強/MPa	注射	保壓	背壓	時間/s	注射	保壓	冷卻
流量/%	注射	保壓	製品主要尺寸/mm	長	寬	高	壁厚

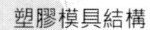

(2)根據成型工藝卡完成情況,具體評價見表2-2-3。

表2-2-3 成型工藝卡評價表

評價內容	評價標準	分值	學生自評	教師評價
工藝卡填寫	分析是否正確	70分		
資料查閱	是否合理有效利用手冊、電子資源等	20分		
情感評價	是否積極參與課堂活動、與同學協作完成任務情況	10分		
學習體會				

練一練

注射成型工藝調試操作。

任務三　確定型腔數目及排位

任務目標
(1)能確定型腔佈局和數量。
(2)能根據塑件要求選擇合適的注射機型號。

任務分析
確定本專案中塑膠平板件的型腔數量及模腔排列方式,計算對應注射機所需的注射量、鎖模力和開模行程,校核模具與注射機的有關結構參數。

任務實施

1.塑膠原料的選擇

根據相關資料可知,產品為一個平板件,作用主要是防塵和遮蓋。產品使用壽命不低於10年,售賣價位要大眾化,所以對材料要求主要是具備一定的強度和硬度,價錢要合適。綜合考慮如下:

由於產品尺寸不大,可採用注射成型工藝成型;常用材料是價位較低的聚乙烯(PE)、聚丙烯(PP)、聚氯乙烯(PVC)等,聚乙烯硬度相對較差,所製作產品容易變形,聚丙烯、聚氯乙烯則硬度較好,特別是聚丙烯抗衝擊性能較佳;聚氯乙烯流動性較差,而聚乙烯、聚丙烯較好。綜合上述考慮,選擇塑膠聚丙烯作為製造材料。

2.確定型腔數量

產品外形尺寸為 80 mm×32 mm×1.5 mm,屬於較小尺寸製件,產品批量為 100 萬件,屬於大批量生產,可採用多型腔生產提高生產率。

綜上所述,可採用多型腔生產,但隨著型腔數量增多,產品精度有所下降,而且模腔數量越多,模架尺寸也隨著增大,導致模具成本上升。鑒於成本控制和產品尺寸精度要求較高,選擇一模兩腔。

3.確定型腔排列方式(圖2-3-1)

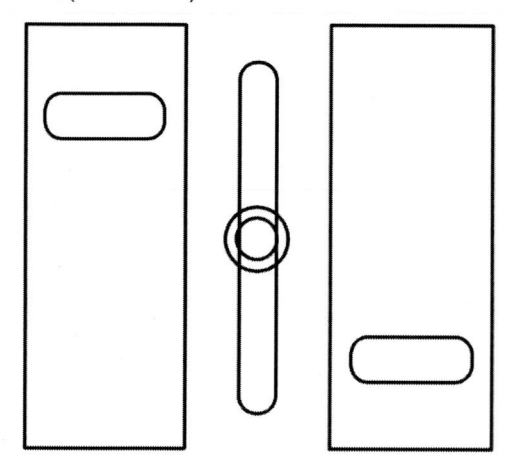

圖2-3-1　型腔排列分佈

4.選擇注射機

(1)注射量校核。

$V_{制}$=長×寬×高×腔數=80 mm×32 mm×1.5 mm×2≈7.68(cm³)

$V_{凝}$≈1.2(cm³)

$V=V_{制}+V_{凝}$≈8.88(cm³)

每個製件的品質與該製件的密度以及體積有關，根據公式

m(品質)= ρ(密度)V(體積)，

即　m=1.4×8.88=12.432(g)

因此注射機最大注塑量乘以 0.8 大於或等於 12.432g。

(2)鎖模力校核。

$A_{分}$為單個塑件在分型面上的投影，$A_{分}$≈2560　mm²

$$kF_{鎖} \geq npA + pA_1$$
$$0.8F_{鎖} \geq 2560 \times 2 \times 24.5$$
$$F_{鎖} \geq 156.8(kN)$$

(3)初選注射機型號。

表 2-3-1　XS-ZY-125 注射機主要參數

理論注射容量(cm³)	60	鎖模力(kN)	500
螺桿直徑(mm)	38	拉桿內間距(mm)	190×360
注射壓力(MPa)	122	移模行程(mm)	180
注射行程(mm)	170	最大模厚(mm)	200
注射方式	注射式	最小模厚(mm)	70
噴嘴球半徑(mm)	12	定位圈尺寸(mm)	100
鎖模方式	液壓—機械	噴嘴孔直徑(mm)	4

相關知識

一、型腔數目的確定

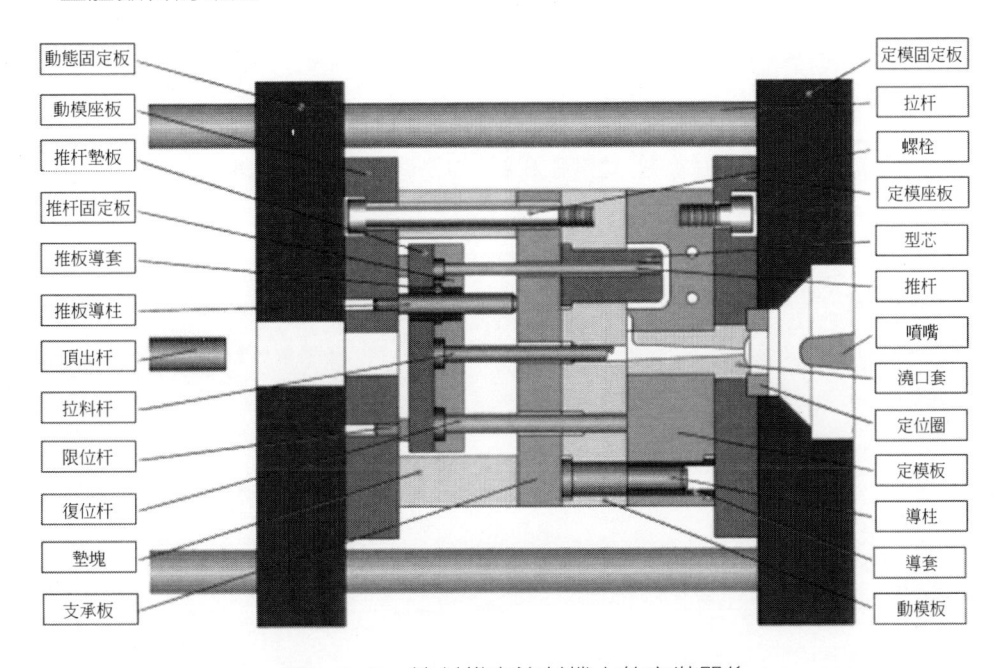

圖2-3-2　注射模在注射機上的安裝關係

模具固定在注射機上，如圖2-3-2所示。模具型腔的數量通常根據塑膠產品的批量、塑件的精度、塑件的大小、用料以及現有的設備狀況來確定。一般來說，生產批量大、塑件精度低、塑件尺寸小的型腔數目選多些，反之型腔數目選少些。實驗顯示，每增加一個型腔，其成型塑件的尺寸精度下降 5%。通常塑件精度要求高時，型腔數目不宜超過4腔。對已有的設備可透過計算確定型腔數目。

1.按注射機的額定塑化量進行計算

$$80\%V_{注射機} \leq nV_{件} + V_{澆注系統} \tag{2-3-1}$$

式中：$V_{注射機}$ ——注射機所能提供的最大注射塑膠容量，單位為 cm³；

　　　n ——型腔數量；

　　　$V_{件}$ ——完成一個製件所需的塑膠容量，單位為 cm³

　　　$V_{澆注系統}$ ——澆注系統所需塑膠品質或體積，一般按 $10\%V_{件}$ 估算，單位為 Cm³。

2.按注射機的額定鎖模力進行計算

$$F_{鎖} > F_{脹} = nkpA \tag{2-3-2}$$

式中：$F_{鎖}$ ——注射機的額定鎖模力，單位為N；

　　　$F_{脹}$ ——注射時,型腔內熔體對模具的脹開力,單位為N;

　　　A ——單個塑件和澆注系統在模具分型面上的投影面積，mm²；

　　　n ——型腔數目；

　　　p ——型腔壓強，單位為 MPa，可查表 2-3-2，也可以根據式 2-3-3 估算；型腔壓強可按下式粗略計算，即

$$p = kp_{注} \tag{2-3-3}$$

式中　k ——壓力損耗係數，通常在 0.25～0.5 範圍內；

　　　$p_{注}$ ——注射壓強，單位為 MPa。

表 2-3-2　模內的平均壓強

製品特點	模內平均壓強 p_m /MPa	舉例
容易成型製品	24.5	PE、PP、PS等壁厚均勻的日用品、容器類製品
一般製品	29.4	在模溫較高時，成型薄壁容器類製品
中等黏度塑料和有精度要求的製品	34.3	ABS、PMMA 等有精度要求的工程結構件，如殼體、齒輪等
加工高黏度塑膠、高精度、充模難的製品	39.2	用於機器零件上高精度的齒輪或凸輪

二、產品排位元

產品排位元是指根據模具設計要求，將需要成型的一種或多種製件按照合理的注塑工藝、模具結構要求進行排列。產品排位元與模具結構、塑膠製品工藝性相輔相成，並直接影響著後期的注塑工藝，排位時必須考慮相應的模具結構，在滿足模具結構的條件下調整排位。

從注塑工藝角度需考慮以下幾點：

模具型腔數確定後，應考慮型腔的佈局。注塑機的料筒通常置於定範本中心軸上，由此確定了主流道的位置，各型腔到主流道的相對位置應滿足以下基本要求：

(1) 流動長度。每種制料的流動長度不同，如果流動長度超過工藝要求，製件就不能充滿。

(2) 流道廢料。在滿足各型腔充滿的前提下，流道長度和截面尺寸應儘量小，以降低廢料率。

(3) 澆口位置。當澆口位置影響塑件排樣時，需先確定澆口位置，再排樣。在一模多腔的情況下，澆口位置應統一。

(4) 進料平衡。進料平衡是指塑膠熔體在基本相同的情況下，同時充滿各型腔。

三、型腔排布考慮因素

1.滿足壓力平衡

(1) 排樣均勻、對稱。軸向平衡對角排位元可以做到溫度和壓力平衡。排樣對比佈局如圖2-3-3所示。

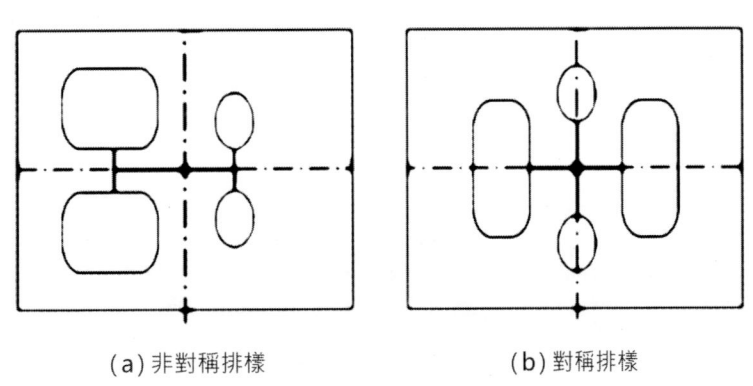

(a) 非對稱排樣　　　　(b) 對稱排樣

圖2-3-3　排樣對比佈局

(2) 利用模具結構平衡，如圖2-3-4、圖2-3-5所示。

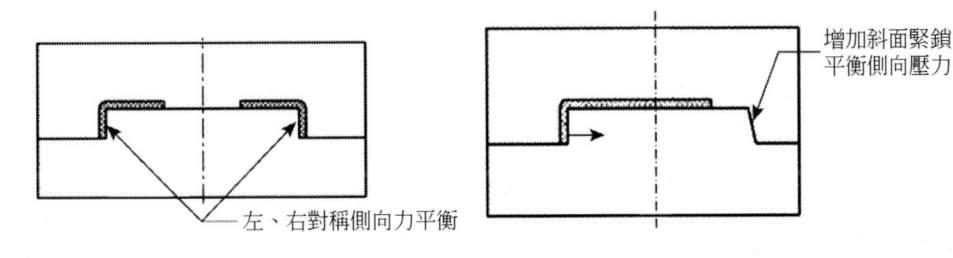

圖2-3-4　側向壓力平衡　　　圖2-3-5　斜面鎖緊平衡

2.平衡式佈置

平衡式佈置的特點是：從主流道到各個型腔的分流道，其長度、斷面尺寸及其形狀都完全相同，以保證各個型腔同時均衡進料，同時注射完畢。它大體有如下形式：

(1)輻射式。 型腔在以主流道為圓心的圓周處均勻分佈，分流道均勻輻射至型腔處，如圖2-3-6

所示。在圖(a)的佈局中，由於分流道中沒設置冷料穴，其冷料就可能進入模腔。圖(b)比較合理，在分流道的末端設置冷料穴。圖(c)是最理想的佈局，它克服了以上分流道分佈過密的不足，節省了凝料的用量，製造起來也較為方便。

輻射式分佈缺點，排列不夠緊湊，同等情況下使成型區域的面積較大，分流道較長，必須在分流道上設頂料桿。同時，在加工和劃線時，需要使用極座標，給操作帶來麻煩。

(a)　　　　　　　(b)

(c)

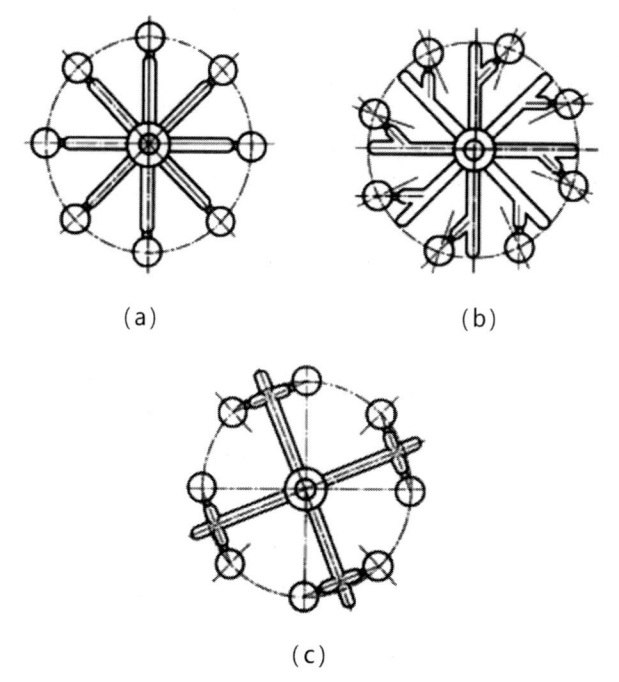

圖2-3-6　輻射式分流道

(2)單排列式。

單排列式的基本形式如圖2-3-7(a)所示，在多型腔模中普遍採用。在需要對開側抽芯的多型腔模中，如斜導柱或斜滑塊的抽芯模中，為了簡化模具流道和均衡進料，往往也採用如圖2-3-7(b)形式，必須將分流道設在定模一側，便於流道凝料完整取出和不妨礙側分型的移動。

(a) (b)

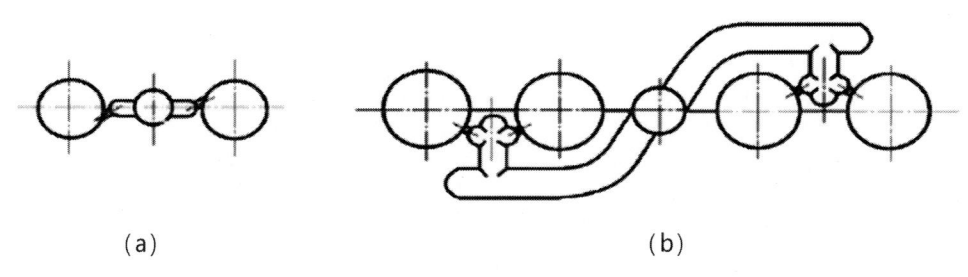

圖 2-3-7　單排列分流道

(3)"Y"形。

它是以 3 個型腔為一組按"Y"形排列,用於型腔數為 3 的倍數的模具,如圖 2-3-8 所示。型腔數分別為 3、6、12 的分流道的佈局,其中圖 2-3-8(a) 和輻射式相似。它們的共同缺點是分流道上都沒有設冷料穴,但只要在流道交叉處設一個鉤料桿式的冷料井,則是較為理想的佈局。

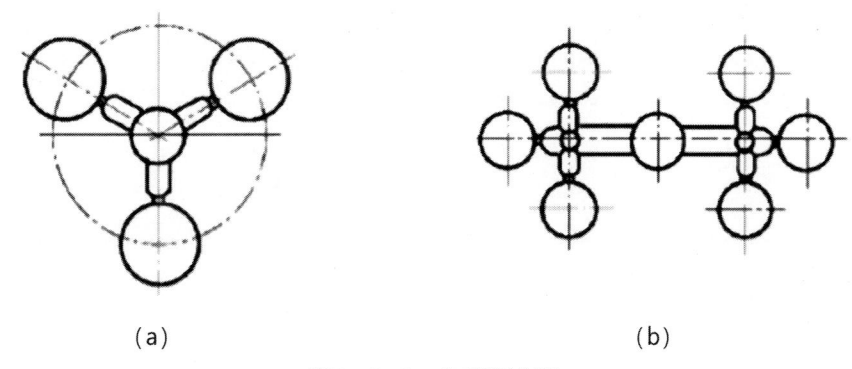

(a) (b)

圖 2-3-8　"Y"形排列

(4)"X"形。

"X"形是以 4 個型腔為一組,分流道呈交叉的"X"狀,如圖 2-3-9 所示。

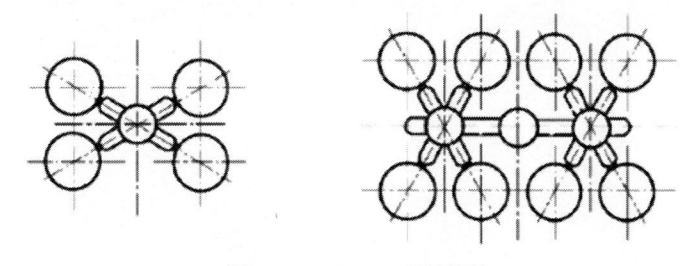

圖 2-3-9　"X"形排列

(5)"H"形。

這是常用的一種。它是以 4 個型腔為一組按"H"形排列,用於型腔數量為 4 或者 4 的倍數的模具,如圖 2-3-10 所示。其特點是排列緊湊、對稱平衡,且它們的尺寸都在模體的 X、Y 座標方向變化,易於加工,在多型腔的模具中得到廣泛的應用。

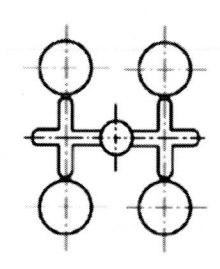

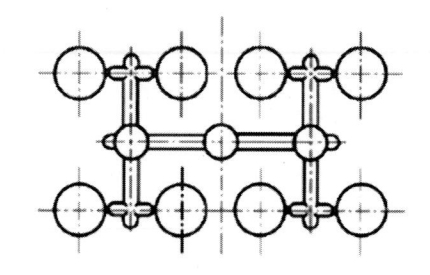

圖2-3-10 "H"形排列

3.非平衡式佈置

特點:分流道到各型腔澆口長度不相等,如圖2-3-11所示。

優點:適應於型腔數量較多的模具,使模具結構緊湊。

缺點:塑膠進入各型腔有先有後,不利於均衡送料。為達到同時充滿型腔的目的,各澆口的斷面尺寸要製作得不同,在試模中要多次修改才能實現。

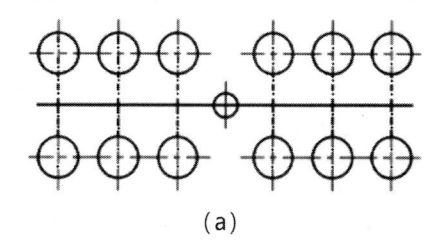

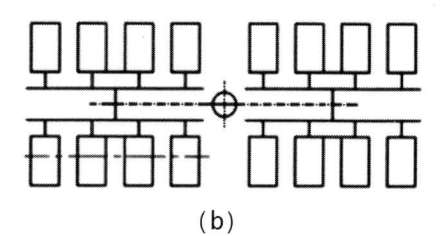

(a)　　　　　　　　　　(b)

圖2-3-11　非平衡式佈置

任務評價

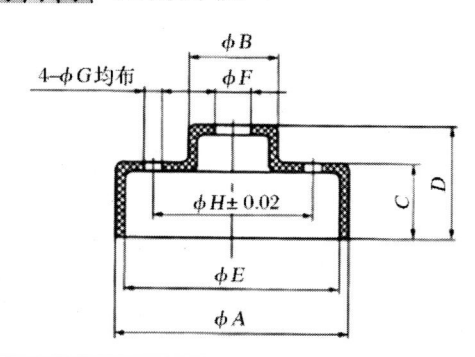

技術要求:
1.塑件不允許有變形、裂紋;
2.脫模斜度30'~1°;
3.未注圖圓角R2~R3;
4.壁厚處處相等;
5.未注尺寸公差,按所用塑料的高精度級查取。

圖號	材料	尺寸序號							
		A	B	C	D	E	F	G	H
01	PP	70	30	25	35	65	10	5	50
02	ABS	110	70	65	75	105	13	10	90

圖2-3-12　塑膠儀錶蓋及相關參數

(1)圖 2-3-12 塑膠儀錶蓋要求大批量生產,精度為 MT5,根據要求確定型腔的排位及初選注射機等,並填寫在表2-3-3中。

表2-3-3　任務完成情況記錄表

型腔數量的確定及依據：
型腔排列方式的確定及依據：
注射機的選擇： (1)注射量的計算及依據 (2)鎖模力的計算及依據 (3)注射機型號的選用

(2)根據塑膠儀錶蓋的排位、數量及注射機的選擇情況進行評價,見表 2-3-4。

表2-3-4　型腔排位等評價表

評價內容	評價標準	分值	學生自評	教師評價
型腔數量確定及依據	分析是否合理	20分		
型腔排列方式的確定及依據	分析是否合理	20分		
注射機的選擇	分析是否合理	30分		
模具設計手冊的查閱	是否查閱設計手冊	20分		
情感評價	是否積極參與課堂活動、與同學協作完成任務情況	10分		
學習體會				

任務四 確定分型面的位置

任務目標

(1)熟悉分型面的基本形式及表示方法。

(2)能根據塑件結構特點及品質要求確定分型面的位置。

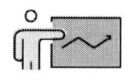

任務分析

模具上用來取出塑件及澆注凝料的可分離的接觸表面稱為分型面。分型面是決定模具結構形式的重要因素，它與模具的整體結構和模具的製造工藝有密切關係，並且直接影響塑膠熔體的流動充填及製品的脫模。因此，分型面的選擇是注射模設計中的一個關鍵內容。

任務實施

由於該薄片塑件底面平整，所以可選用最簡單的平直分型面。根據分型面的選擇原則"應選在塑件外形最大輪廓處"及"應有利於塑件脫模"，所以以產品頂面作為分型面，如圖2-4-1所示。

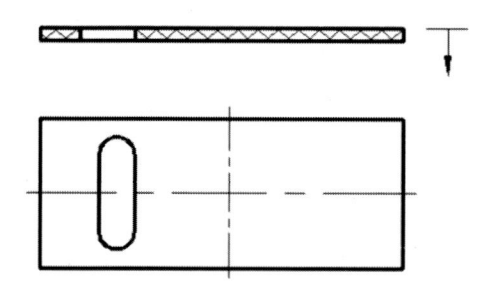

圖2-4-1 分型面的選擇

相關知識

分型面的設計在塑膠模具設計裡有著非常重要的地位。可以說,分型面的設計是塑膠模具設計的基礎。如果分型面沒有確定,則入水方式、入水點的選擇、頂針的設計、滑塊、斜向抽芯的設計、排氣的設計、冷卻水的設計等都將無從下手。所謂的分型面,簡單地說,就是在注塑膠料時所有參與封膠的面,如圖2-4-2所示。

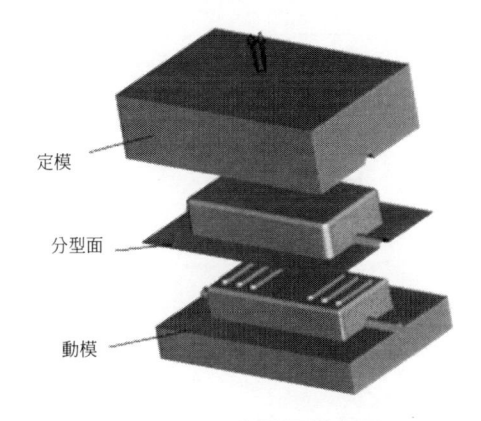

圖2-4-2 分型面示意圖

一、分型面的分類

在實際設計工作中分型面的形式有:
① 平面分型面,如圖2-4-3(a)所示。
② 斜面分型面,如圖2-4-3(b)所示。
③ 階梯分型面,如圖2-4-3(c)所示。
④ 曲面分型面,如圖2-4-3(d)所示。

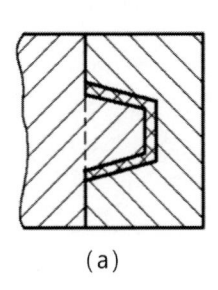

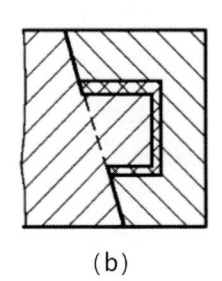

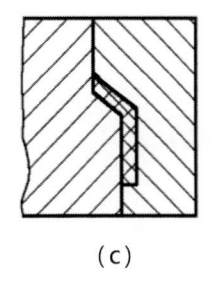

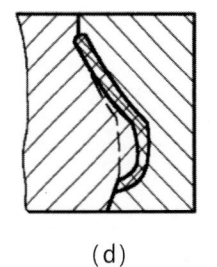

圖2-4-3 分型面的不同形式

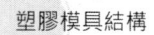

二、分型面的表示方法

在模具的裝配圖上，分型面的表示一般採用如下方法：當模具分型時，若分型面兩邊的模具都移動，用"↔"表示，若其中一方不動，另一方移動，用"↦"表示，箭頭指向移動的方向，多個分型面應按分型的先後次序，標示出"A""B""C"等，如圖2-4-4所示。

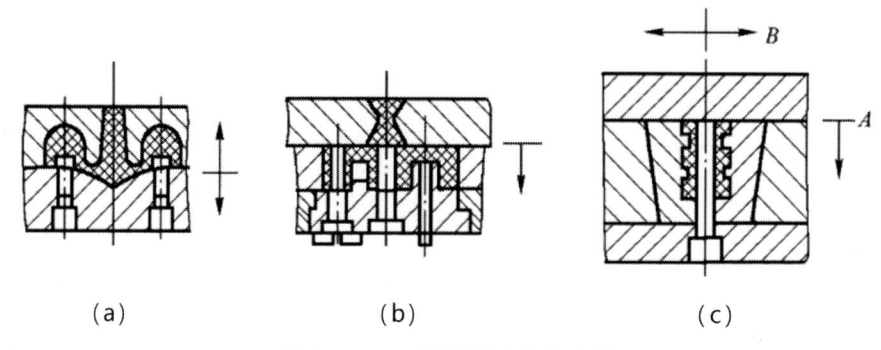

圖2-4-4 分型面的表示方法

三、分型面的選擇原則

1.應選在塑件外形最大輪廓處

當已初步確定塑件的脫模方向後，其分型面應選在塑件外形最大輪廓處，即透過該方向上塑件的截面積最大，否則塑件無法從型腔中脫出，如圖2-4-5(b)所示，即分型面選擇不合理。圖2-4-5(c)為分型面選擇示例。

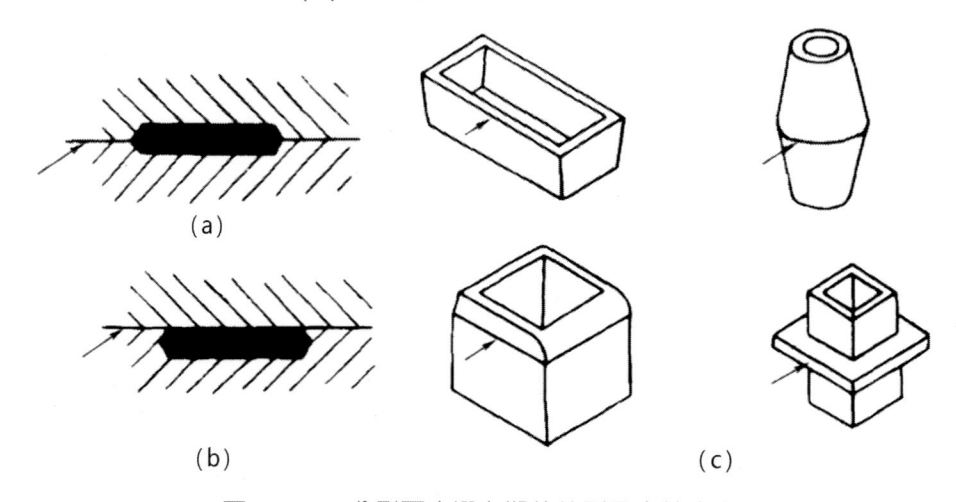

圖2-4-5 分型面應選在塑件外形最大輪廓處

2.應有利於塑件脫模

有利於塑件脫模包括三個方面：

(1)成型的塑件在開模後必須留在有推出機構的那一半模上，這是最基本的要求。有推出機構的半模通常是動模。

(2)有利於塑件的脫出。當塑件外形比較簡單,內形有較多的孔或複雜結構時,開模塑件必須留在動模上,如圖 2-4-6(a)所示合理,圖(b)所示不合理。

(3)當塑件帶有金屬嵌件時,因為嵌件不會收縮且包緊凸模,所以外側型腔應設計在動模一側,否則開模後塑件會留在定模,使脫模困難。如圖 2-4-6(c)所示合理,圖2-4-6(d)所示不合理。

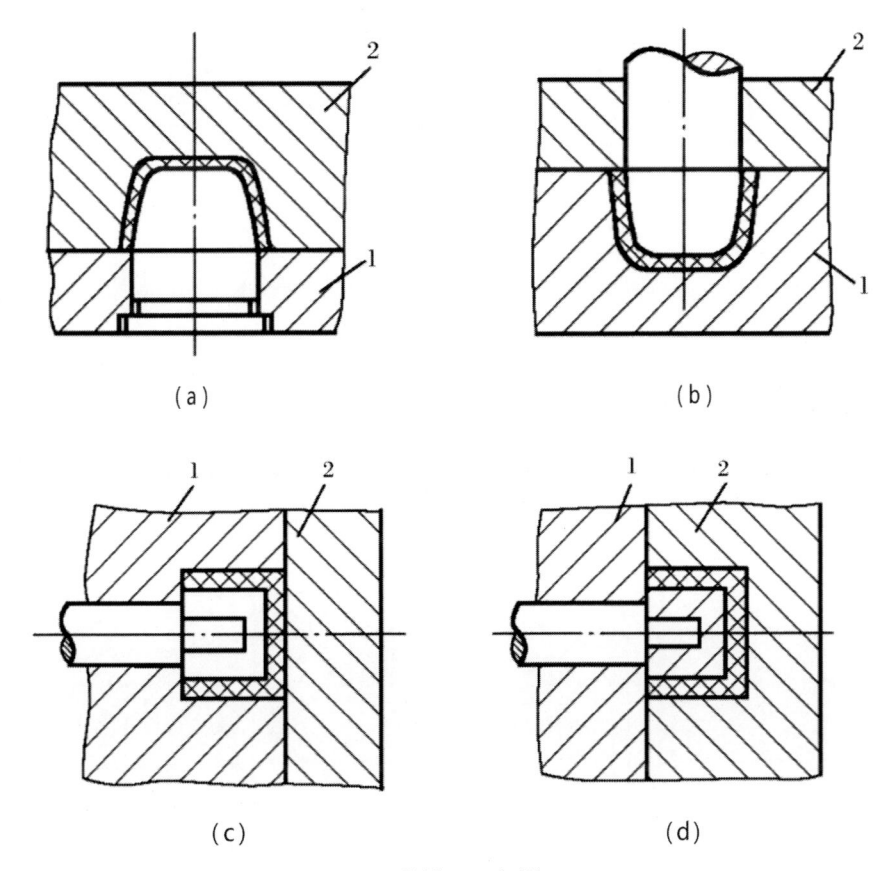

(a)　　　　　　　　　(b)

(c)　　　　　　　　　(d)

1-動模;2-定模
圖2-4-6 塑件留模示意圖

然而,即使選擇的分型面位置可使塑件滯留在動模一側,因分型面位置的不同,仍對脫模的難易和模具結構的複雜程度有影響。如圖2-4-7所示,兩者在開模時都可留於動模一側,如按(a)圖分型,只要在動模上設置一個簡單的脫模板機構,塑件就可以很容易地從型芯上脫下;如按(b)圖分型,若各孔之間的距離很小,則頂出脫模機構,很難設置,即使能夠設置,塑件也很容易在頂出脫模過程中產生翹曲變形。

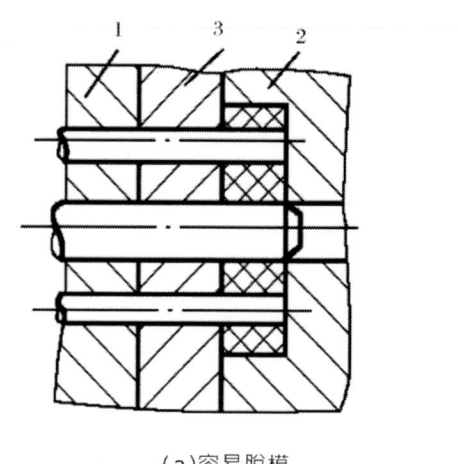

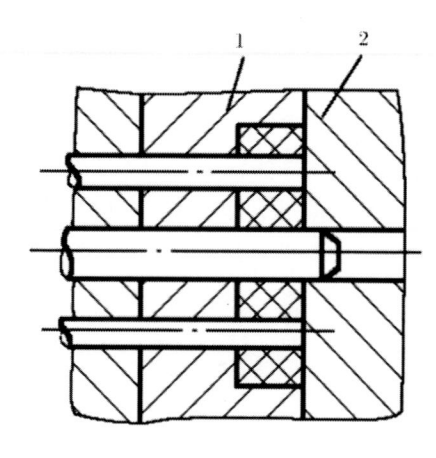

(a)容易脫模　　　　　　　　　(b)不容易脫模

1-動模 2-推件板 3-定模

圖2-4-7　分型面對脫模難度的影響

3.分型面選擇應保證塑件的精度

　　如果精度要求較高的塑件被分型面分割，則會因為合模不準確造成較大的形狀和尺寸偏差，達不到預定的精度要求。如圖 2-4-8 所示，由於 D 與 d 有同軸度要求，故應採用圖(a)結構，而不採用圖(b)的結構，因為後者不易保證 D 與 d 的同軸度要

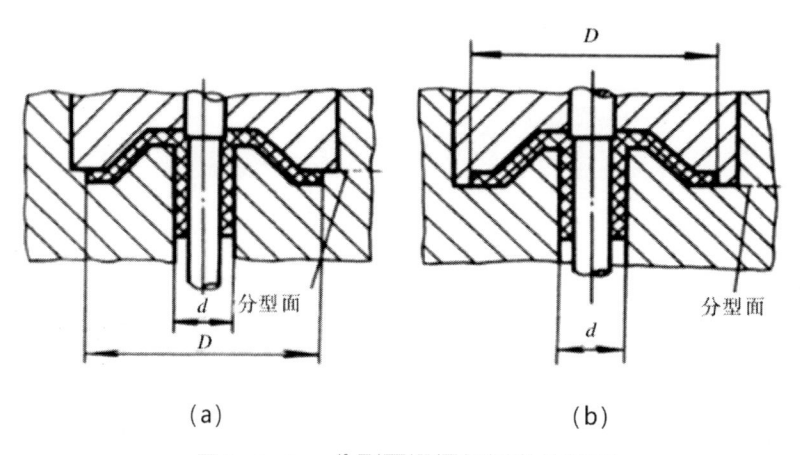

(a)　　　　　　　　　(b)

圖2-4-8　分型面選擇保證塑件精度

4.分型面的選擇應不影響塑件外觀

　　分型面應盡可能選在不影響塑件外觀和飛邊容易修整的部位，如圖2-4-9(a)所示。如圖 2-4-9(b)所示分型面位置破壞塑膠光滑的外表面。

(a)   (b)

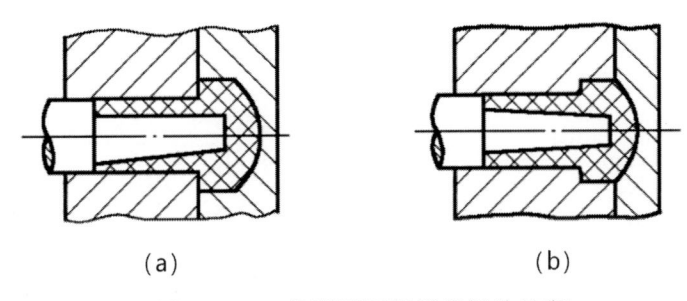

圖2-4-9　分型面選擇保證塑件外觀

5.應有利於排氣

為便於排氣，分型面應盡可能與充填型腔的塑膠熔體流末端重合，如圖2-4-10(b)、(d)結構合理，而圖2-4-10(a)、(c)結構不合理。

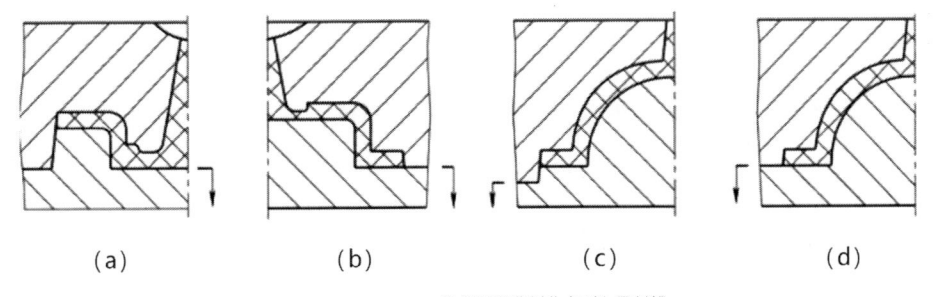

(a)   (b)   (c)   (d)

圖2-4-10　分型面對排氣的影響

6.應便於模具的加工製造

分型面的位置選擇應儘量使成型零件便於加工，保證成型零件的強度，避免成型零件出現薄壁及銳角。

7.應有利於側向分型和抽芯

(1)若塑件上有側孔側凹時，宜將側型芯設在動模上，以便抽芯，如果側型芯設在定模部分，則抽芯比較麻煩。如圖2-4-11所示。

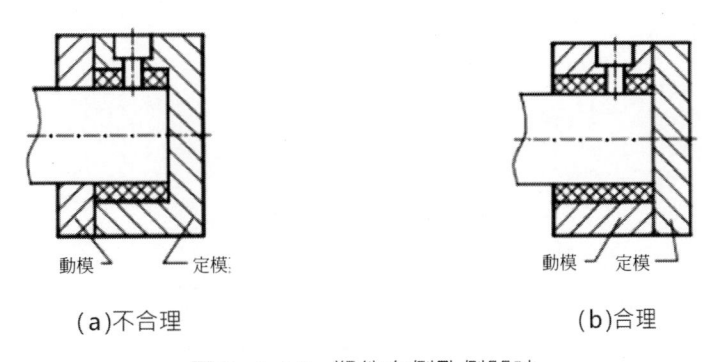

(a)不合理   (b)合理

圖2-4-11　塑件有側孔側凹時

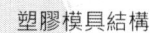

（2）當有側抽芯機構時，一般應將抽芯距離較大的放在開模方向上，而將抽芯距離小的放在側向，如圖2-4-12所示。

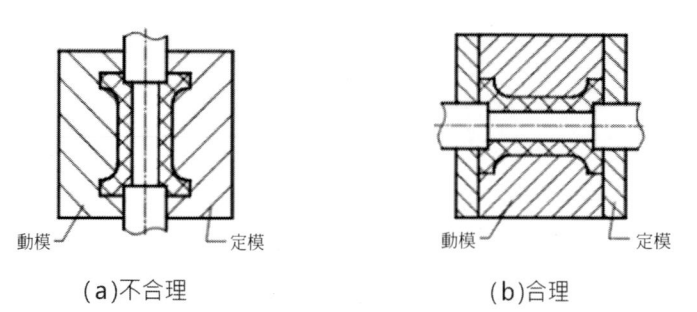

(a)不合理　　　　　　　　(b)合理

圖2-4-12　塑件有側抽芯機構時

8.應儘量減小脫模斜度給塑件大小端尺寸帶來的影響

如圖2-4-13所示，若採用圖(a)的分型面，塑件兩端外圓尺寸就會產生較大的差異，而且脫模也比較困難；如採用圖(b)的分型面，不僅可以使用較小的脫模斜度，而且還能減小脫模難度。

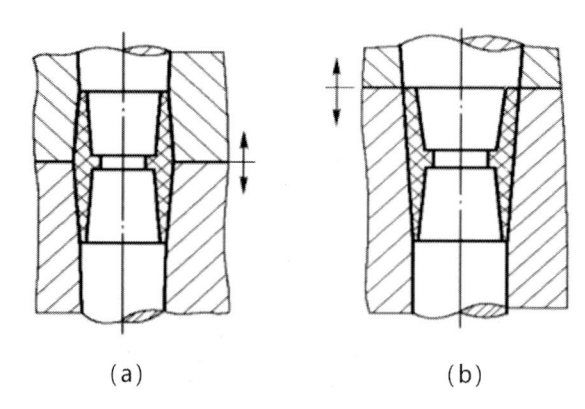

(a)　　　　　　　　(b)

圖2-4-13　分型面對脫模斜度的影響

任務評價

(1)根據圖 2-3-12 塑膠儀錶蓋的結構形式，畫出塑件的分型面位置，並寫出依據。

(2)確定圖 2-4-14 塑件(端蓋)的分型面，並寫出依據。

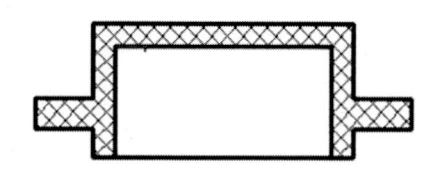

圖2-4-14　端蓋

(3)根據塑件分型面選擇情況進行評價,見表 2-4-1。

表 2-4-1　塑件分型面選擇任務完成評價表

評價內容	評價標準	分值	學生自評	教師評價
塑膠儀錶蓋分型面位置	分析是否合理	20分		
分型面選擇依據(塑膠儀表蓋)	分析是否合理	20分		
端蓋分型面位置	分析是否合理	20分		
分型面選擇依據(端蓋)	分析是否合理	20分		
情感評價	是否積極參與課堂活動,與同學協作完成任務情況	20分		
學習體會				

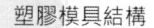

任務五 設計流道

任務目標

能夠根據塑件要求設計合適的流道。

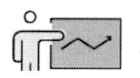

任務分析

流道設計的好壞將直接決定澆注系統設計的成敗。流道越大,則流量越大,注塑速度越快,同時廢膠料也越多。流道的設計包含四個方面的設計：

(1)流道斷面形式的選擇和設計。

(2)主流道、分流道路徑的選擇和設計。

(3)主流道、分流道尺寸大小的選擇和設計。

(4)流道在哪塊板上加工的選擇和設計。

任務實施

1.主流道設計及主流道襯套結構選擇

選用SBB類型澆口套,如圖2-5-1所示。根據設計手冊查得XS-Z-125型注射機噴嘴的有關尺寸為噴嘴前端孔徑 $d_0 = 4$ mm;噴嘴前端球面半徑 $R_0 = 12$ mm。

根據模具主流道與噴嘴及 $R = R_0+(1\sim2)$ mm 及 $d=d_0+(0.5\sim1)$ mm,取主流道球面半徑 $R = 13$ mm,小端直徑 $d = 4.5$ mm。

定位圈的結構如圖 2-5-2 所示。

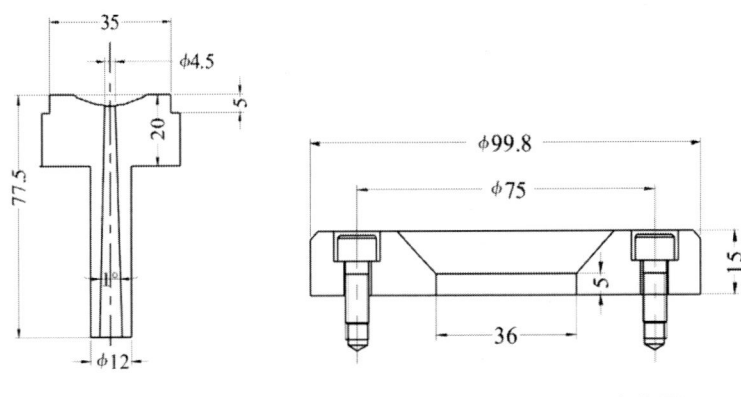

圖 2-5-1　主流道襯套　　　　圖 2-5-2　定位圈

2.分流道設計

分流道的形狀及尺寸，應根據塑件的體積、壁厚、形狀的複雜程度、注射速率、分流道長度因素來確定。本塑件的形狀不算太複雜，熔體填充型腔比較容易。根據型腔的排列方式可知分流道的長度較短，為了便於加工，分流道開在動範本上，截面形狀為圓形，直徑取 6 mm。

相關知識

一、澆注系統的作用及組成

澆注系統是指塑膠熔體從注射機噴嘴出來後，到達型腔之前在模具中所流經的通道。澆注系統可分為普通流道澆注系統和無流道凝料澆注系統。

普通流道澆注系統一般由主流道、分流道、冷料穴、澆口等組成。

圖 2-5-3 所示為臥式注塑機注塑模具中使用的普通流道澆注系統。

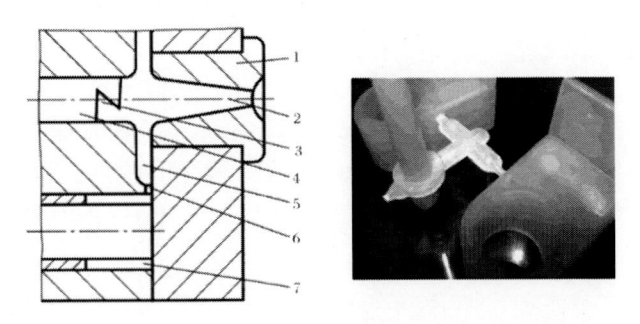

1-主流道襯套 2-主流道 3-冷料穴 4-拉料桿 5-分流道 6-澆口 7-型腔

圖 2-5-3　普通流道澆注系統的組成

(1) 主流道。主流道是模具中與注塑機噴嘴連接處至分流道的一段流動通道,是熔體進入模具最先經過的部位。

(2) 分流道。分流道是主流道與澆口之間的一段流動通道。分流道能使流動的熔體平穩地改變流向;在多型腔模具中,還起著向各型腔分配進料的作用。

(3) 冷料穴。冷料穴為主流道的延伸部分。冷料穴用於儲存兩次注射間隔所產生的冷料頭,防止冷料頭進入型腔造成製品焊接不牢,甚至堵住澆口。當分流道較長時,其末端也應開設冷料穴。

(4) 澆口。澆口是分流道與型腔之間一段窄小的流動通道。其作用如下:① 使塑膠熔體進入型腔時產生加速度,有利於熔體迅速充滿型腔;② 成型時澆口處的塑膠先冷卻,因此可以封閉型腔,防止熔體倒流,避免製品產生縮孔。

二、澆注系統的設計

主流道一般單獨設計成可拆卸更換的澆口套。澆注系統主流道幾何形狀和尺寸如圖 2-5-4 所示,其截面一般為圓形,設計時應注意下列事項。

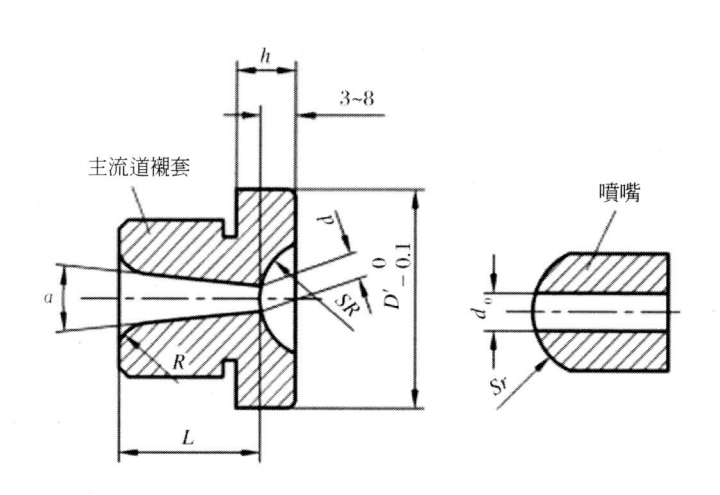

圖 2-5-4 主流道形狀及其與注射機噴嘴的關係

(1)主流道一般位於模具中心線上,且應當注意和注射機噴嘴的對中問題,因對中不良產生的誤差容易在噴嘴和主流道進口處造成漏料或積存冷料,並因此妨礙主流道凝料脫模。為了解決對中誤差並解決凝料脫模問題,主流道進口端直徑 d 一般要比注射機噴嘴出口直徑 d_0 大 0.5~1 mm,主流道進口端對應噴嘴頭部應做成凹下的球面以便與噴嘴頭部的球面半徑匹配(圖 2-5-4),否則容易造成漏料,給脫卸主流道凝料造成困難。即:

$$d=d_0+(0.5\sim1)\text{mm} \qquad (2\text{-}5\text{-}1)$$
$$SR=Sr+(1\sim2)\text{mm} \qquad (2\text{-}5\text{-}2)$$

(2)為便於取出主流道凝料,主流道應呈圓錐形,錐角 α 取 2°~6°,對於流動性越差的塑膠,其錐角越大。一般而言,主流道大端的直徑一般比小端的直徑大10%~20%。主流道表壁的表面粗糙度應在 $Ra0.8$ 以下。

(3)主流道出口端應有圓角,圓角半徑 R 取 0.3~3 mm。

(4)在保證製品成型的條件下,主流道長度應儘量短,以減少壓力損失和廢料量。如果主流道過長,則會使塑膠熔體的溫度下降而影響充模。通常,主流道長度小於或等於60mm。

(5)澆口套、定位圈的設計。

①澆口套。

由於主流道長期與高溫塑膠熔體和噴嘴接觸,為了便於更換和維修,於是採用澆口套(又稱主流道襯套、唧嘴)。此外,當主流道需要穿過幾塊範本時,為了防止橫向溢料,致使主流道凝料難以取出,更應該設置澆口套。

澆口套的結構形狀主要分為整體式和組合式兩大類,整體式即澆口套和定位圈為一個整體;組合式即澆口套和定位圈分別加工。常見的澆口套有螺紋式、台肩式、平肩式,也有直桿形與錐面形,如圖2-5-5所示。

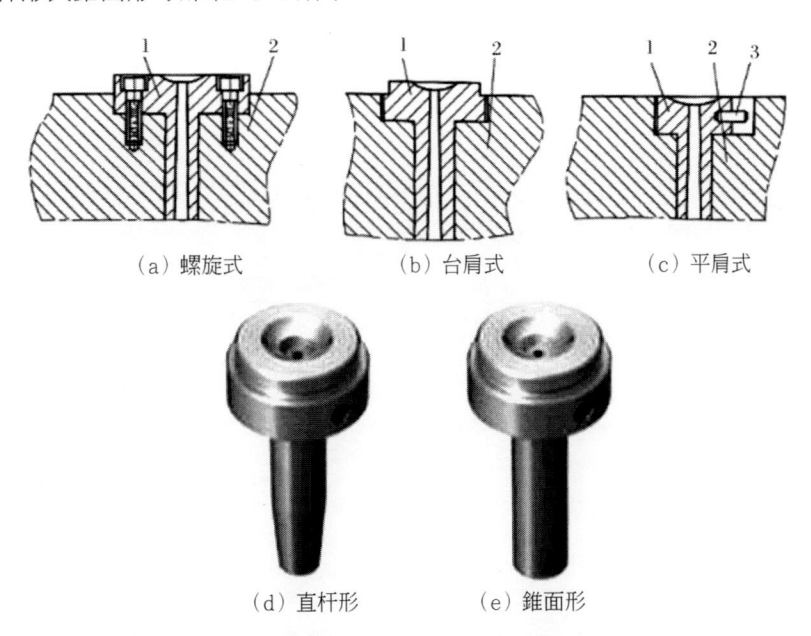

(a) 螺旋式　　(b) 台肩式　　(c) 平肩式

(d) 直杆形　　(e) 錐面形

1-澆口套 2-定模座板 3-止轉銷
圖2-5-5　澆口套的形狀

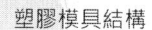

澆口套的主要尺寸為主流道尺寸，為了拆卸修復澆口套與定模座板，通常採用 H7/m6 的過渡配合。

在注射成型過程中澆口套將承受很大的機械載荷，因此，通常用硬度描述澆口套的主要特徵。為了實現該功能，澆口套必須具有耐磨性、彎曲疲勞強度，台肩不能太大。因此，澆口套常採用耐磨的優質鋼材(如 4Cr5MoSiV、GCr15 等)單獨加工，透過熱處理獲得 53～57 HRC。

②定位圈。

當把注射機定範本中心定位孔配合定位的台肩和用於構成主流道的部分分開制造，這時的台肩就是定位圈，也稱為定位環。如圖2-5-6所示，定位圈主要有 LRA 和 LRB 兩種型號。其主要作用是為了保證注射機噴嘴與模具澆注系統盡可能在同一軸線上。

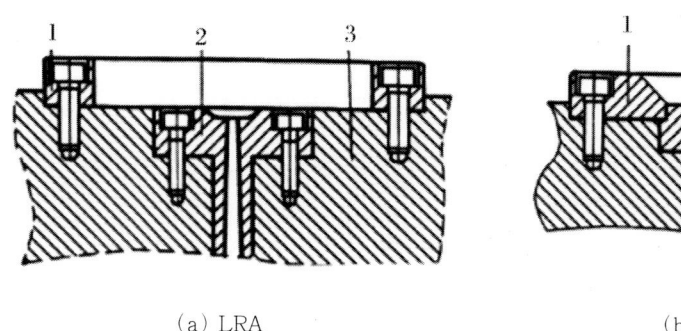

(a) LRA 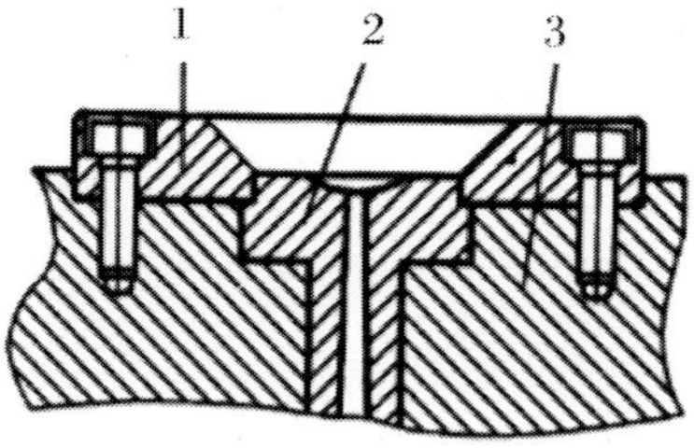　　　　　　　　　　(b) LRB

(c) LRB定位圈實物

1-定位圈 2-澆口套 3-定模座板

圖2-5-6　定位圈的形狀

定位圈的尺寸一般以其外徑尺寸為准，有 Φ60、Φ100、Φ120、Φ150 幾種規格，其尺寸大小的選擇主要依靠其與模具匹配的注射機定位孔的尺寸，同時為了安裝方便，定位圈與注射機定位孔一般按 H9/F9 或者 0.1 mm 的間隙進行裝配,定位圈厚度應小於注射機定位孔的深度,一般為 5~10 mm。

三、分流道設計

在設計多型腔或者多澆口的單型腔澆注系統時,應設置分流道。其作用是改變熔體流向,使其以平穩的流態均衡地分配到各個型腔。設計時,應注意儘量減少流動過程中的熱量損失與壓力損失。

1.分流道截面形狀的選用 分流道截面形狀設計時主要考慮流動效率、散熱性能兩個方面的因素。

流動效率通常採用比表面積(即流道表面積與其體積的比值)來衡量,即比表面積越小,流動效率越高;散熱性能則主要與流道的表面積有關。通常,較大的截面面積,有利於減少流道的流動阻力;較小的截面周長,有利於減少熔體的熱量損失。其具體截面形狀流動效率以及散熱性能參考表2-5-1。

表2-5-1　不同截面形狀流道的流動效率以及散熱性能

名稱	圓形	正六邊形	"U"形	正方形	梯形	半圓形	矩形	
流道截面 圖形及尺寸代號	ΦD R	b	1.2d d Φd 10°	b	1.2d d Φd 10°	d	h b	
流動效率	最大	更大	大	較大	較小	較小	小	
相關尺寸	D=2R	b=1.1D	d=0.912D	b=0.886D	d=0.879D	d=1.414D	h	b/2　1.253D
								b/4　1.772D
								b/6　2.171D
熱量損失	最小	小	較小	較大	大	更大	最大	

從表2-5-1可以看出,相同截面面積流道的流動效率和熱量損失的排列順序。

圓形截面的優點:比表面積最小,熱量不容易散失,阻力也小;缺點是:需同時開設在定模、動模上,需互相吻合,對中性強,製造較困難。"U"形截面的流動效率低於圓形與

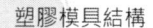

正六邊形截面，但加工容易，又比圓形和正方形截面流道容易脫模。因此，"U"形截面分流道具有優良的綜合性能，以上兩種截面形狀的流道應優先採用。其次，應採用梯形截面。

2.分流道的尺寸

(1)分流道的截面尺寸。

分流道截面尺寸經驗確定：上節分流道要比下節分流道大10%～20%。

如圖2-5-7所示，$D=(1.1～1.2)d$。

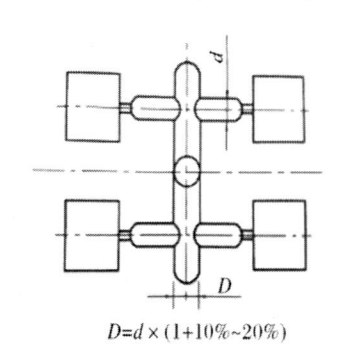

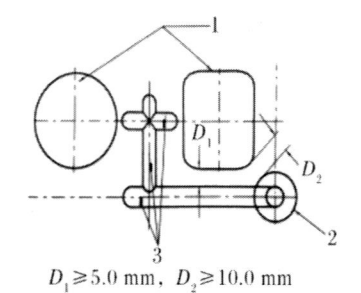

$D=d×(1+10\%～20\%)$
圖2-5-7 各級分流道之間的關係

$D_1 \geq 5.0$ mm，$D_2 \geq 10.0$ mm
1-型腔側壁 2-澆口套 3-分流道
圖2-5-8 分流道的長度

流道端面規格有 Φ2.0 mm、Φ2.5 mm、Φ3.0 mm、Φ3.5 mm、Φ4.0 mm、Φ4.5 mm、Φ5.0 mm、Φ6.0 mm、Φ8.0 mm。

分流道 第一分流道的規格為Φ4.0～Φ6.0 mm，第二分流道的規格為Φ3.0～Φ5.0 mm；第三分流道的規格為Φ2.5～Φ4.0 mm，第四分流道的規格為Φ2.0～Φ3.5 mm。

有時也可利用式2-5-3來估算。

$$D=T_{max}+1.5 \tag{2-5-3}$$

D——圓形分流道直徑，mm。其他截面形狀分流道，可參考表2-5-1中的關係來估算。

T_{max}——製件最大厚度，mm。

(2)分流道長度。

分流道的長度應盡可能短，且彎折少，以便減少壓力損失和熱量損失。但由於模具自身的結構(如冷卻水孔)限制或為了保證足夠的距離，以防止剛度不足造成溢料飛邊，分流道的長度也不能過短，如圖2-5-8所示。當分流道設計得比較長時，其末端應有冷料穴，以防前鋒冷料堵塞澆口或進入模腔，造成充模不足或影響塑件的熔接強度。

(3)分流道的表面粗糙度。

由於分流道中與模具接觸的外層塑膠迅速冷卻，只有內部的熔體流動狀態比較理想，因此分流道表面粗糙度不能太低，一般為 $Ra1.6$ μm 左右，可以增加對外層塑膠熔體的流動阻力，使外層塑膠冷卻皮層固定，形成絕熱層。如圖2-5-9所示。

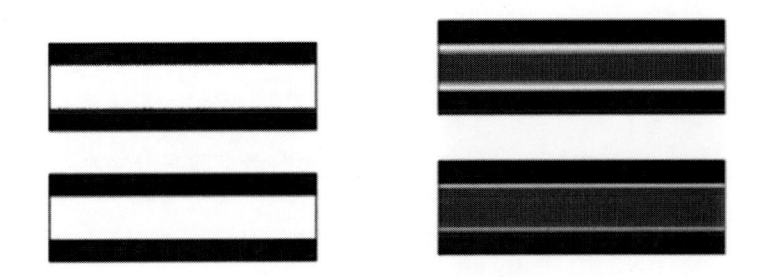

圖2-5-9 分流道絕熱層的形成

(4)分流道與澆口的連接處應採用斜面或圓弧過渡,有利於熔體的流動及填充,不然會使料流產生紊流和渦流,從而使充模條件惡化。

任務評價

(1)確定圖2-3-12塑膠儀錶蓋分流道的排列方式、截面形狀及對應尺寸,繪製在空白處。

(2)根據塑膠儀錶蓋模具分流道的設計情況進行評價,見表2-5-2。

表2-5-2 塑膠儀錶蓋模具分流道設計任務完成評價表

評價內容	評價標準	分值	學生自評	教師評價
排列方式	分析是否合理	30分		
截面形狀	分析是否合理	20分		
尺寸	分析是否合理	30分		
資料查閱	是否能夠利用手冊、電子資源等查閱相關資料	10分		
情感評價	是否積極參與課堂活動,與同學協作完成任務情況	10分		
學習體會				

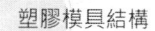

任務六 確定澆口、冷料穴及排氣系統的結構與尺寸

任務目標

(1)熟悉常用澆口類型及尺寸確定方法。
(2)根據塑件要求及模具結構、選擇、設計合適的澆口類型並確定尺寸。

任務分析

澆口設計是模具澆注系統設計的重要內容之一，主要確定澆口形式、結構尺寸、進澆位置。透過本任務的學習、瞭解澆口的種類及其結構、尺寸對成型過程的影響。

任務實施

由於產品外觀品質不高，塑件寬度尺寸與高度比值屬於平板類製件，因此選用扇形澆口，物料為 PP。扇形澆口一般開設在模具的分型面上，從製品側面邊緣進料。澆口尺寸如圖 2-6-1 所示 t=0.8 mm l=1 mm L 取 6 mm b 取 10 mm。冷料穴及拉料桿結構尺寸如圖 2-6-2 所示。

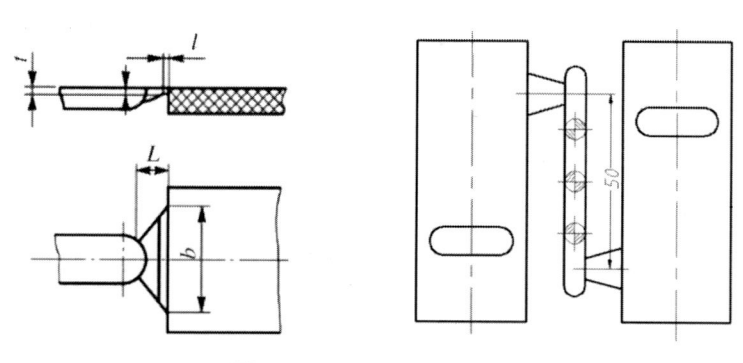

圖2-6-1 澆口尺寸設計

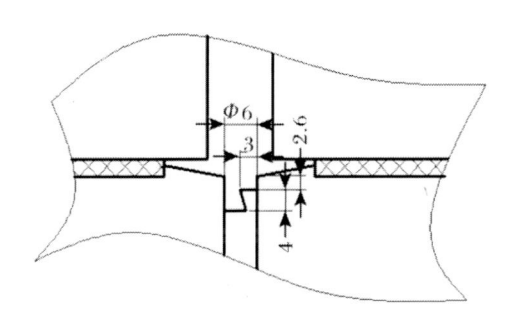

圖2-6-2 冷料穴及拉料桿結構尺寸

相關知識

一、澆口的結構及尺寸

澆口亦稱進料口,是連接分流道與型腔的熔體通道。其基本作用是使從分流道來的熔體加速流動,以快速充滿型腔。在澆注系統的設計中,確定最佳的澆口尺寸是個較難的問題。確定澆口尺寸時,應先取尺寸的下限,然後在試模中進行修正。澆口截面形狀常取矩形或圓形。

1.澆口的類型

(1)直澆口(如圖2-6-3所示)。

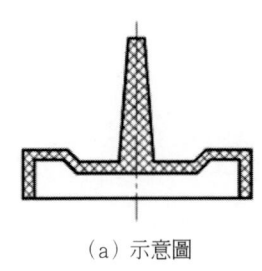

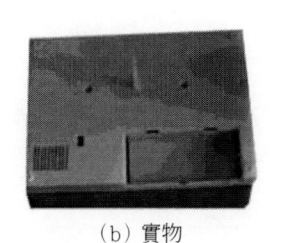

(a) 示意圖　　(b) 實物

圖2-6-3 直澆口

優點:壓力損失小,製作簡單。

缺點:澆口附近應力較大,需人工剪除澆口(流道),表面會留下明顯澆口疤痕。

應用:可用於大而深的桶形製件。淺平的製件,由於收縮及應力的原因,容易產生翹曲變形。

(2)側澆口。

側澆口又稱為邊緣澆口或普通澆口,如圖2-6-4(a)所示。側澆口一般開設在分型面上,塑膠熔體從內側或外側充填模具型腔,其截面形狀多為矩形。廣泛用於一模多腔模具中,適用於成型各種形狀的塑件,當側澆口的位置設置在製件底部,如圖2-6-4(b)所示,稱為搭接式澆口。

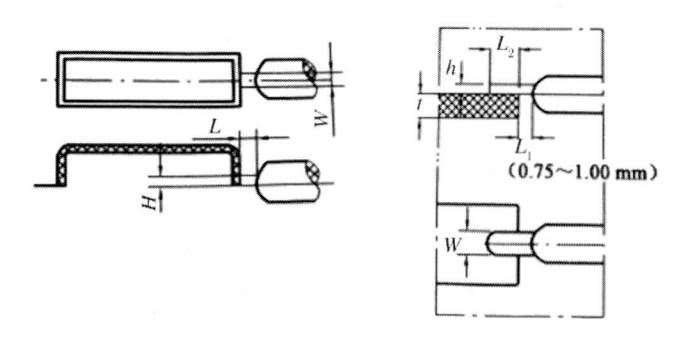

(a)側澆口的普通形式　　(b)側澆口的搭接形式

圖2-6-4　側澆口

優點:形狀簡單,加工方便,去除澆口較容易。

缺點:製件與澆口不能自行分離,製件易留下澆口痕跡。

參數 澆口長度L為0.7~2mm,寬度W為2~6mm,一般W=2H,大製件、透明製件可酌情加大;深度H為1~3mm,或取塑膠製件壁厚的1/3~2/3。

搭接式澆口的L由搭接長度L_1和L_2組成,L_1=0.75~1 mm,L_2=1.5~2 mm。澆口高度h取 1~3 mm,側澆口的尺寸可以按照經驗公式進行計算,也可以查閱經驗數值直接選用,見表2-6-1。

$$H=nt \qquad (2\text{-}6\text{-}1)$$

$$W=2H 或者 W=\frac{n\sqrt{A}}{30}$$

式中 h——澆口深度;

W——澆口寬度;

t——產品壁厚;

A——產品內模表面積;

n——塑膠常數,見表 2-6-2。

表2-6-1　常用塑膠側澆口尺寸

塑膠	壁厚 t/mm	厚度 h/mm	寬度 b/mm	長度 L/mm
聚乙烯	<1.5	0.5~0.7	中、小型塑件(3~10)h,大型塑件>10h	0.7~2

續表

塑膠	壁厚 t/mm	厚度 h/mm	寬度 b/mm	長度 L/mm
聚丙烯	1.5~3	0.6~0.9	中、小型塑件(3~10)h，大型塑件 > 10h	0.7~2
聚苯乙烯	>3	0.8~1.1		
有機玻璃	<1.5	0.6~0.8		
ABS	1.5~3	1.2~1.4		
聚甲醛	>3	1.2~1.5		
聚碳酸酯	<1.5	0.8~1.2		

表2-6-2　塑膠常數

塑膠	常數
PS,PE	0.6
POM,PC,PP	0.7
PMMA,PA	0.8
PVC	0.9

（3）扇形澆口。

寬度從分流道往型腔方向逐漸增加呈扇形的側澆口稱為扇形澆口，如圖 2-6-5 所

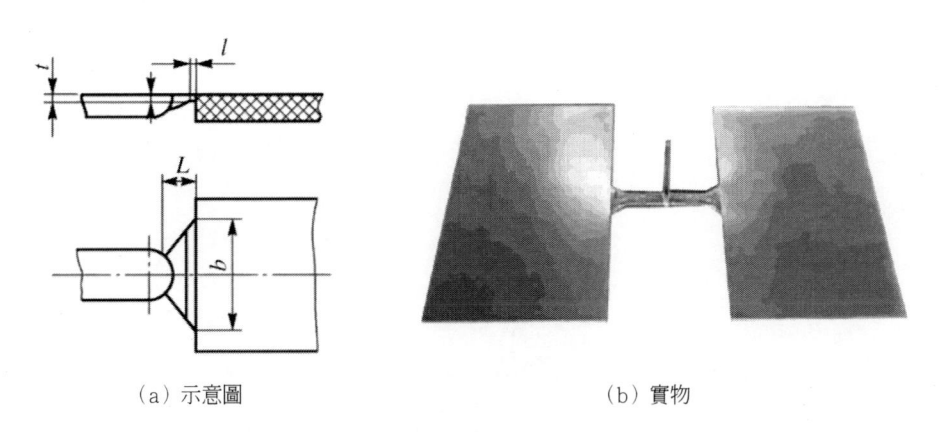

（a）示意圖　　（b）實物

圖2-6-5　扇形澆口

扇形澆口常用於扁平而較薄的塑件，如蓋板、標卡和託盤類等。通常在與型腔接合處形成長 l=1~1.3 mm、厚 t=0.25~1 mm 的進料口，進料口的寬度 b 視塑件大小而定，一般取 6 mm 到澆口處型腔寬度的 1/4，整個扇形的長度 L 可取 6 mm 左右，塑膠熔體透過它進入型腔。採用扇形澆口，熔體橫向分散進入型腔，減少了流紋和定向效應。扇形澆口的凝料摘除困難，澆口殘痕比較明顯。

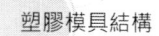

(4)平縫澆口。

平縫澆口又稱薄片澆口,如圖 2-6-6 所示。這類澆口寬度很大,厚度很小,主要用來成型面積較小、尺寸較大的扁平塑件,可減小平板塑件的翹曲變形,但澆口的去除比扇形澆口更困難,澆口在塑件上痕跡也更明顯。平縫澆口的寬度 b 一般取塑件長度的 25%~100%,厚度 t=0.2~1.5 mm,長度 l=1.2~1.5 mm。

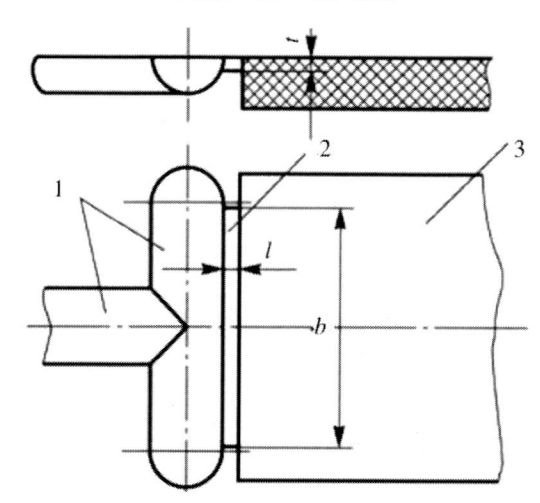

1-分流道 2-平縫扇形澆口 3-塑件
圖2-6-6 平縫澆口的形式

(5)護耳澆口。

為避免在澆口附近的應力集中而影響塑件品質,在澆口和型腔之間增設護耳式的小凹槽,使凹槽進入型腔處的槽口截面充分大於澆口截面,從而改變流向,均勻進料的澆口稱為護耳澆口,如圖2-6-7所示。

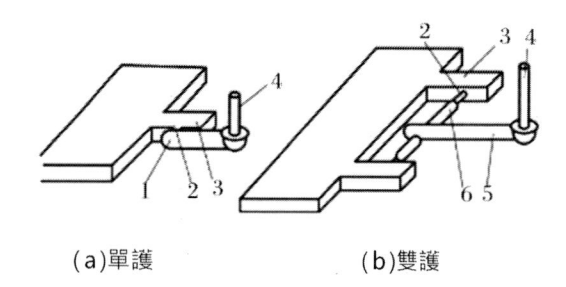

(a)單護　　　　(b)雙護

1-分流道 2-澆口 3-護耳 4-主流道 5-一次主流道 6-二次分流道
圖2-6-7 護耳澆口

護耳澆口是採用截面積較小的澆口加護耳的方法來改變塑膠熔體流向,以避免熔體透過澆口後發生噴射流動,影響充模及成型後的製品品質。護耳長度取 15~20 mm,寬度約為長度的一半，厚度可為澆口處模腔厚度的 7/8。澆口位於護耳側面的中央，長度約為 1 mm，截面寬度為 1.6～3.2 mm，截面高度等於護耳的 80%或完全相等。護耳縱向中心線與製品邊緣的間距宜控制在 150 mm 以內，當製品尺寸過大時，可採用多個護耳，護耳間距控制在 300 mm 以內。護耳澆口常用於透明度高和要求無內應力的塑件，如 PMMA(有機玻璃)製品。大型 ABS 塑件也常採用護耳澆口。

(6)輪輻式澆口。

輪輻式澆口也可視為內側澆口，如圖 2-6-8 所示，適合圓管形或帶有內孔的塑膠製件。透過幾小段圓弧段進料，減少了冷料量，同時易於去除澆口且節省材料。其劣勢在於可能存在熔接線，且很難保證準確的圓度。但是對有型芯的製件，它可在型芯的上部定位，增加型芯的穩定性。其尺寸可參考扇形澆口的相關尺寸。

(7)環形澆口。

環形澆口可分為內環形澆口和外環形澆口兩種，如圖 2-6-9 所示。內環形澆口可用於大內經環形產品的單一成型；外環形澆口可用於圓筒形產品以及多型腔模具。

(a)內環形澆口　　(b)外環形澆口

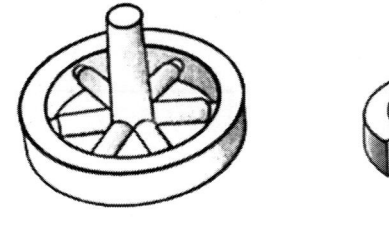

圖 2-6-8　輪輻式澆口　　　　圖 2-6-9　環形澆口

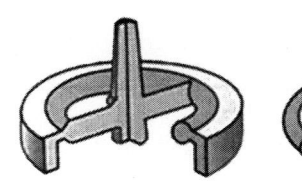

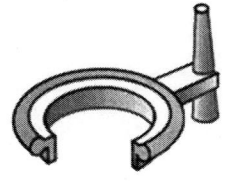

二、澆口位置選擇原則

1.避免熔體破裂在塑件上產生缺陷

對於截面和塑件壁厚相差比較大的澆口(澆口的最佳厚度是與其接觸的製件壁厚的 7/10～8/10)，一般不要使它正對寬度和深度比較大的型腔，否則，由於小澆口的作用，塑膠體透過澆口後會產生噴射流動(也稱蛇形流，圖 2-6-10)或熔體破裂現象(圖 2-6-11)。

這些噴射出的高度定向的細絲或斷裂物很快冷卻變硬，與後進入型腔的熔體不能很好熔合而使製品出現明顯的熔接痕。有時熔體直接從型腔一端噴到另一端，造成折疊，使塑件形成波紋狀痕跡。再者，熔體噴射還會使型腔內的氣體無法排出，導致塑件形成氣泡或焦痕。

噴射痕

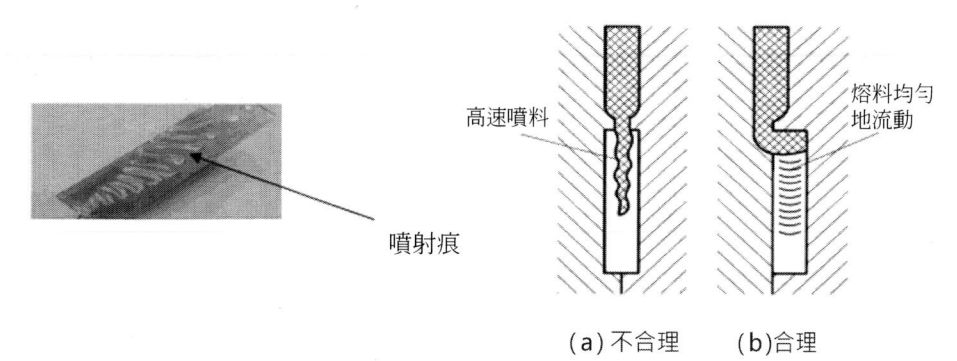

圖2-6-10 噴射流動

高速噴料　　熔料均勻地流動

(a)不合理　(b)合理

圖2-6-11 熔體破裂

克服上述缺陷的方法是，加大澆口截面尺寸或採用護耳澆口，抑或是採用衝擊型澆口，即澆口位置設在正對型腔壁或粗大型芯的方位，使高速料流直接衝擊型腔壁或型芯壁，從而改變流向，降低流速，平穩地充滿型腔，使熔體斷裂的現象消失，以保證塑件品質。衝擊型澆口與非衝擊型澆口的區別如圖2-6-12所示。

非衝擊型澆口　型芯　衝擊型澆口

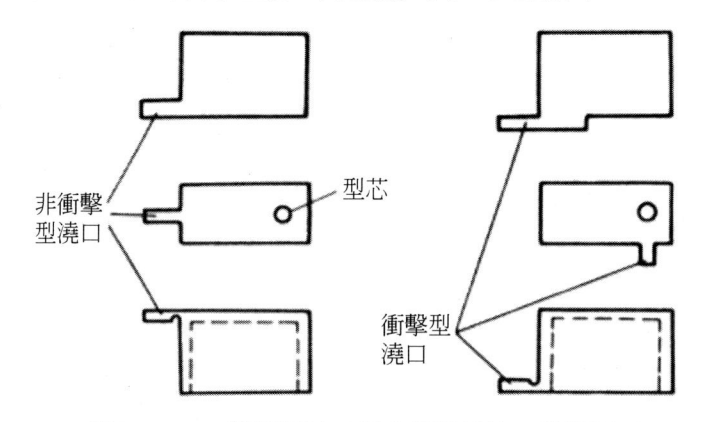

圖2-6-12 衝擊型澆口與非衝擊型澆口的區別

2.有利於流動、排氣和補縮

當塑件壁厚相差較大時，為了保證熔體的充模流動性，應將澆口開設在塑件截面最厚處；反之，若將澆口開設在截面最薄處，則熔體進入型腔後，不僅流動阻力大，而且還很容易冷卻或出現排氣不良現象，因此也就難於充滿整個型腔。

為有利於排氣，澆口位置通常應儘量遠離排氣結構，否則，流入型腔的熔體就會過早地封閉排氣結構，致使型腔內的氣體無法排出，導致塑件形成氣泡、缺料、熔接不牢或局部碳化燒焦等成型缺陷。

塑件截面最厚的部位經常是塑膠最後固化的地方，該處極容易因為體積收縮而形成表面凹陷或真空泡，故非常需要補縮，所以澆口應開設在塑件截面厚度最大處。

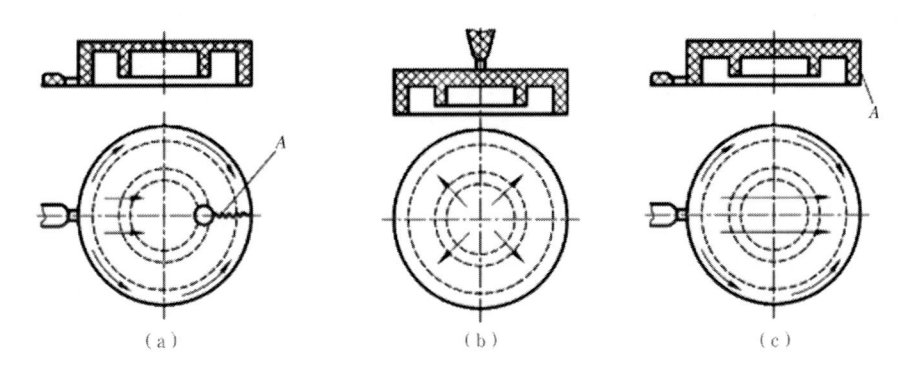

圖2-6-13　澆口位置對排氣的影響

如圖2-6-13(a)所示的盒形制件，由於製件圓周壁上有螺紋或者圓周壁厚較頂部的壁厚大，因此從側澆口進料的塑膠，將很快充滿圓周，而在頂部形成封閉的氣囊，在該處留下孔洞、熔接痕或燒焦的痕跡。圖中A處為氣囊和熔接痕的位置。從排氣的角度出發，最好改成從製件頂部中心進料，如圖2-6-13(b)所示。如果不允許中心進料，在採用側澆口時可增加頂部的壁厚，如圖2-6-13(c)所示，使此處最先充滿，最後充填澆口對邊的分型面處。如果結構要求製品圓周壁必須厚於頂部，也可在製件頂部設置頂出桿，利用配合間隙排氣。

3.澆口位置的選擇要避免塑件的變形

注射成型時在充模、補料和倒流各階段都會造成大分子沿流動方向變形取向，當塑膠熔體凍結時分子的形變也被凍結在製品之中，其中彈性形變部分形成製品內應力，分子取向還會造成各向收縮率的不一致性，以致引起製品內應力和翹曲變形。一般來說，沿取向方向的收縮率大於非取向方向的收縮率，沿分子取向方向的強度大於垂直取向方向的強度。

如圖2-6-14(a)所示平板形塑件，只用一個中心澆口，塑件會因內應力集中而翹曲變形，而圖2-6-14(b)採用多個點澆口，就可以克服翹曲變形的缺陷。

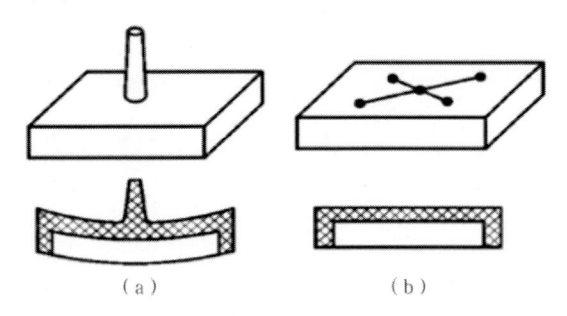

圖2-6-14　澆口要避免塑件的變形

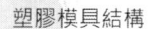

4.澆口位置要儘量減少或者避免熔接痕

熔接痕是塑膠熔體在型腔中匯合時產生的接縫,其強度直接關係到塑件的使用性能,澆口的位置和數量對熔接痕的產生都有很大的影響。如圖2-6-15所示。

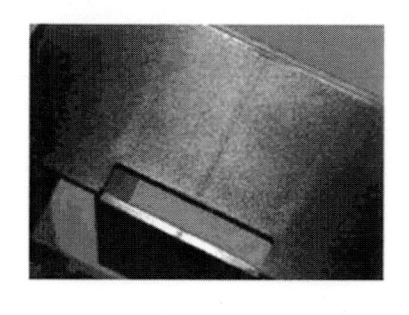

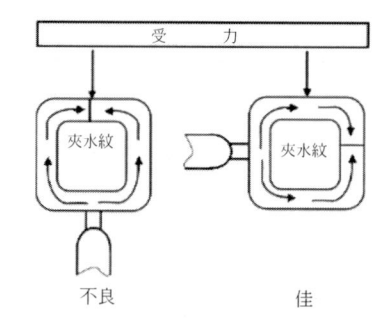

圖2-6-15 塑件表面的熔接線及位置對塑件的影響

單就數量來講,如果熔體的充模流程不太長或塑件翹曲的可能性不大時,最好不要採用多澆口形式,否則會使熔接痕數量增多。此外,還應重視熔接痕的位置,為了增加熔接痕牢固程度,可以在熔接痕處的外側開設冷料穴,使前鋒冷料溢出,如圖2-6-16所示。

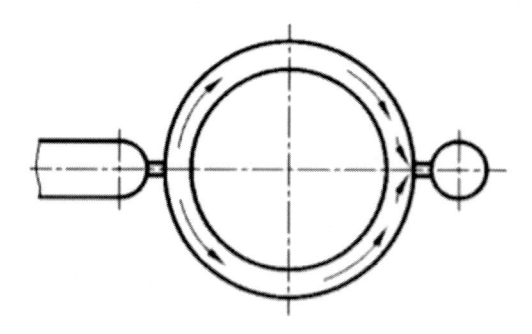

圖2-6-16 熔接痕位置對塑件的影響

如圖2-6-17所示塑件,如果採用圖(a)的形式,澆口數量多,產生熔接痕的機會就多。流程不長時應儘量採用一個澆口,圖 2-6-17(b)所示可以減少熔接痕的數量。對大多數框形塑件,如圖 2-6-18 所示,圖(a)的澆口位置使料流的流程過長,熔接處料溫過低,熔接痕處強度低,會形成明顯的接縫;圖(b)所示澆口位置使料流的流程短,熔接痕處強度高。

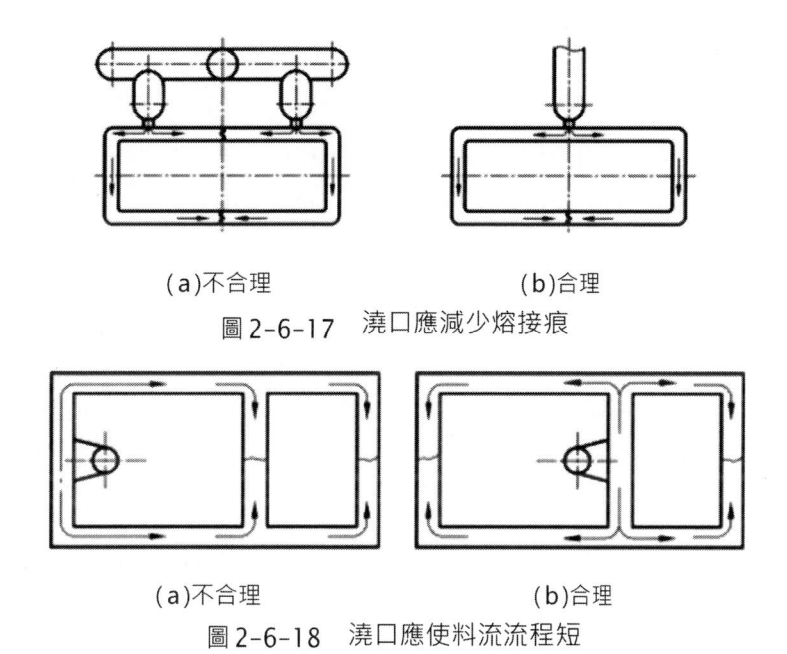

(a)不合理　　　　　　　(b)合理
圖 2-6-17　澆口應減少熔接痕

(a)不合理　　　　　　　(b)合理
圖 2-6-18　澆口應使料流流程短

5.避免料流擠壓型芯或嵌件變形

對於具有細長型芯的筒形塑件,應避免偏心進料,以防止型芯彎曲。圖 2-6-19(a)是單側進料,料流單邊衝擊型芯,使型芯偏斜導致塑件壁厚不均;圖 2-6-19(b)為兩側對稱進料,可防止型芯彎曲,但與圖(a)一樣,排氣不良;採用圖 2-6-19(c)所示的中心進料,效果好。

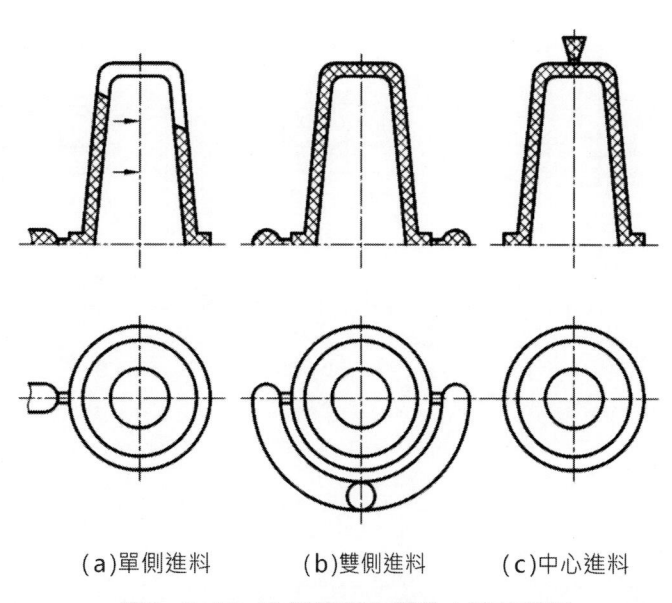

(a)單側進料　　(b)雙側進料　　(c)中心進料
圖 2-6-19　改變澆口位置防止型芯變形

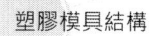

三、冷料穴與拉料桿設計

冷料穴位於主流道出口一端。對於立式、臥式注射機用模具，冷料穴位於主分型面的動模一側，對於直角式注射機用模具，冷料穴是主流道的自然延伸。因為立式、臥式注射機用模具的主流道在定模一側，模具打開時，為了將主流道凝料能夠拉向動模一側，並在頂出行程中將它脫出模外，動模一側應設有拉料桿。應根據推出機構的不同，正確選取冷料穴與拉料桿的匹配方式。冷料穴與拉料桿的匹配方式有如下幾種。

1.冷料穴與"Z"形拉料桿匹配

冷料穴底部裝一個頭部為"Z"形的圓桿，動模、定模打開時，借助頭部的"Z"形鉤，將主流道凝料拉向動模一側，頂出行程中又可將凝料頂出模外。"Z"形拉料桿安裝在頂出元件(頂桿或頂管)的固定板上，與頂出元件的運動是同步的，如圖 2-6-20(a)所示。由於頂出後從"Z"形鉤上取下冷料穴凝料時需要橫向移動，故頂出後無法橫向移動的塑件不能採用"Z"形拉料桿，如圖 2-6-21 所示。

(a)「Z」形　　　(b) 錐形冷料穴　　　(c) 圓環槽形冷料穴

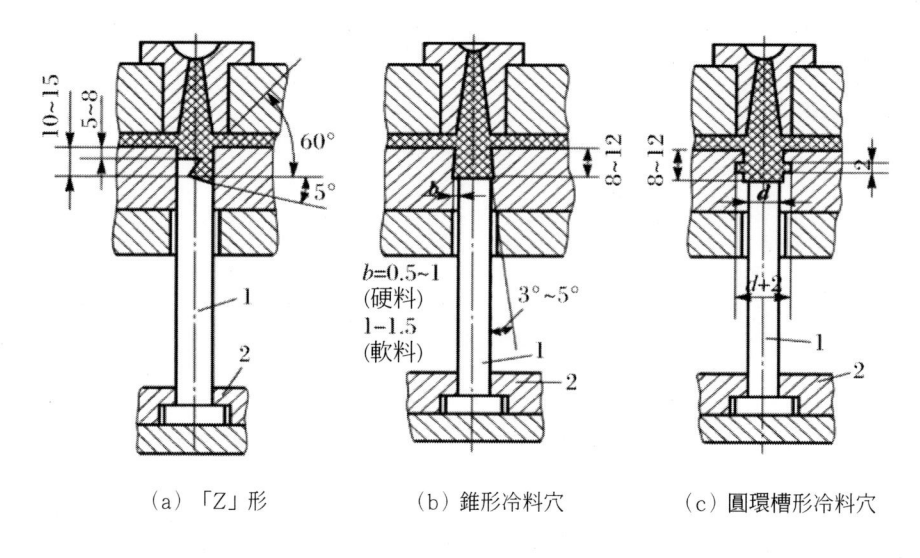

圖2-6-20　適用於頂桿、頂管脫模機構的拉料形式

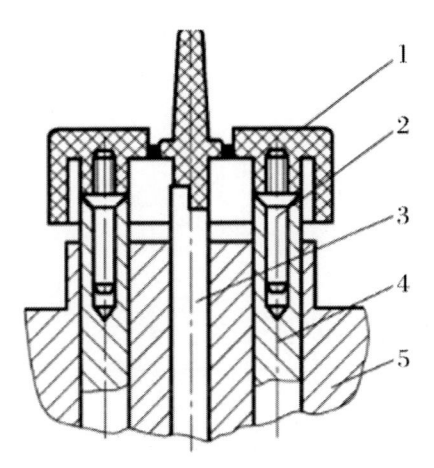

1-塑件 2-螺紋 3-拉料桿 4-頂桿 5-動模

圖2-6-21 不宜採用"Z"形拉料桿的塑件

"Z"形拉料桿除了不適用於採用脫件板推出機構的模具外,是最經常採用的一種拉料形式,適用於所有熱塑性塑膠,也適於熱固性塑膠注射。

2.錐形或圓環槽形冷料穴與推料桿匹配

圖 2-6-20(b)、(c)所示分別表示錐形冷料穴和圓環槽形冷料穴與推料桿的匹配。將冷料穴設計為帶有錐度或帶一環形槽,動模、定模打開時冷料本身可將主流道凝料拉向動模一側,冷料穴之下的圓桿在頂出行程中將凝料推出模外。這兩種匹配形式也適用於除推件板推出機構以外的模具。

3.冷料穴與帶球形頭部的拉料桿匹配

當模具採用脫件板推出機構時,不能採用上述幾種拉下主流道凝料的形式,應採用端頭為球形的拉料桿。球形拉料桿的球頭和細頸部分伸到冷料穴內,被冷料穴中的凝料包圍,如圖2-6-22(a)所示。動模、定模打開時將主流道凝料拉向動模一側,頂出行程中,推件板將塑件從主型芯上脫下的同時也將主流道凝料從球頭上脫下,如圖 2-6-22(b)所示。這裡應該注意,球形拉料桿應安裝在型芯固定板上,而不是頂桿固定板上。與球形拉料桿作用相同的還有菌形拉料桿和尖錐形拉料桿,分別如圖 2-6-22(c)、(d)所示。

尖錐形拉料桿只是當塑件帶有中心孔時才採用。為增加拉下主流道凝料的可靠性,錐尖部分取較小錐度,並將表面加工得粗糙一些。

(a)　　　　　　　(b)　　　　　(c)　　　(d)

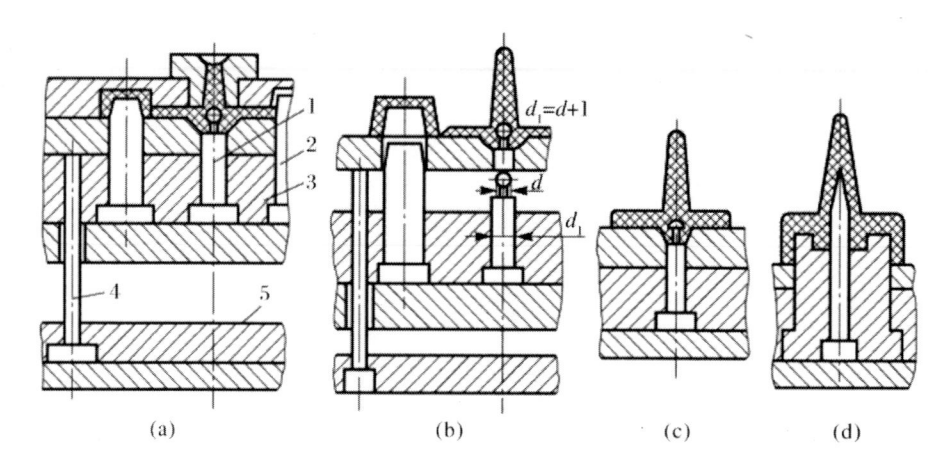

1-拉料桿 2-型芯 3-型芯固定板 4-頂桿 5-頂桿固定板

圖2-6-22 適用於推件板推出機構的拉料桿

四、模具排氣

在注射模具中，注射機將塑膠熔體注射入模具型腔，實際上是將型腔內的氣體交換出來，模具內的氣體不僅包括型腔內的空氣，還包括流道裡的空氣，塑膠熔體產生的分離氣體。在注射時，這些氣體都應順利地排出。

但是在實際生產中，由於塑膠製件壁厚的變化，導致氣體殘留；也可能由於熔體流動的末端在型腔內部；甚至是注射速度過快，模具型腔內的空氣來不及排除，都會導致出現困氣現象，造成熔接不牢、表面輪廓不清、充填不滿、氣孔和組織疏鬆等缺陷。

1.塑膠製件排氣位置的判斷

一般透過分析塑膠熔體在模具型腔內的流動過程及方向來判斷，如圖 2-6-23 所示。

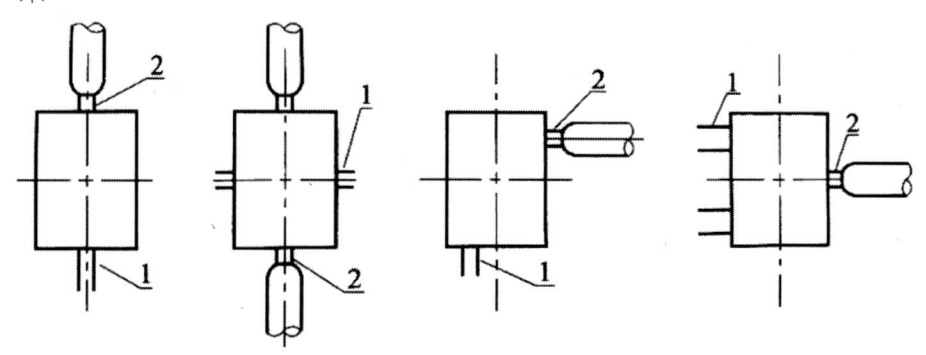

1-澆口 2-排氣槽

圖2-6-23 澆口位置與排氣的關係

2.常見的排氣方式

(1)排氣槽。排氣槽是最常見的排氣方式,為了便於加工修復,一般開設在定模部分分型面上熔體流動的末端,
如圖2-6-24所示。

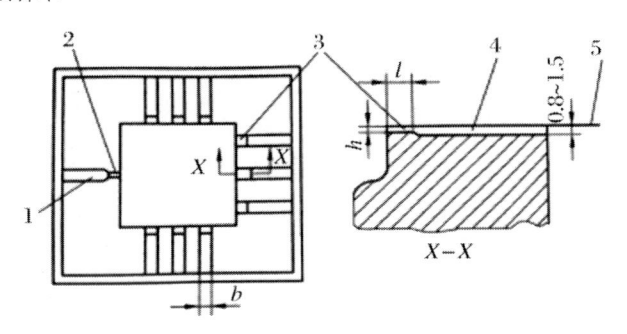

1-分流道；2-澆口；3-排氣槽；4-導向溝；5-分型面
圖2-6-24 排氣槽的設置示意圖

對於成型大中型塑件的模具,需排出的氣體量多,通常應開設排氣槽。排氣槽通常開設在分型面凹模一邊。排氣槽的位置以處於熔體流動末端為好。排氣槽寬度 b =3~5 mm,深度 h 小於 0.05 mm,長度 l=0.7~1.0 mm。常用塑膠排氣槽的深度見表2-6-3。

表2-6-3 各種塑膠的排氣槽深度　　　　　　　　　　單位/mm

塑膠名稱	排氣槽深度	塑膠名稱	排氣槽深度
PE	0.02	PA(含玻璃纖維)	0.03~0.04
PP	0.02	PA	0.02
PS	0.02	PC(含玻璃纖維)	0.05~0.07
ABS	0.03	PC	0.04
SAN	0.03	PBT(含玻璃纖維)	0.03~0.04
ASA	0.03	PBT	0.02
POM	0.02	PMMA	0.04

(2)利用間隙排氣。

模具是由多個零部件組裝在一起的,因此,各零部件之間的間隙可用來進行排氣,常見的間隙排氣主要有以下幾種。

①利用分型面排氣。對於小型模具可利用分型面排氣,但分型面應位於塑膠熔體流動的末端,如圖2-6-25所示。

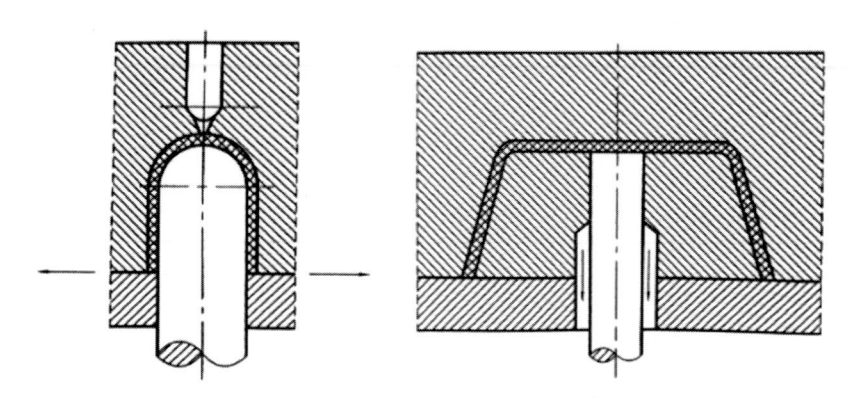

圖2-6-25 利用分型面排氣　　圖2-6-26 利用推桿間隙排氣

(3)利用推桿間隙排氣。

塑膠製件中間位置的困氣，可透過加設推桿，利用推桿和型芯之間的配合間隙，或有意增加推桿之間的間隙來排氣，如圖2-6-26所示。

(4)利用鑲拼間隙排氣。

對於某些產品，如圖2-6-27(a)所示，由於澆口位置以及產品形狀的限制，在所示位置容易出現困氣現象，從而產生一系列缺陷，並且該位置形狀並不利於開設排氣槽或者設置推桿，因此，還可以採用鑲拼式的型腔結構，如圖 2-6-27(b)所示。

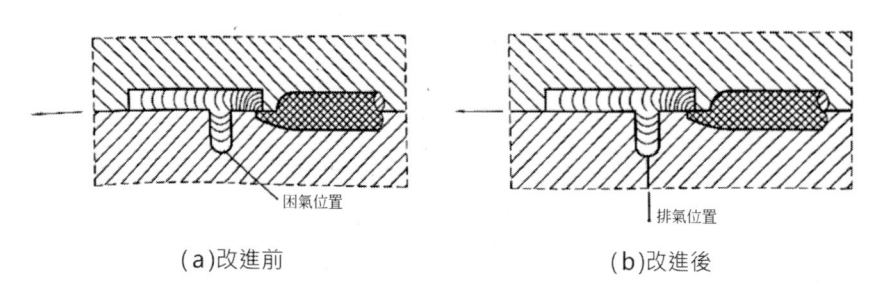

(a)改進前　　(b)改進後

圖2-6-27 鑲拼間隙的排氣原理

常見的鑲拼間隙排氣方式如圖2-6-28所示，不同的塑膠製件結構採用不同的鑲拼方式，利用其間隙排氣。

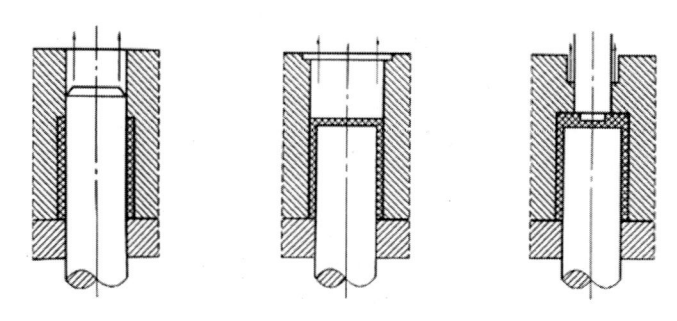

圖2-6-28 利用鑲拼間隙排氣的幾種形式

(5)利用排氣塞排氣。

排氣塞又稱透氣鋼,是一種燒結合金,它是用球狀顆粒合金燒結而成的材料,強度較差,但質地疏鬆,允許氣體透過。在需排氣的部位放置一塊這樣的合金即能達到排氣的目的。但底部通氣孔直徑 D 不宜太大,以防止型腔壓力將其擠壓變形,如圖2-6-29所示。由於透氣鋼的熱傳導率低,不能使其過熱,否則,易產生分解物堵塞氣孔的現象。

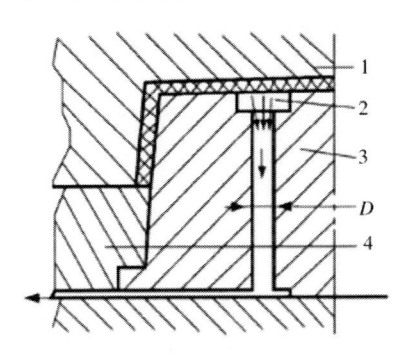

1-定模 2-排氣塞 3-型芯 4-動模
圖2-6-29 利用排氣塞排氣

任務評價

(1)透過查閱資料自選一個排氣不良的例子,分析其原因,提出改進措施,填入空白處。

(2)根據圖2-3-12塑膠儀錶蓋要求確定模具中澆口、冷料穴與拉料桿、排氣系統的結構及尺寸,在表2-6-4中畫出。

表2-6-4 澆口、冷料穴與拉料桿、排氣系統結構尺寸

澆口結構尺寸	冷料穴與拉料桿結構尺寸	排氣系統設計

(3)根據圖2-3-12塑膠儀錶蓋澆口結構及尺寸、冷料穴與拉料桿結構及尺寸、排氣系統的設計情況進行評價,見表2-6-5。

表2-6-5　澆口 冷料穴等設計情況評價表

評價內容	評價標準	分值	學生自評	教師評價
澆口類型	設計依據是否合理	15分		
澆口尺寸	設計依據是否合理	20分		
冷料穴與拉料桿類型	設計依據是否合理	15分		
冷料穴與拉料桿尺寸	設計依據是否合理	20分		
排氣不良原因分析	分析是否合理	10分		
資料查閱	是否能夠利用手冊、電子資源等查閱相關資料	10分		
情感評價	是否積極參與課堂活動、與同學協作完成任務情況	10分		
學習體會				

任務七 成型零件的計算與設計

任務目標

(1)能繪製簡單製品的模具型芯與型腔結構圖。
(2)能根據塑件計算型腔、型芯的工作尺寸。

任務分析

設計注射模的成型零件時,應根據成型塑件的塑膠性能、使用要求、幾何結構,並結合分型面、澆口位置和排氣位置的選擇等來確定型腔的總體結構。本任務是根據前面的總體設計方案,確定本專案塑膠平板件的成型零部件結構及尺寸。

任務實施

1.成型零部件結構設計

型腔、型芯的結構如圖2-7-1所示。

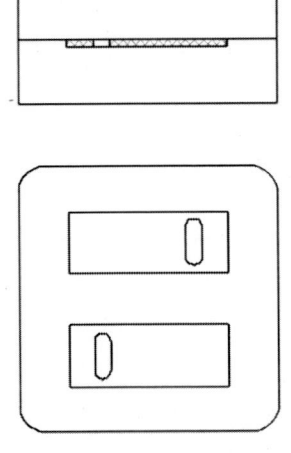

圖2-7-1 型腔、型芯結構

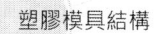

2.成型零部件工作尺寸計算

查有關手冊得 PP 的收縮率為 1.5%～3.5%，故平均收縮率為：$S_{cp}=(1.5+3.5)\%/2=2.5\%=0.025$，根據塑件尺寸公差要求，模具的製造公差取 $\delta_z=\Delta/3$，則型腔的徑向尺寸 (以尺寸 80 mm 為例進行計算)為

$$(L_m)_0^{+\delta_z}=\left[(1+S_{cp})L_s-\frac{3}{4}\Delta\right]_0^{+\delta_z}=[(1+0.025)\times 80-0.75\times 0.8]_0^{+0.27}=81.4_0^{+0.27}$$

用同樣的方法,可計算出成型零件的全部工作尺寸,如表 2-7-1 所示。

表 2-7-1　成型零件工作尺寸計算

尺寸類別	塑件尺寸	計算公式	計算結果
型腔尺寸	$80_{-0.8}^{0}$	$(L_m)_0^{+\delta_z}=\left[(1+S_{cp})L_s-\frac{3}{4}\Delta\right]_0^{+\delta_z}$	$81.4_{0}^{+0.27}$
	$32_{-0.3}^{0}$	$(L_m)_0^{+\delta_z}=\left[(1+S_{cp})L_s-\frac{3}{4}\Delta\right]_0^{+\delta_z}$	$32.575_{0}^{+0.1}$
	$30_{-0.24}^{0}$	$(H_m)_0^{+\delta_z}=\left[(1+S_{cp})H_s-\frac{2}{3}\Delta\right]_0^{+\delta_z}$	$2.915_{0}^{+0.08}$
型芯尺寸	$24_{0}^{+0.3}$	$(h_m)_{-\delta_z}^{0}=\left[(1+S_{cp})h_s-\frac{3}{4}\Delta\right]_{-\delta_z}^{0}$	$24.825_{-0.1}^{0}$
	$4_{0}^{+0.2}$	$(h_m)_{-\delta_z}^{0}=\left[(1+S_{cp})h_s-\frac{3}{4}\Delta\right]_{-\delta_z}^{0}$	$4.250_{-0.067}^{0}$
距離尺寸	25 ± 0.25	$C=(1+S)C\pm\dfrac{\delta_z}{2}$	25.625 ± 0.125

相關知識

一、成型零部件的結構

將構成塑膠模具模腔的零件統稱為成型零部件,成型零部件的幾何形狀和尺寸決定了製品的幾何形狀和尺寸,通常包括有凹模、凸模、型芯、鑲塊、各種成型桿、各種成型環。

1.凹模的結構設計

凹模亦稱型腔或凹模型腔,用來成型塑件外形輪廓。凹模按其結構不同可分為整體式和組合式兩類。

(1)整體式凹模。 整體式凹模用整塊模具材料直接加工而成,典型結構如圖 2-7-2 所示。

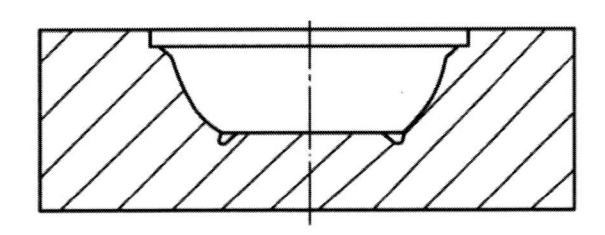

圖 2-7-2　整體式凹模

　　這類模具的優點是結構牢固,成型的製品表面無接縫痕跡。因此,對於簡單形狀的凹模,容易製造。即使凹模形狀比較複雜,由於現在的模具加工大量使用加工中心、數控機床、電加工等設備,因此也可以進行複雜曲面、高精度的加工。隨著凹模加工技術的發展和進步,許多過去必須組合加工的較複雜的凹模現在也可以設計成整體式結構,特別是大型的複雜形狀的凹模模具,大量採用了整體式結構,如圖2-7-3所示。

圖 2-7-3　大型複雜形狀模具

(2)組合式凹模。

組合式凹模由兩個或兩個以上的零部件組合而成。常見的組合方式有以下幾種。

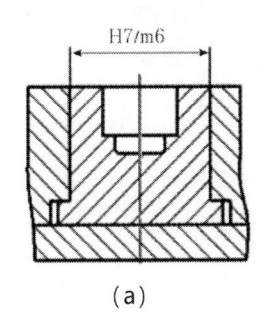

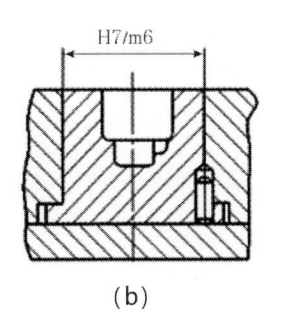

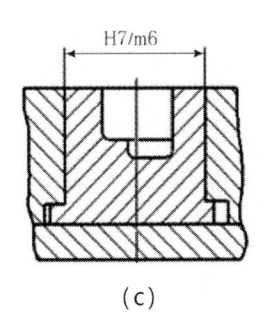

(a)　　　　　(b)　　　　　(c)

塑膠模具結構

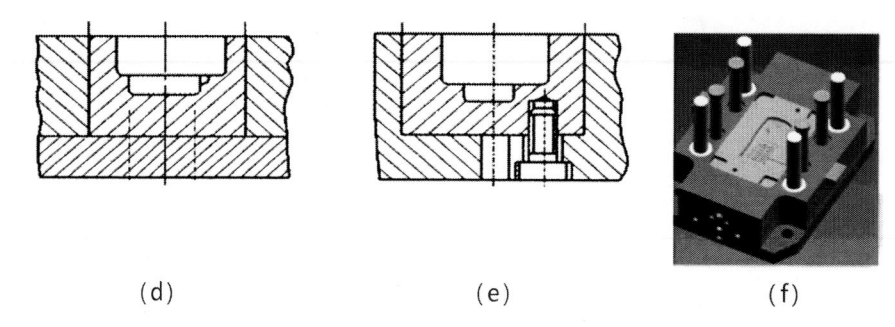

(d)　　　　　　　　(e)　　　　　　　　(f)

圖 2-7-4　嵌入式組合凹模

①嵌入式組合凹模。又稱整體嵌入式凹模,是最常用的一種凹模形式,這種結構加工效率高,裝拆方便,可以保證各個凹模形狀尺寸一致。基本形式與固定方式如圖2-7-4所示。

圖(a)是將凹模加工成帶臺階的鑲塊,嵌入凹範本中。如果凹模內腔為非對稱結構,而外表面為回轉體,應考慮凹模與範本間的止轉定位。如圖(b)所示,銷釘孔可加工在連接縫上(騎縫銷釘),也可加工在凸肩上,當凹模鑲件的硬度與固定板硬度不同時,以後者為宜。當凹模鑲件經淬火後硬度很高不便加工銷孔或騎縫釘孔時,最好利用磨削出的平面採用平鍵定位,如圖(c)所示。也可將凹模直接嵌入範本中,用螺釘固定,如圖(d)、(e)所示。

②鑲拼組合式凹模。為了機械加工、研磨、拋光、熱處理的方便,整個凹模也常採用大面積組合的方法,最常見的是把凹模做成穿通的,再鑲嵌上底,如圖2-7-5所示。

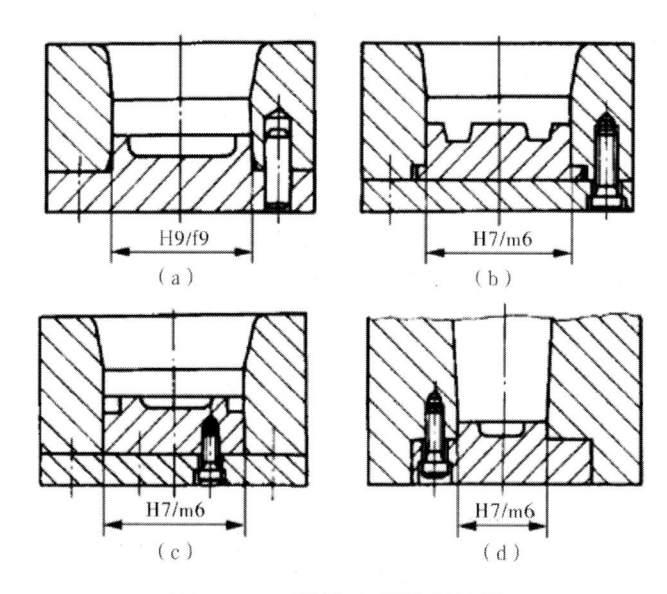

H9/f9
(a)

H7/m6
(b)

H7/m6
(c)

H7/m6
(d)

圖 2-7-5　凹模底部鑲拼結構

對於大型和形狀複雜的凹模，為了便於加工，有利於淬透，減少熱處理變形和節省模具鋼，可以把凹模的側壁和底分別加工，研磨後壓入模套中，即凹模側壁的鑲拼結構，如圖2-7-6所示。側壁相互之間採用扣銷連接以保證裝配的準確性，減少塑膠擠入接縫。在中小型注射模中，側壁拼塊之間可直接用螺釘和銷釘固定而不用模套緊固。

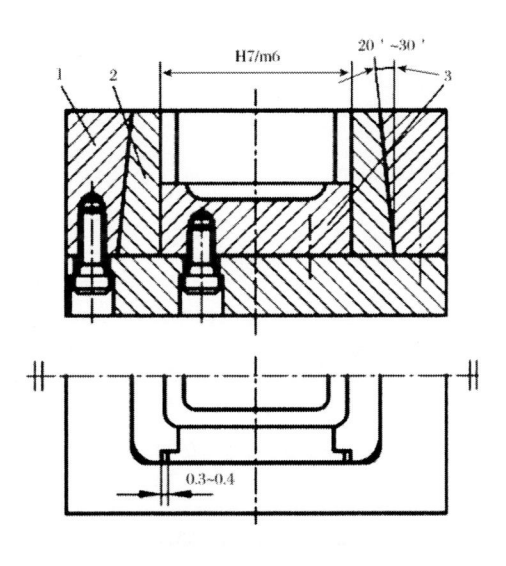

1-模套 2-拼塊 3-模底
圖2-7-6　凹模側壁鑲拼結構

③局部鑲拼式凹模。為了加工方便或由於型腔的某一部分容易損壞，需要經常更換，應採用局部鑲拼的辦法。

如圖2-7-7(a)所示異形凹模，整體機械加工很困難，可先鑽鉸型腔大孔周圍的小孔，再將小孔內鑲入芯棒，車削加工出型腔大孔，加工完畢後把這些被切掉部分的芯棒取出，調換6個完整的芯棒鑲入小孔便可獲得預定的型腔形狀。

圖2-7-7(b)所示凹模內有局部凸起，可將此凸起部分單獨加工，再把加工好的鑲塊利用圓形槽(也可用"T"形槽、燕尾槽等)鑲在圓形凹槽內。

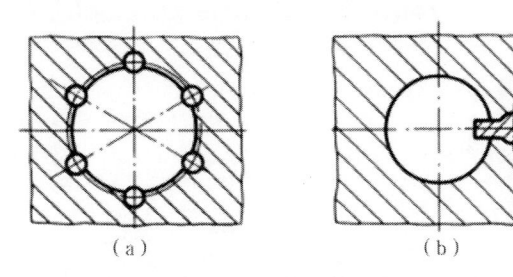

（a）　　　　　（b）
圖2-7-7　局部鑲拼式凹模

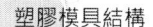

從以上的圖例可以看出當凹模的底部形狀比較複雜或面積很大時,可將其底部與四周分割出來單獨加工。由此能使內形加工變為外形加工,從而使機械加工、研磨、拋光、熱處理更加方便。組裝後也沒有明顯的接縫痕跡,修理和更換變得容易。

二、凸模和型芯的結構設計

凸模和型芯都是用來成型塑件內形的零部件,兩者無嚴格區別。

一般認為,凸模是成型塑件整體內形的模具零部件,所以有時也稱之為主型芯,而型芯則是成型塑件上某些局部特殊內形或局部孔、槽等所用的模具零部件,所以有時也把型芯稱為成型桿或小型芯。

1.型芯的結構設計

型芯也有整體式和組合式之分,形狀簡單的主型芯和範本可以做成整體式,如圖2-7-8(a)所示。形狀比較複雜或形狀雖不複雜,但從節省貴重模具鋼、減少加工工作量考慮多採用組合式型芯。固定板和型芯可分別採用不同的材料製造和熱處理,然後再連成一體。

圖2-7-8(b)為最常用的連接形式,即用軸肩和底板連接。當軸肩為圓形而成型部分為非迴旋體時,為了防止型芯在固定板內轉動,也和整體嵌入式凹模一樣在軸肩處用銷釘或鍵止轉;此外還有用螺釘和銷釘連接的,如圖2-7-8(c)所示。

螺釘連接雖然比較簡單,但不及軸肩連接牢固可靠,為了防止側向位移應採取銷釘定位。由於後加工銷孔的原因,這種結構不適於淬火的型芯,最好將淬火型芯局部嵌入模組來定位,如圖2-7-8(d)所示。或將型芯下部加工出斷面較小或較大的規則階梯,再鑲入範本,如圖2-7-8(e)、(f)所示。有時需在範本上加工出凹槽,用它來成型製品的凸邊,如圖2-7-8(g)所示。對於複雜形狀的型芯,常採用鑲拼組合式結構,如圖2-7-9所示。

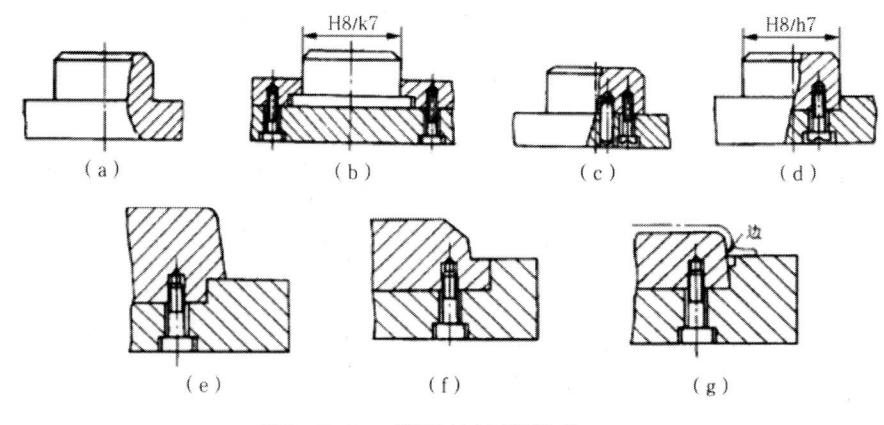

圖2-7-8　型芯的結構形式

(a)

(b)

(c)

(d)

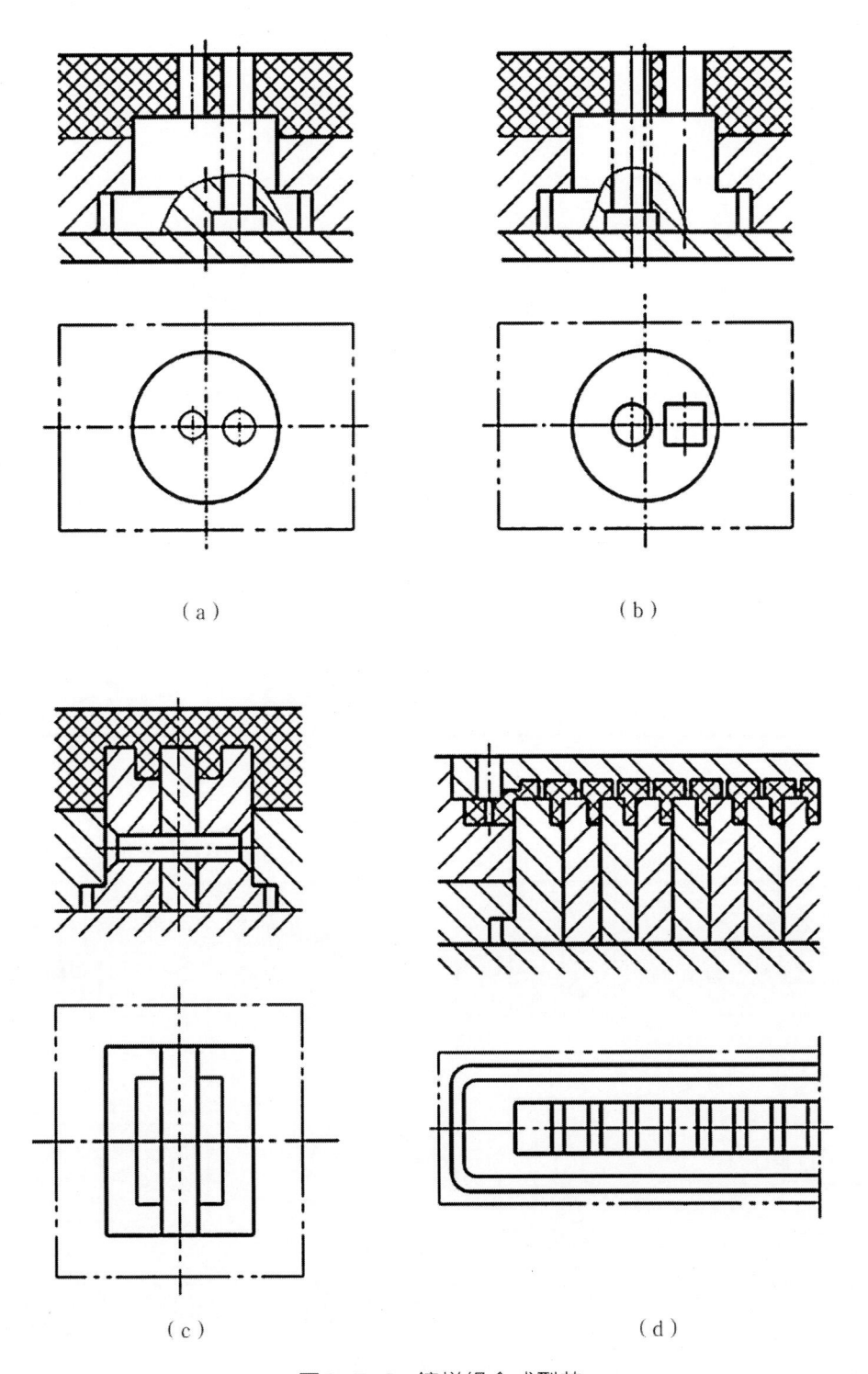

圖2-7-9　鑲拼組合式型芯

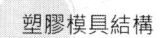

2.小型芯(成型桿)

小型芯一般單獨製造,再嵌入範本或大型芯之中。圖 2-7-10 所示的結構為小型芯常用的幾種固定方法。

對於成型孔和槽的小型芯,通常是單獨製造,然後以嵌入方法固定。具體結構如 2-7-10 所示。其中圖(a)為鉚接式,它可以防止在製品脫模時型芯被拔出,但熔體容易從 S 處滲入型芯底面,為防止產生這種現象,可將型芯嵌入固定板內一定距離;圖(b)是壓入式結構,是一種最簡單的固定方式,但型芯鬆動後可能會被拔出。圖(c)是常用的固定方式,型芯與固定板間留有 0.5 mm 的雙邊間隙,這是為了加工和裝配方便,型芯下段加粗是為了提高小而長的型芯的強度;圖(d)為帶推板的型芯固定方法;圖(e)、(f)是帶頂銷或緊定螺釘的固定方法,對於尺寸較大的型芯可以採用圖(g)、(h)、(i)、(j)所示的固定方法;當局部有小型芯時,可用圖(k)、(l)所示的固定方法,在小型芯下嵌入墊板,以縮短型芯及其配合長度。

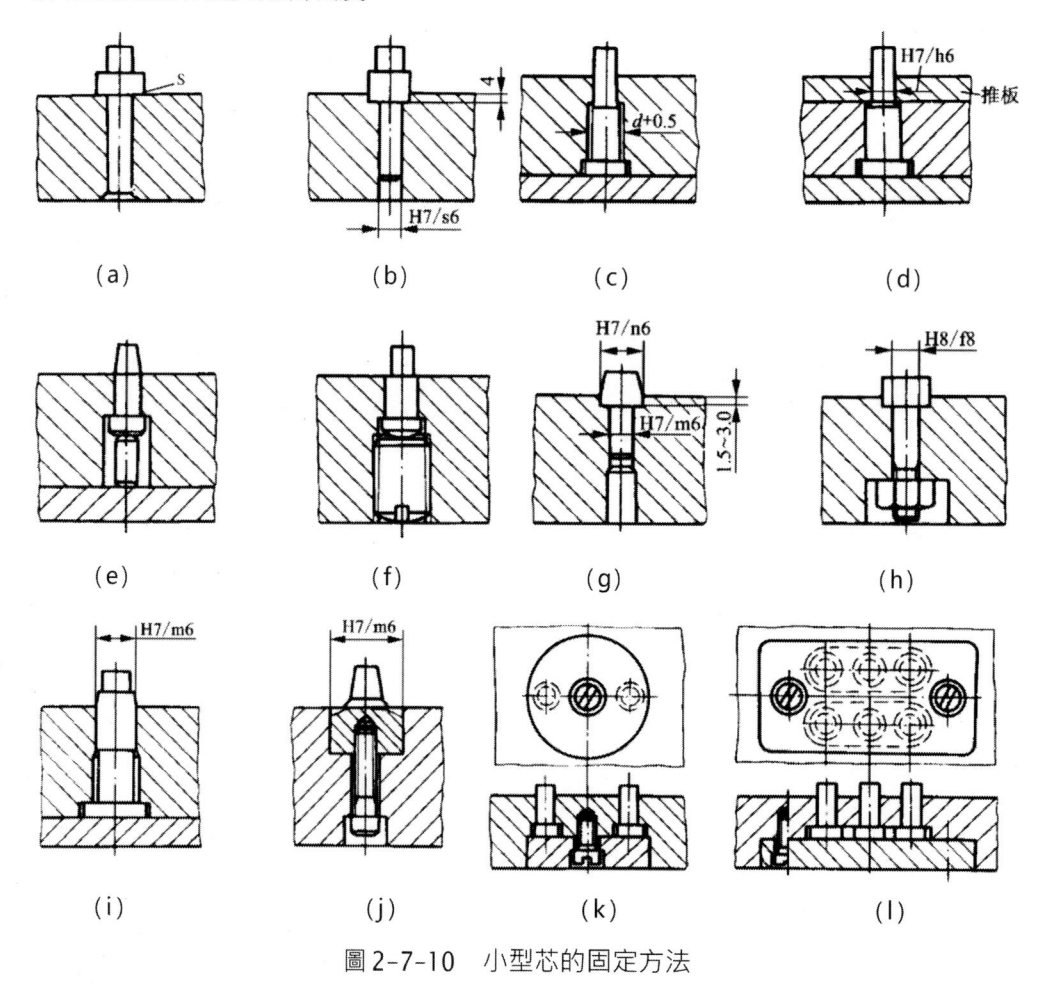

圖 2-7-10 小型芯的固定方法

對於多個互相靠近的小型芯,用台肩固定時,如果台肩發生重疊干涉,可將台肩相碰的部分切去磨平,將型芯固定板的臺階孔加工成大圓臺階孔或銑成長槽,然後再將型芯鑲入,如圖 2-7-11(a)、(b)所示。

對於異形型芯或異型成型鑲塊,可以只將成型部分按塑件形狀加工,而將安裝部分做成圓柱形或其他容易安裝定位的形狀,如圖2-7-12所示。

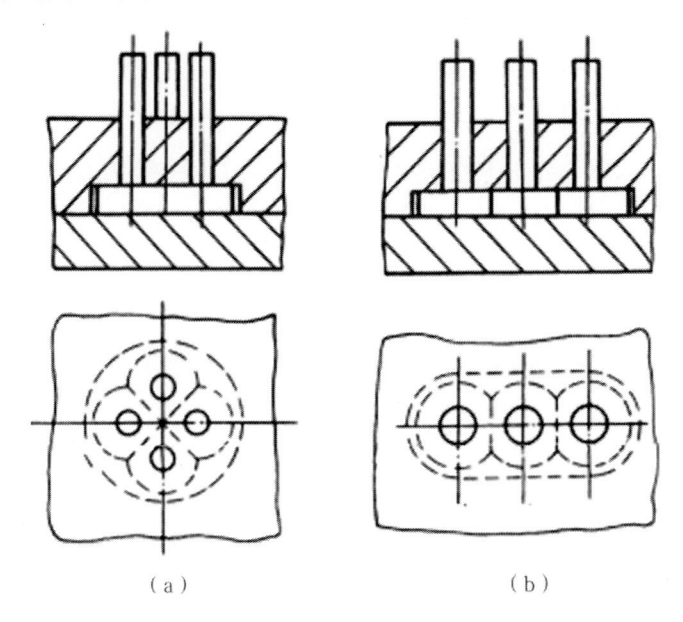

圖2-7-11 多個互相靠近型芯的固定

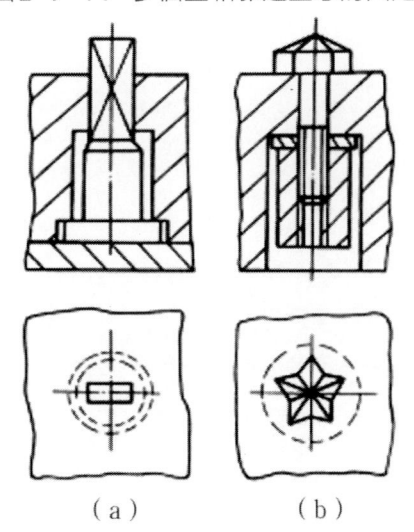

圖2-7-12 異形型芯的固定

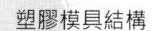

二、成型零件工作尺寸的計算

所謂成型零件的工作尺寸是指成型零件上直接用以成型塑件部分的尺寸,主要有型腔和型芯的徑向尺寸(包括矩形和異形零件的長和寬)、型腔和型芯的深度尺寸、中心距等。

1.影響塑件尺寸誤差的因素

(1)模具成型零件的製造誤差。

(2)成型零件的磨損。

(3)塑件的收縮率波動。塑件成型後的收縮變化與塑膠的品種、塑件的形狀、尺寸、壁厚、成型工藝條件、模具的結構等因素有關,所以確定準確的收縮率是很困難的。

$$\delta_s = (S_{max} - S_{min}) L_s \qquad (2\text{-}7\text{-}1)$$

式中:δ_s——塑膠收縮率波動誤差;

S_{max}——塑膠的最大收縮率;

S_{min}——塑膠的最小收縮率;

L_s——塑件的基本尺寸。

實際收縮率與計算收縮率會有差異,按照一般的要求,塑膠收縮率波動所引起的誤差應小於塑件公差的 1/3。

(4)模具安裝配合誤差。模具成型零件裝配誤差以及在成型過程中成型零件配合間隙的變化,都會引起塑件尺寸的變化。例如,上模和下模或動模與定模位置的不準確,會影響塑件壁厚等尺寸誤差。

綜上所述,塑件在成型過程中可能產生的最大誤差為上述各種誤差的總和。即

$$\delta = \delta_z + \delta_c + \delta_s + \delta_j \qquad (2\text{-}7\text{-}2)$$

式中:δ——塑膠尺寸誤差;

δ_z——成型零件製造公差;

δ_c——成型零件的磨損公差;

δ_s——塑膠收縮率波動誤差;

δ_j——模具安裝配合誤差。

由此可見,塑件尺寸誤差為累積誤差。在一般情況下,以上影響塑件公差的因素中,模具製造誤差、成型零件磨損和收縮率的波動是主要的。而且並不是塑件所有尺寸都受上述各因素的影響。例如,用整體式凹模成型塑件時,其外徑只受 δ_z、δ_c、δ_s 的

影響,而高度尺寸則受 $δ_z$、$δ_s$ 的影響。

2.型腔和型芯尺寸的計算

一般而言,塑件的幾何尺寸分為外形尺寸、內形尺寸、中心距尺寸等三大類型。與它們相對應的成型零件尺寸分別為型腔尺寸、型芯尺寸、型芯或成型孔之間的中心距尺寸。其中型腔尺寸可分為徑向尺寸和深度尺寸,型芯尺寸可分為徑向尺寸和高度尺寸。

型腔類尺寸屬於包容尺寸,型腔的內徑尺寸和深度尺寸在注射過程中由於脫模摩擦和化學腐蝕作用,有磨損增大的趨勢;型芯類尺寸屬於被包容尺寸,同樣由於摩擦和化學腐蝕的作用,有磨損變小的趨勢;中心距尺寸一般指成型零件上孔間距、型芯間距、凹槽間距等,這類尺寸不會因為磨損發生變化,可視為不變的尺寸。

偏差的分佈可歸納如下:

(1)製品上的外形尺寸標注成單向負偏差,基本尺寸為最大值;與製品外形相應的型腔類尺寸採用單向正偏差,基本尺寸為最小值。

(2)製品上的內形尺寸標注成單向正偏差,基本尺寸為最小值;與製品內形相應的型芯類尺寸採用單向負偏差,基本尺寸為最小值。

(3)製品和成型零件上的中心距尺寸均採用雙向等值正負偏差,其基本尺寸均為平均值。

計算模具成型零件最基本的工作尺寸的公式:

$$L_m = L(1+S) \tag{2-7-3}$$

式中:L_m ——模具成型零件在常溫下的實際尺寸;

L_s ——塑件在常溫下的實際尺寸;

S ——塑件的計算收縮率。

以上是僅考慮塑膠收縮率時計算模具成型零件工作尺寸的公式,若考慮其他因素(如成型零部件製造公差模具的磨損量等)時,則模具成型工作尺寸的計算公式就會有不同形式。

塑膠的平均收縮率為:

$$S_{cp} = \frac{S_{max}+S_{min}}{2} \times 100\% \tag{2-7-4}$$

在計算成型零件工作尺寸時,塑件和成型零件工作尺寸均按單向極限制:凡孔都按基孔制;凡軸都按基軸制;如果塑件上的公差是雙向分佈的,則應按這個要求加以換算。而孔心距尺寸則按公差帶對稱分佈的原則進行計算。

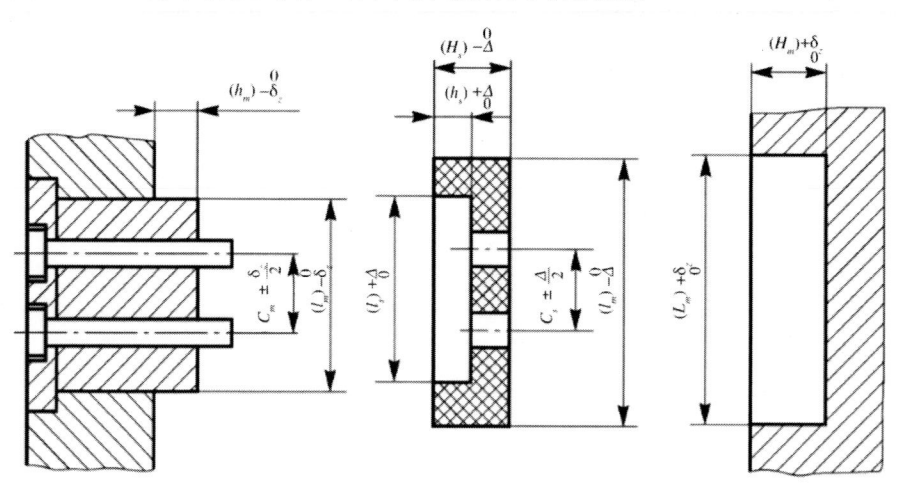

圖2-7-13為模具成型零件工作尺寸與塑件尺寸的關係。

圖2-7-13 模具成型零件工作尺寸與塑件尺寸的關係

分清了各部分尺寸的分類後，即可在趨於增大的尺寸上減小一個$\frac{1}{2}\Delta$，而在趨於縮小的尺寸上加上一個$\frac{1}{2}\Delta$，其中Δ為塑件公差。但是由於成型零件在塑件脫模過中與塑件的移動摩擦而產生磨損，為了彌補成型零件的磨損而給定一個磨損餘量，一般取塑件公差的$(\frac{1}{6}\sim\frac{1}{4})\Delta$。又因為成型零件部位的不同，而受磨損的程度也不同，所以成型零件的徑向尺寸，受磨損較大取最大值，即$\frac{1}{4}\Delta$；而成型零件的高度尺寸相對磨損較小取最小值，即$\frac{1}{6}\Delta$。因此，成型零件徑向尺寸的公差等於$(\frac{1}{2}+\frac{1}{4})\Delta$，即$\frac{3}{4}\Delta$；成型零件高度尺寸的公差等於$(\frac{1}{2}+\frac{1}{6})\Delta$，即$\frac{2}{3}\Delta$。

(1) 型腔和型芯的徑向尺寸。

① 型腔徑向尺寸的計算公式：

$$(L_m)_0^{+\delta_z}=[(1+S_{cp})L_s-\frac{3}{4}\Delta]_0^{+\delta_z} \quad (2\text{-}7\text{-}5)$$

式中：L_m——型腔徑向尺寸，單位為mm；

S_{cp}——塑膠的平均收縮率，$S_{cp}=\frac{S_{max}+S_{min}}{2}$；

L_s——塑件的外形尺寸，單位為mm；

Δ——塑件尺寸公差，單位為mm；

δ_z ——模具製造公差,可取塑件尺寸公差的 $1/6 \sim 1/3$,即 $\delta_z = (\frac{1}{6} \sim \frac{1}{3})\Delta$。

其中,"Δ"前的係數($\frac{3}{4}$)可隨塑件尺寸的精度和尺寸變化而不同,一般為 $0.5 \sim 0.8$,塑件偏差大則取小值,塑件偏差小則取大值。

②型芯徑向尺寸的計算公式:

$$(l_m)_{-\delta}^{\ 0} = [(1+S_{cp})l_s + \frac{3}{4}\Delta]_{-\delta_z}^{\ 0} \qquad (2\text{-}7\text{-}6)$$

式中:l_m ——型芯徑向尺寸,單位為 mm;

l_s ——塑件的內形尺寸,單位為 mm。

(2)型腔深度與型芯高度。

①型腔深度尺寸的計算。由於製品脫模時與成型零部件之間的刮磨是引起工作尺寸磨損的主要原因,而

型腔的底部與型芯的斷面都與分型面平齊,因此在計算這兩種工作尺寸時可以不考慮磨損量 δ_c 所引起的尺寸偏差。

因此型腔深度尺寸的計算公式為:

$$(H_m)_0^{+\delta_z} = [(1+S_{cp})H_s - \frac{2}{3}\Delta]_0^{+\delta_z} \qquad (2\text{-}7\text{-}7)$$

式中:H_m ——型腔深度尺寸,單位為 mm;

H_s ——塑件的高度尺寸,單位為 mm;其餘同上。

②型芯高度尺寸的計算。

型芯高度尺寸的計算公式為:

$$(h_m)_{-\delta}^{\ 0} = [(1+S_{cp})h_s + \frac{2}{3}\Delta]_{-\delta_z}^{\ 0} \qquad (2\text{-}7\text{-}8)$$

式中:h_m ——型腔深度尺寸,單位為 mm;

h_s ——塑件的高度尺寸,單位為 mm;其餘同上。

③中心距尺寸的計算。由於塑件製品中心距和模具成型零件的中心距公差帶都是對稱分佈的,同時磨

損的結果不會使中心距發生變化,因此,塑件上中心距的基本尺寸 C_s 和模具上相應中心距的基本尺寸 C_m 就是塑件中心距和模具中心距的平均尺寸。於是:

$$C_m = C(1+S_{cp}) \qquad (2\text{-}7\text{-}9)$$

標注製造公差後得:

$$C_m = C(1+S_{cp}) \pm \frac{\delta_z}{2} \qquad (2\text{-}7\text{-}10)$$

式中：C_m ——型腔中心距尺寸 mm；
　　　C_s ——塑件中心距尺寸 mm；其餘同上。

④模具中的位置尺寸計算。

圖2-7-14表示安裝在凹模中的型芯(或孔)中心到凹模側壁的距離和安裝在型芯中的小型芯(或孔)中心到型芯側面的距離與塑膠製品中相應尺寸的關係。

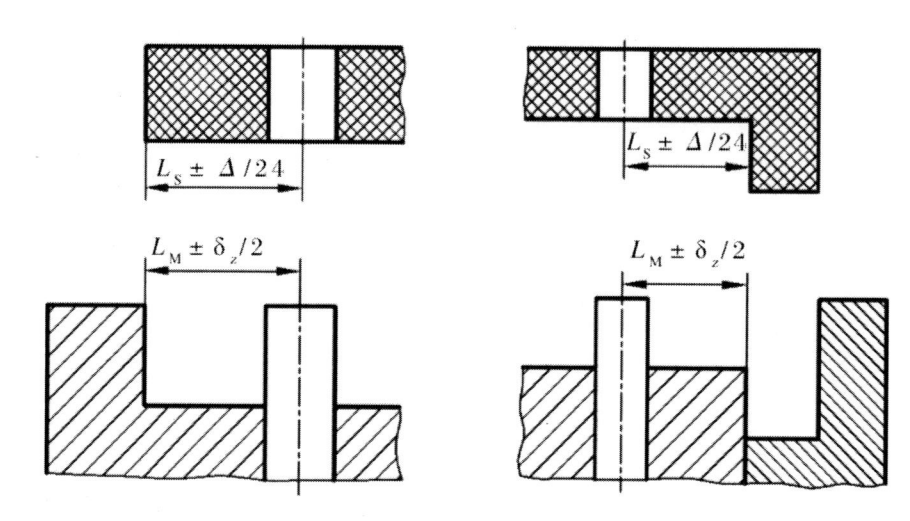

圖2-7-14 型芯中心到成型面的距離

a.凹模內的型芯(或孔)中心到凹模側壁距離的計算。

由圖2-7-14可知：塑膠製品上的孔到邊的距離的平均尺寸為L_s；模具中型芯中心到凹模側壁距離的平均尺寸為L_M。型芯在使用過程的磨損並不影響L_M，其單邊最大磨損量為$δ_z/2$。以及模具製造公差為$δ_z$和成型收縮率為S_{cp}，其計算公式如下：

$$L_M ± δ_z/2 = (L_s + L_s S_{cp} - Δ/24) ± δ_z/2 \quad (2\text{-}7\text{-}11)$$

b.型芯中的小型芯(或孔)的中心到型芯側面距離的計算。

型芯的磨損將使距離變小，其單邊最大磨損量為$δ_z/2$，而小型芯的磨損則不改變這個距離。按平均值計算法得下式：

$$L_M ± δ_z/2 = (L_s + L_s S_{cp} + Δ/24) ± δ_z/2 \quad (2\text{-}7\text{-}12)$$

二、螺紋型環和螺紋型芯工作尺寸的計算

由於螺紋連接的種類很多，配合性質也不相同，影響其螺紋連接的因素也比較複雜，因此要滿足塑膠螺紋配合的準確要求比較困難，目前尚無塑膠螺紋的統一標準，也沒有成熟的計算方法。

螺紋型環的工作尺寸屬於型腔類尺寸,而螺紋型芯的工作尺寸屬於型芯類尺寸。為了使螺紋塑件與標準金屬螺紋較好地配合,提高成型後塑件螺紋的旋入性能,成型塑件的螺紋型芯或型環的徑向尺寸都應考慮收縮率的影響,且有意縮小螺紋型環的徑向尺寸和增大螺紋型芯的徑向尺寸。

下面介紹螺紋型環和型芯工作尺寸的計算。

1. 螺紋型環的工作尺寸,如圖 2-7-15(a)

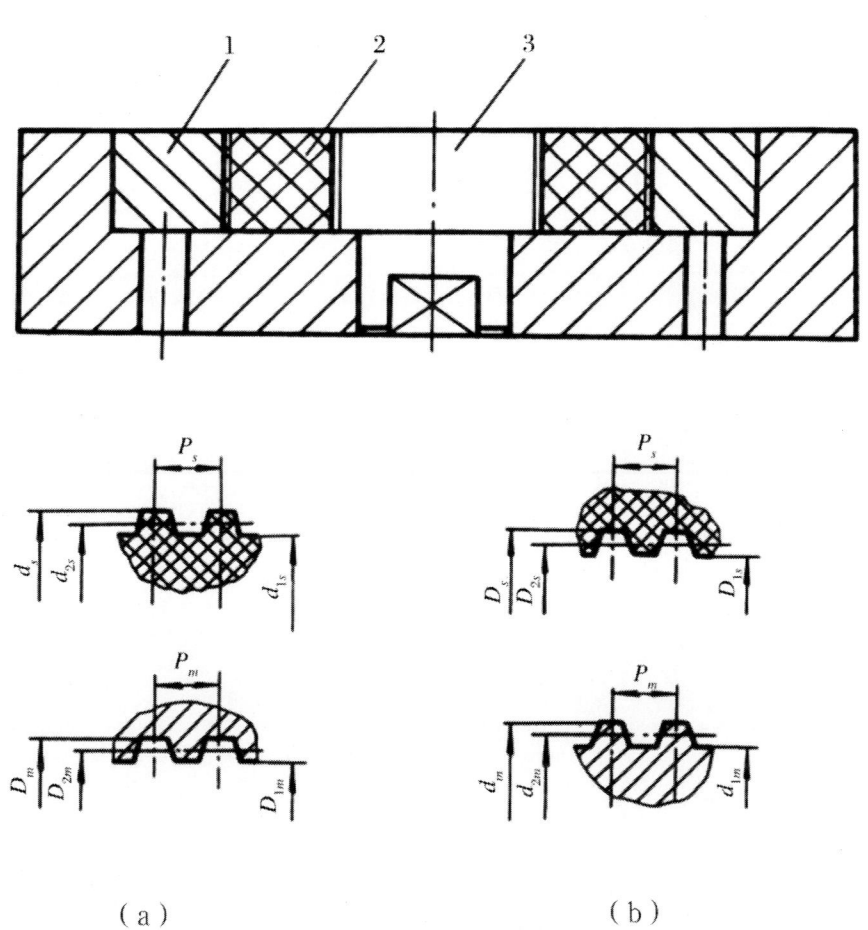

(a)　　　　　　　　　　(b)

1-螺紋型環 2-塑件 3-螺紋型芯

圖2-7-15 螺紋型環和螺紋型芯的參數

中徑：　　　　$D_{2m} = (d_{2s} + d_{2s}S_{cp} - b)^{+\delta_z}_{0}$　　　　(2-7-13)

大徑：　　　　$D_{m} = (d_{s} + d_{s}S_{cp} - b)^{+\delta_z}_{0}$　　　　(2-7-14)

小徑：　　　　$D_{1m} = (d_{1s} + d_{1s}S_{cp} - b)^{+\delta_z}_{0}$　　　　(2-7-15)

上面各式中：D_{2m} ——螺紋型環中徑基本尺寸；

D_m ——螺紋型環大徑基本尺寸；

D_{1m} ——螺紋型環小徑基本尺寸；

d_{2s} ——塑件外螺紋中徑基本尺寸；

d_s ——塑件外螺紋大徑基本尺寸；

d_{1s} ——塑件外螺紋小徑基本尺寸；

b ——塑件螺紋中徑公差，由於目前我國尚無專門的塑件螺紋公差標準，故可參照金屬螺紋公差標準中精度最低者選用，其值可查表 GB/T197-2003；

$δ_z$ ——螺紋型環中徑製造公差，其值可取 $b/5$ 或查表 2-7-1。

表2-7-1　螺紋型環和螺紋型芯的直徑製造公差　　　　單位/mm

	螺紋直徑	M3~M12	M14~M33	M36~M45	M46~M68
粗牙螺紋	中徑製造公差	0.02	0.03	0.04	0.05
	大、小徑製造公差	0.03	0.04	0.05	0.06
細牙螺紋	螺紋直徑	M4~M22	M24~M52	M56~M68	
	中徑製造公差	0.02	0.03	0.04	
	大、小徑製造公差	0.03	0.04	0.05	

2.螺紋型芯的工作尺寸，如圖 2-7-15(b)

中徑：　　　　　　$d_{2m} = (D_{2s} + D_{2s}S_{cp} + b)_{-δ_z}^{0}$ 　　　　　(2-7-16)

大徑：　　　　　　$d_m = (D_{2s} + D_{2s}S_{cp} + b)_{-δ_z}^{0}$ 　　　　　(2-7-17)

小徑：　　　　　　$d_{1m} = (D_{1s} + D_{1s}S_{cp} + b)_{-δ_z}^{0}$ 　　　　　(2-7-18)

上面各式中：d_{2m} ——螺紋型芯中徑基本尺寸；

d_m ——螺紋型芯大徑基本尺寸；

d_{1m} ——螺紋型芯小徑基本尺寸；

D_{2s} ——塑件內螺紋中徑基本尺寸；

D_s ——塑件內螺紋大徑基本尺寸；

D_{1s} ——塑件內螺紋小徑基本尺寸；

$δ_z$ ——螺紋型芯中徑製造公差，其值可取 $b/5$ 或查表 2-7-1。

3.螺紋型環和螺紋型芯的螺距工作尺寸

無論是螺紋型環還是螺紋型芯,其螺距尺寸都採用如下公式計算:

$$(P_m) \pm \frac{\delta_z}{2} = P(1 + S_{cp}) \pm \frac{\delta_z}{2} \quad (2\text{-}7\text{-}19)$$

P_m ——螺紋型環或螺紋型芯螺距;

P_s ——塑件外螺紋或內螺紋螺距的基本尺寸;

δ_z ——螺紋型環或螺紋型芯螺距製造公差,查表 2-7-2。

表2-7-2　螺紋型環和螺紋型芯螺距的製造公差　　單位/mm

螺紋直徑	配合長度(L)	製造公差(δ_z)
3~10	≤12	0.01~0.03
12~22	12~20	0.02~0.04
24~68	>20	0.03~0.05

在螺紋型環或螺紋型芯螺距計算中,由於考慮到塑件的收縮,計算所得到的螺距帶有不規則的小數,加工這種特殊的螺距很困難,可採用如下辦法解決這一問題。用收縮率相同或相近的塑件外螺紋與塑件內螺紋相配合時,計算螺距尺寸可以不考慮收縮率;當塑膠螺紋與金屬螺紋配合時,如果螺紋配合長度 $L \leq \frac{0.432b}{S_{cp}}$ 時,可不考慮收縮率;一般在小於8牙的情況下,也可以不計算螺距的收縮率,因為在螺紋型芯中徑尺寸中已考慮了增加中徑間隙來補償塑件螺距的累積誤差。

當然,雖然帶小數點特殊螺距的螺紋型芯和螺紋型環加工困難,但必要時還是可以採用在車床上配置特殊齒數的變速掛輪等方法進行加工。

任務評價

根據圖2-3-12塑膠儀錶蓋要求及模具設計方案,確定成型零部件的結構形式及工作尺寸。

(1)成型零部件結構形式。

(2)成型零部件工作尺寸計算(填寫在表2-7-3中)。

表2-7-3　成型零部件工作尺寸計算

尺寸類別	塑件尺寸	計算公式	計算結果

(3)根據塑膠儀錶蓋成型零部件的結構及工作尺寸設計情況進行評價,見表2-7-

表2-7-4　塑膠儀錶蓋成型零部件結構及工作尺寸完成情況評價表

評價內容	評價標準	分值	學生自評	教師評價
型腔結構	分析是否合理	20分		
型芯結構	分析是否合理	20分		
工作尺寸	分析是否合理	50分		
情感評價	是否積極參與課堂活動,與同學協作完成任務情況	10分		
學習體會				

任務八　確定模具結構並選用標準模架

任務目標

(1)認識典型注射模具結構。
(2)能合理選用標準模架。

任務分析

根據已初步設計好的模具基本結構完成以下任務：確定模架的具體形式、規格及標準代號並進行驗算。

任務實施

根據客戶提供資料可知，產品外輪廓尺寸為 80 mm × 32 mm × 3 mm，產品批量要求為 100 萬件，所以在本專案"任務三　確定型腔數目及排位元"中選用了 PP(聚丙烯)塑料，並確定模具為一模兩腔，分型面在產品的頂面，分析如下：

(1)此產品結構簡單，中間有一個通孔，尺寸精度要求是整個產品最高的，其他未標注尺寸公差按 MT7 級精度選取。產品整體尺寸精度要求不高。

(2)產品價位要求大眾化。

(3)綜合上述考慮，選用簡單的兩板模結構。由於產品尺寸不大，模具採用一模兩腔，一次注射量不大，注射壓力較小，所以動模部分可不需要墊板，而由於產品內表面精度要求一般，可採用推桿推出，因此模架型號選取CI型。

(4)確定型芯、型腔外輪廓尺寸。

①該模具採用組合式成型零件，型腔、型芯採用鑲嵌結構。該產品採用一模兩腔，外輪廓尺寸如圖2-8-1所示。

②確定型芯、型腔高度尺寸。

由於產品高度尺寸為 3 mm，分型面選在頂面，所以型腔尺寸高度≥25 mm，型芯尺寸高度≥3+25=28(mm)。

(5)確定動、定範本(A板、B板)外輪廓尺寸。

動、定範本中間開槽孔後單邊距留 60 mm，所以範本長寬尺寸應≥145+60×2=265(mm)，130+60×2=250(mm)，由此可知，動、定範本外輪廓尺寸應該為≥265mm×250mm。

(6)確定動、定範本厚度尺寸。

動、定範本厚度尺寸應≥28(型腔、型芯高度)+25=53(mm)。

(7)確定推出距離(C板高度)。

產品高度尺寸為3 mm，推桿固定板厚度為15 mm，推桿厚度為20 mm，預留垃圾釘高度為5 mm，推出高度餘量為15 mm，所以推出機構推出距離應≥3+15+20+5+15=58(mm)。

綜上所述，可以選用標準模架 CI-2530-A55-B60-C80，如圖 2-8-2 所示。

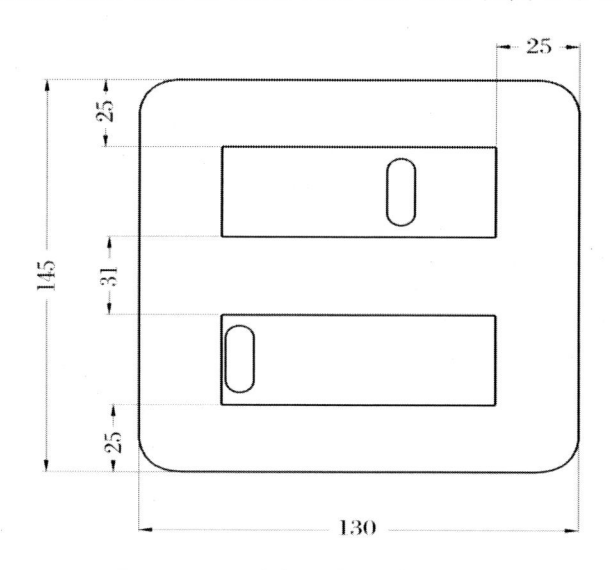

圖2-8-1 型腔、型芯外輪廓尺寸

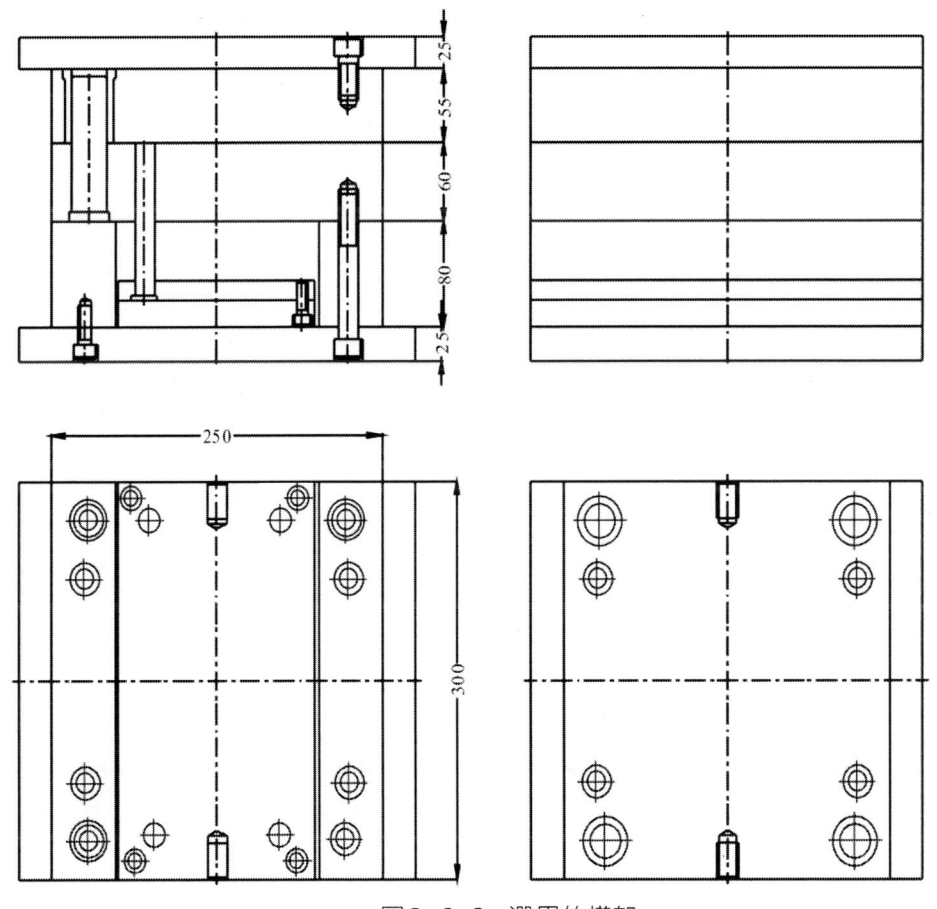

圖2-8-2 選用的模架

相關知識

一、模架的型號

　　模架是設計、製造塑膠注射模的基礎部件,如圖2-8-3所示。為提高模具精度和降低模具成本,模具的標準化工作是十分必要的。注射模具的基本結構有很多共同點,所以模具標準化的工作現已基本形成。市場上已經有標準件出售,全球比較知名的三大模架標準,英制的以美國的"D-M-E"為代表,歐洲的以"HASCO"為代表,亞洲以日本的"FUTABA"為代表,而國內的模具企業大多採用香港的"LKM"標準模架。遇到特殊情況或客戶要求時,也可對標準模架的結構形狀、部分尺寸及材料做出更改。本書主要介紹"LKM"標準模架。

圖2-8-3 標準模架

1.模架的主要結構件

模架主要由定、動模座板和頂出板、支承板等範本組成。二板式B系列模架如圖2-8-4所示。不同的範本組合形成了不同的模架型號。

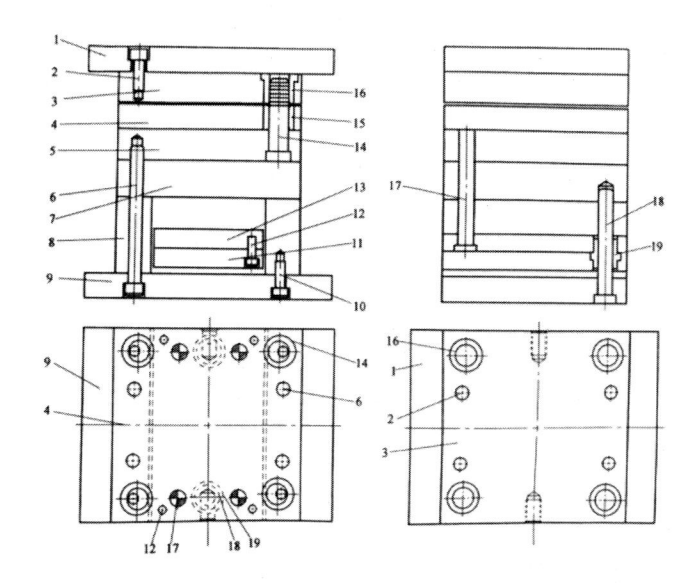

1-定模座板；2-定模連接螺釘；3-定範本(A板)；4-推件板；5-動範本(B板)；6-動模連接螺釘；7-支承板；8-墊板；9-動模座板；10-動模連接螺釘；11-推板；12-螺釘；13-推桿固定板；14-導柱；15-推件板上導套；16-導套；17-推桿；18-推出機構導柱；19-推出機構導套

圖2-8-4 二板式B系列模架

(1)定、動模座板的主要作用如下。

①與定、動範本連接、固定成型零部件；

②與注射機相連、將模具固定在注射機上。在座板的設計上主要除考慮自身的強度、剛度外、還應考慮與注射機的連接形式。

(2)定、動範本。

定、動範本也稱為A板、B板、是成型零部件的安裝固定載體，在注射成型過程中，承受多種應力作用，容易產生變形。除此之外，一般在定範本上還可設置澆注系統，動範本上還可以設置推出零部件。

(3)支承板。

當成型零部件採用通孔結構時，支承板能夠防止成型零部件的軸向承受注射壓力的衝擊，是受力最大的結構件之一。對於非通孔結構，可利用範本起支承作用。

(4)推桿固定板和推板。推桿固定板和推板的主要作用如下：

①安裝推出零部件、復位零部件、推出機構的導向零部件。

②承載透過注射機傳遞的頂出力。

為了防止注射過程中的變形，頂出板應具有合理的板厚，以保證足夠的強度、剛度；同時還應保證推出零部件運動時的穩定性。

(5)導向機構。

模具中的導向機構包括定、動模的導向以及推出機構的導向，一般由導柱、導套或導柱、導向孔組成，主要起導向、定位以及承受側壓力的作用。

為了保證導向機構合理有效地工作，導向機構應該具有以下基本要求：

①具有一定的剛度和配合精度(一般採用間隙配合 H7/g8)。

②應保證導柱長度高出型芯高度 12 mm 以上，以保護成型零件不受損壞。

③對於雙分型面模具，導向機構還應具有承受範本重量和移動導向的作用。

2.模架的類型

(1)二板式模架。二板式模架的具體型號如圖2-8-5所示。

二板式模架分為工字模架與直身型模架兩類，其中AI、BI、CI、DI型為工字模架，AH、BH、CH、DH 為無定模座板的直身型模架，AT、BT、CT、DT 為有定模座板的直身型模架。

A系列模架：定模採用兩塊範本，動模採用兩塊範本(支承板)與頂出機構組成模架。採用單分型面(一般設在合模面上)，可設計成單型腔或多型腔模具。

B系列模架：定模採用兩塊範本，動模採用三塊範本，其中除了支承板之外，在動範本上面還設置有一塊推板，用以頂出塑件，可設計成推板式模具。

C系列模架：定模採用兩塊範本，動模採用一塊範本，無支承板，適合做一般複雜程度的單分型面模具。

D 系列模架：定模採用兩塊範本，動模採用兩塊範本，無支承板，在動範本上面設置一塊推板，用來頂出塑件。

塑膠模具結構

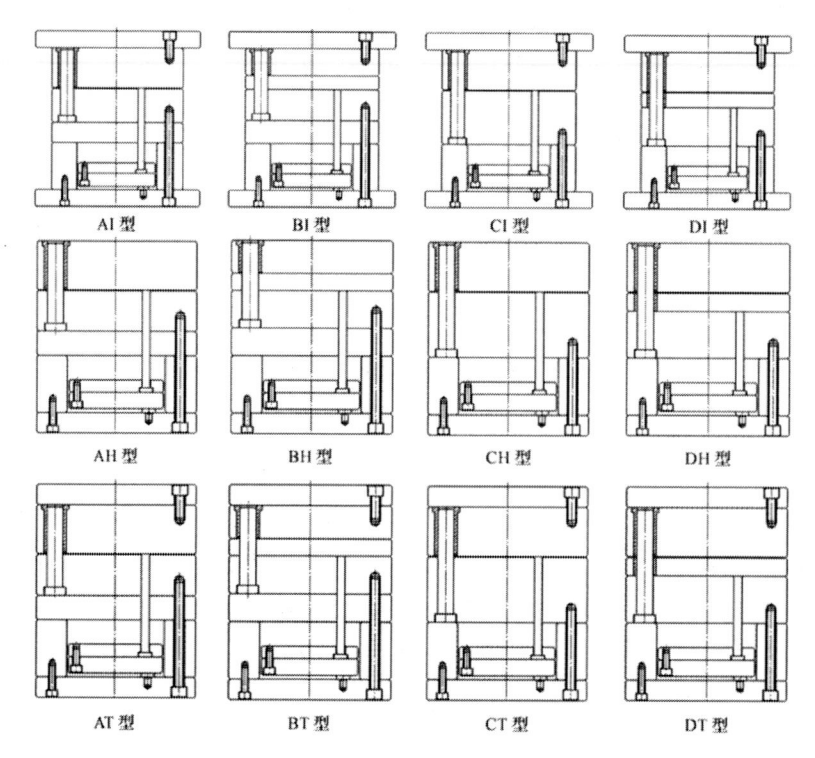

圖2-8-5 二板式標準模架

(2)三板式模架。

三板式模架是所有標準模架中最複雜的模架，其動作控制機構最多，價格最為昂貴，選用時應慎重考慮。三板式模架的具體型號如圖2-8-6所示，以D開頭的為點澆口模架，以E開頭的為點澆口有流道板模架。

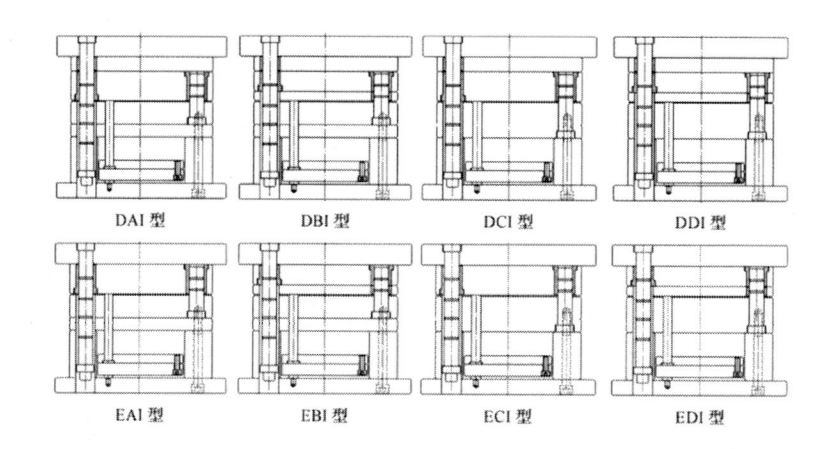

專案二 平板件模具結構設計

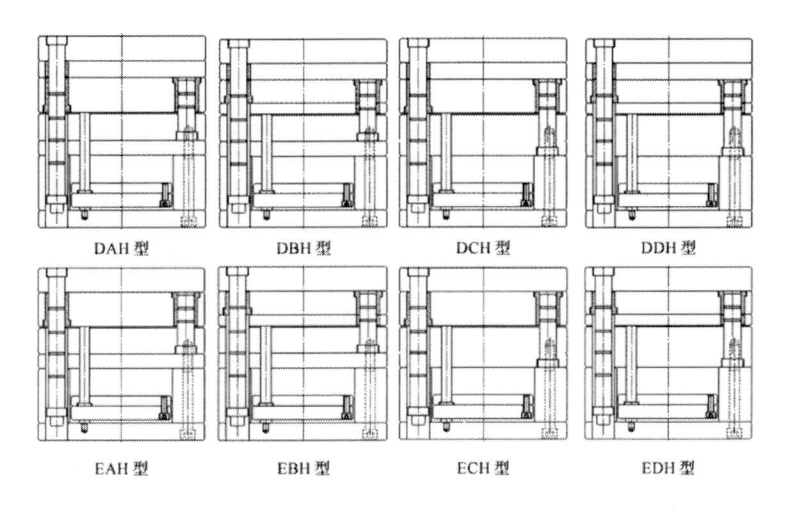

圖 2-8-6 三板式模架型號

在三板式模架中，其範本組成除了二板式模架中的定範本、動範本、支承板、推件板等範本外，還多了一塊流道板，是為了推出澆注系統而存在的，如圖 2-8-7 所示。

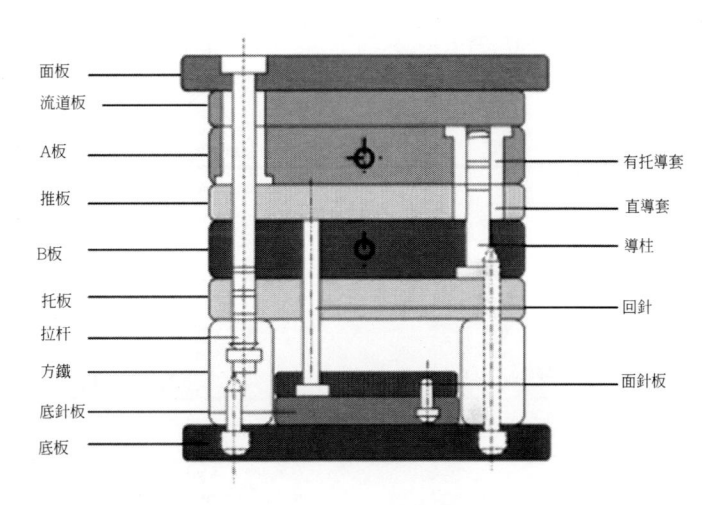

圖 2-8-7 DBI 型模架

三板式模架中又劃分了簡化三板式模架，如圖 2-8-8 所示，以 F 開頭的為簡易點澆口有流道板模架，以 G 開頭的為簡易點澆口模架。

簡化三板式模架與三板式模架具有一樣的功能，但是只有四根導柱，如圖 2-8-9 所示，這四根導柱對定模座板、卸料板、定範本和動範本進行導向定位。導柱在力量上比三板式模架小，三板式模架有四根長的、四根短的，共八根導柱，導柱所占空間較大，因此，在型腔佈局時無法避免一些零部件的干涉，通常會考慮使用簡化三板式模架來解決，同時，簡化三板式模架比三板式模架的價格便宜。

127

塑膠模具結構

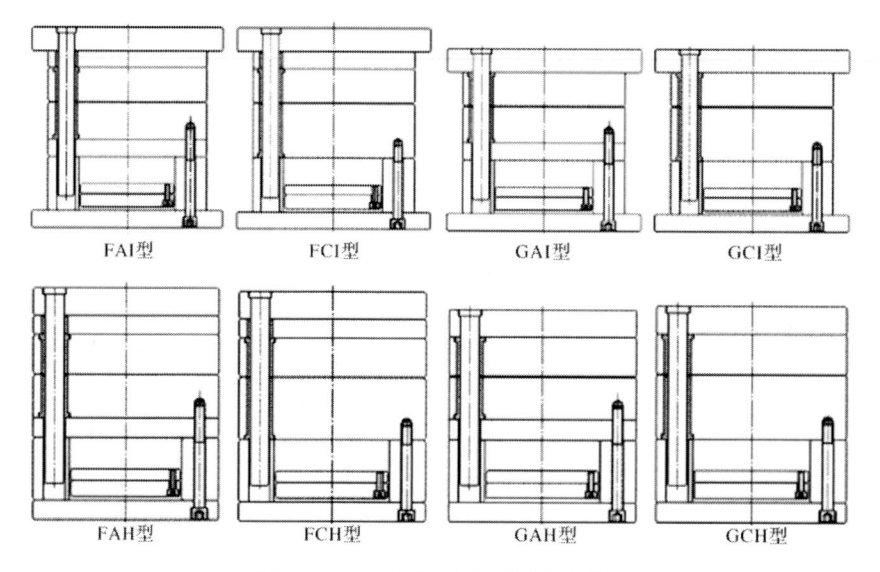

FAI型　　FCI型　　GAI型　　GCI型

FAH型　　FCH型　　GAH型　　GCH型

圖2-8-8　簡化三板式模架型號

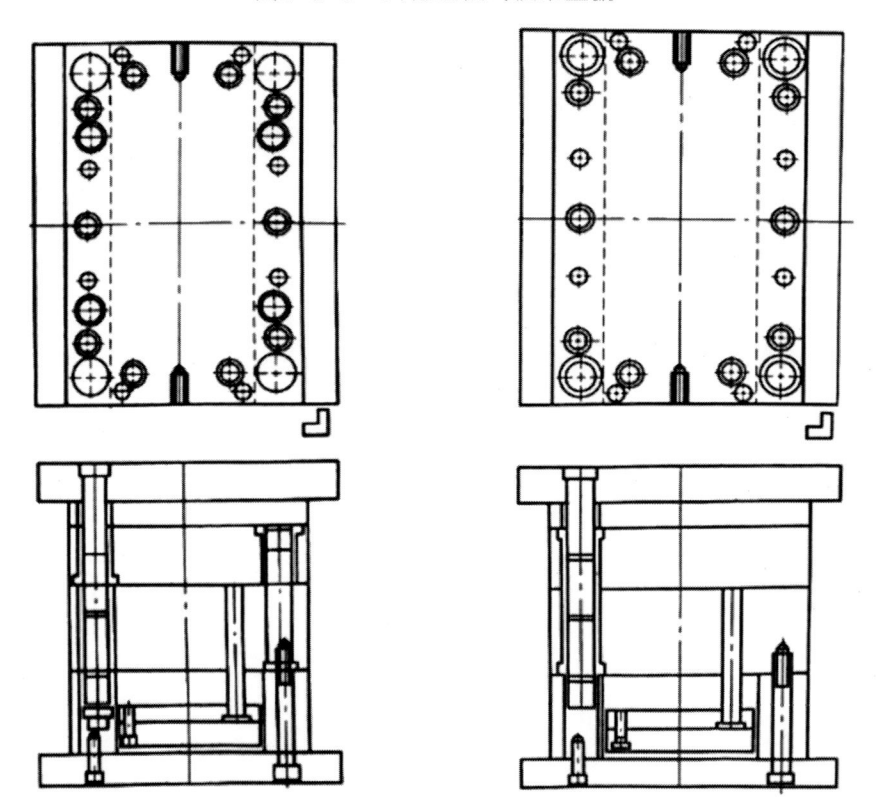

圖2-8-9　同型號三板式模架與簡化三板式模架的差異

二、模架的型號表示

模架型號以定、動範本(即A、B板)的尺寸長(L)×寬(B)來表示，單位為cm，有1515、1518、1520等。

1. 二板式型號：1520-AI-A50-B60-C80

其中，1520為定、動範本(L)×寬(B)。

A表示系類，一般有A、B、C、D四個系列，A為有支承板無推件板；B為有支承板有推件板；C為無支承板無推件板；D為無支承板有推件板。

I表示類別，I是工字模；H是無定模座板的直身模；T是有定模座板的直身模。

A50表示定範本(即A板)厚度。

B60表示動範本(即B板)厚度。

C80表示墊塊(方鐵)的高度。

2. 三板式型號：2530-DAI-A50-B60-C80-200-0

其中，2530為定、動範本(L)×寬(B)。

DAI中D代表有卸料板，E代表沒有卸料板，AI含義與二板式型號相同。

A50、B60、C80與二板式型號含義相同。

200代表拉桿長度，0代表拉桿位置在模具內，若在模具外則用I表示。

3. 簡化三板式型號：1520-GAI-A50-B60-C80-200

簡化三板式模架型號表示與三板式模架型號類似，不同的是對卸料板的表達方式，G代表沒有卸料板，F代表有卸料板。

三、模架型號的選擇

1. 模仁尺寸的確定

(1) 確定模仁的長與寬。

①各型腔之間鋼位B取12～20 mm，如圖2-8-10所示。

當有流道及澆口時，B值要取多一點，可以取20～30 mm。

②型腔至模仁邊的鋼位A與型腔的深度有關，表2-8-1是經驗數值。

表2-8-1 鋼位A與型腔深度關係　　　　　　　　　單位/mm

塑件尺寸	安全距離參考
100以內	15～20
100～300	20～25
300～800	25～35
800以上	35～45

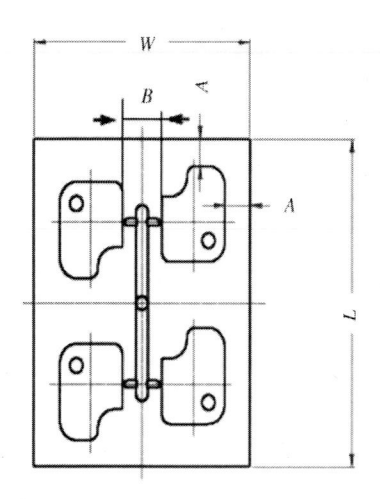

圖2-8-10 型腔鋼位

(2)確定模仁厚度。

①前模模仁厚度=型腔深度+(15～20)mm。

②後模模仁厚度=膠位深度+(15～30)mm。厚度的確定必須保證模具有足夠的強度和剛度，如圖2-8-11所示。

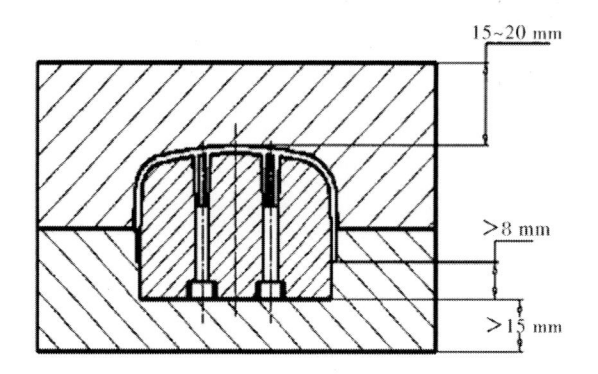

圖2-8-11 前後模模仁厚度

2. A、B板尺寸的確定

(1) A、B 板長、寬尺寸。

在A、B板上開一個方形或其他形狀的框用於裝配模仁稱為A、B板開框。此框有多種形狀，有開通框和不開通框之分，所以設計模具時要注意。

開框長度和寬度基本尺寸等於模仁的長度和寬度基本尺寸,公差配合 H7/m6;外輪廓尺寸見表2-8-2。

表2-8-2　定、動範本尺寸經驗資料

模具大小	數值	備註
小模具(模架尺寸<250mm)	成型零件尺寸基礎上單邊加 40　mm	先加上任意一個值,初步確定模架大小,如果是小模再設為加40 mm;其他亦如此
中模具(模架尺寸為 250~350 mm)	成型零件尺寸基礎上單邊加 50　mm	
大模具(模架尺寸>350 mm)	成型零件尺寸基礎上單邊加 40　mm	
有側抽芯時單邊加 90　mm		

(2)定、動範本厚度。

有定模座板(面板)時,定範本厚度一般等於框深加 20~30　mm;無定模座板時,定範本厚度一般等於框深加30~40 mm。動範本厚度一般等於框深加0~60 mm。不同的安裝固定形式具有不同的厚度尺寸。對於定範本來說,其厚度應儘量小,以減少主流道長度;而動範本可以取大些,以增加模具的強度和剛度。具體尺寸關係可見圖 2-8-12、表 2-8-3。

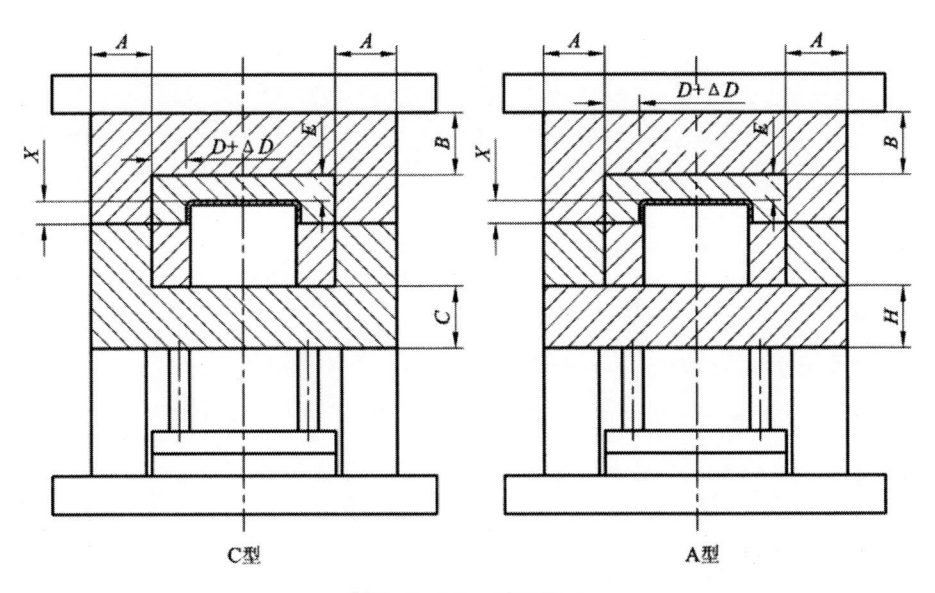

圖2-8-12　模架尺寸

表2-8-3 模架與塑膠製件尺寸之間的關係　　　　　　　　　　單位/mm

塑膠製件投影面積/mm²	A	B	C	H	D	E
100～900	40	20	30	30	20	20
900～2500	40～45	20～24	30～40	30～40	20～24	20～24
2500～6400	45～50	24～30	40～50	40～50	24～28	24～30
6400～14400	50～55	30～36	50～65	50～65	28～32	30～36
14400～25600	55～60	36～42	65～80	65～80	32～36	36～42

上述資料只針對普通結構的塑膠製件，對於特殊塑膠製件應做適當更改。範本中所有尺寸的確定都必須考慮其模具的整體結構，應先滿足塑膠製件成型要求以及各零部件的強度要求，再調整其模架大小及各範本尺寸。在模架的調用中應儘量避免設計長寬比大於2︰1的模架。

四、模架的選用步驟

1. 確定模架的基本類型

除了點澆口選用三板式模架外，一般都採用二板式模架，以降低製造成本。當然，模架的選用應是靈活多變的。

2. 確定模架具體類別

根據塑膠製件頂出方式以及成型零部件的安裝方式確定是否選用推件板、支承板。

3. 確定定、動範本尺寸

尺寸的確定應符合模具整體結構，考慮各尺寸的作用，既要保證便於加工的優先數列尺寸選擇，又要保證各零部件強度的最小壁厚尺寸，還應避免各零部件之間的干涉現象。

4. 確定模架型號

根據定、動範本的尺寸確定其模架型號。

5. 墊塊高度的確定

墊塊的高度應保證足夠的推出行程，然後留出一定的餘量(5～10 mm)，以防止推桿固定板撞到動範本或動模支承板。

任務評價

(1)根據圖2-3-12塑膠儀錶蓋要求確定型腔、型芯的外輪廓及高度尺寸,確定A、B 板長×寬×高尺寸,並寫出設計依據。

(2)根據塑膠儀錶蓋型腔、型芯外輪廓尺寸、高度尺寸及A、B板外輪廓及厚度尺寸設計情況進行評價,見表2-8-4。

表 2-8-4　模仁及定、動範本尺寸設計情況評價表

評價內容	評價標準	分值	學生自評	教師評價
型腔外輪廓及高度尺寸	分析是否合理	25分		
型芯外輪廓及高度尺寸	分析是否合理	25分		
A板外輪廓及厚度尺寸	分析是否合理	20分		
B板外輪廓及厚度尺寸	分析是否合理	20分		
情感評價	是否積極參與課堂活動、與同學協作完成任務情況	10分		
學習體會				

塑膠模具結構

任務九 選擇推出機構

任務目標

(1)能讀懂各種推出機構結構圖。
(2)能夠根據要求選擇合適的推出機構並確定尺寸。

任務分析

根據平板件要求確定模具的推出機構。

任務實施

根據客戶提供資料可知,產品外輪廓尺寸為 80 mm× 32 mm ×3 mm,選用了 PP(聚丙烯)塑膠,確定模具為一模兩腔,分型面在產品的頂面,確定了模架型號為 CI2527-A65-B60-C80。透過對產品結構分析,我們知道:

(1)產品結構簡單,尺寸中等,產品要求精度不高,可採用推桿推出。

(2)綜合分析,可以選用 4 根直徑為 5 mm 的直通式推桿,放置位置如圖 2-9-1 所示,由於是一模兩腔,所以每個塑件需要 6 根直徑為 4 mm 的直通式推桿,推桿總長度 L=15+40+60-3=112(mm)。

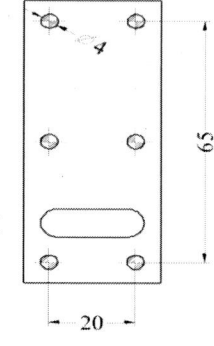

圖 2-9-1 推桿的佈置

相關知識

一 推出機構的組成與分類

注射成型後的塑件及澆注系統的凝料從模具中脫出的機構稱為推出機構。推出機構一般由推出、重定和導向三大部件組成。

1.推出機構的組成

推出機構一般由推出、重定和導向等三大類元件組成。圖2-9-2是推桿推出機構的一種典型結構，它主要由以下零件組成：直接與塑件接觸並將塑件推出模外的為推出元件，在圖中為推桿1，推桿需要固定，因此設推桿固定板5和推板7，兩板間用螺釘連接；注射機上的推出力作用在推板上；為了確保推出板平行移動，推出零件不至於彎曲或卡死，常設有推板導柱4和推板導套6；推板的回程是靠復位桿2實現的；最後一個零件是拉料桿3，它的作用是鉤著澆注系統的冷料，使整個澆注系統隨同塑件一起留在動模。有的模具還設有支撐柱，主要作用是提高動範本強度，有效避免長期生產導致動範本變形。

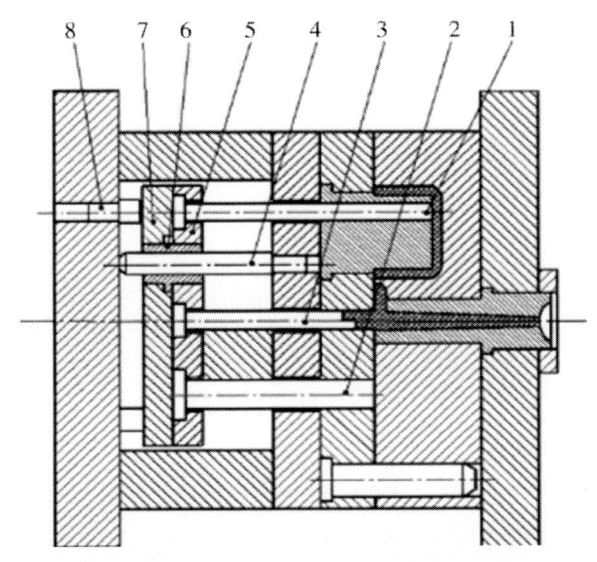

1-推桿；2-復位桿；3-拉料桿；4-推板導柱；5-推桿固定板；
6-推板導套；7-推板；8-擋釘

圖2-9-2　推桿推出機構

2.推出機構的分類

按動力來源可分為：手動推出機構、機動推出機構和液壓與氣動推出機構。按推出元件可分為：推桿推出、推管推出、推板推出、利用成型零件推出和多元件綜合推出等。

按模具結構特徵可分為：一次推出機構、二次推出機構、澆注系統推出機構、定模推出機構、帶螺紋的推出機構等。

3.推出機構的設計原則

(1)塑件應儘量留在動模一側。

由於推出機構的動作是透過注射機的動模一側的推桿或液壓缸來驅動的,故在設計時應儘量注意,開模時應能把塑件留在動模一側。

(2)保證塑件不因推出而變形損壞。

推出裝置力求均勻分佈,推出力作用點應在塑件承受推出力最大的部位,即不易變形或損傷的部位,儘量避免推出力作用於最薄的部位,防止塑件在推出過程中變形和損傷。

(3)不損壞塑件的外觀品質。

推出位置應儘量選在塑件的內部或對塑件外觀影響不大的部位。

(4)機構應儘量簡單可靠。

必須保證推出動作靈活,機構工作可靠,零部件配換方便,並且推出零件應有足夠的強度、剛度和硬度。

4.推出力的計算

注射過程中,模腔內熔體在冷卻固化中,由於體積的收縮包緊成型零件,為使塑件能自動脫落,在模具開啟後就需要在塑件上施加一推力。推出力是確定推出機構結構和尺寸的依據,受力情況如圖2-9-3所示。

推出力 F_t 的計算公式為:

$$F_t = Ap(\mu\cos\alpha - \sin\alpha) \tag{2-9-1}$$

式中:A ——塑件包絡型芯的面積,mm^2;

p ——塑件對型芯單位面積上的包緊力,MPa。

一般情況下,模外冷卻的塑件,p =24～39 MPa;模內冷卻的塑件,p =8～12 MPa。

α——脫模斜度;μ——塑件對鋼的摩擦係數,

常取 μ=0.1～0.3。

從式2-9-1可以看出,推出力隨著塑件包容型芯的面積增加而增大,隨著脫模斜度增大而減小,同時也和塑膠與鋼(型芯材料)之間的摩擦係數有關。實際上,影響推出力的因素很多,型芯的表面粗糙度、成型的工藝條件、大氣壓力及推出機構本身在做推出運動時的摩擦阻力等都會影響推出力的大小。

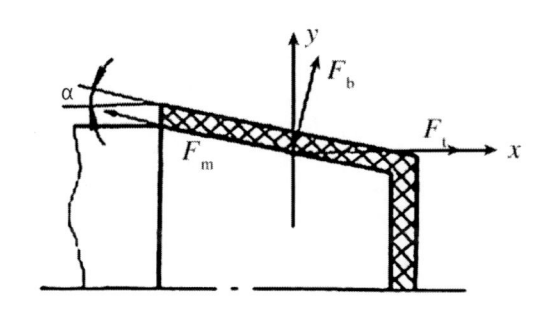

圖2-9-3　塑件的受力分析

二、一次推出機構

一次推出機構又稱簡單推出機構,指開模後在動模一側用一次推出動作完成塑件的推出。

常見的結構形式有以下幾種。

1.推桿推出機構

推桿推出是推出機構中最簡單最常見的一種形式。

其結構特點是加工方便、結構簡單、更換容易,可用於任何地方,受產品形狀和尺寸限制小,因此在生產中廣泛應用。但是,因為它與塑件接觸面積一般比較小,設計不當易引起應力集中而推穿塑件使塑件變形,因此當用於脫模斜度小和脫模阻力大的管狀或箱體類塑件時,應增加推桿數量,增大接觸面積。

推桿的形式很多,最常用的是圓形截面推桿,如圖 2-9-4 所示是單節圓形截面推桿,其常見尺寸見表2-9-1。$D=d+(3\sim5)$,$H = 4\sim6$ 通常在 $d>3$ 的時候使用,是最常用的形式,配合間隙如圖 2-9-5 所示。

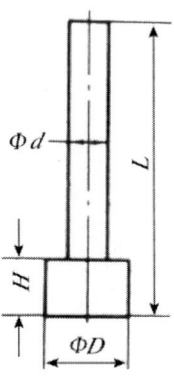

圖2-9-4　單節圓形截面推桿

表2-9-1　單節圓形截面推桿尺寸

類型	尺寸													
d	2	2.5	3	3.5	4	4.5	5	5.5	6	6.5	7	8	9	10	12
D	6	6	6	7	8	8	9	9	10	10	11	13	14	15	17
H	4	4	4	4	6	6	6	6	6	6	6	8	8	8	8

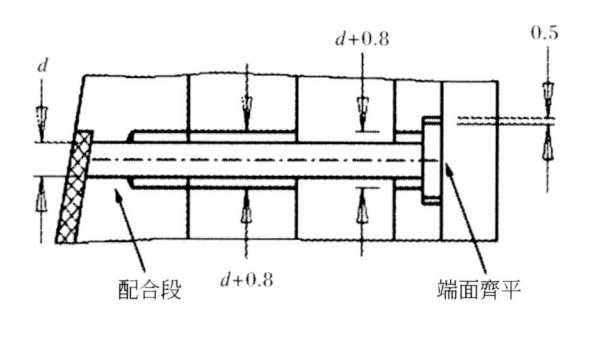

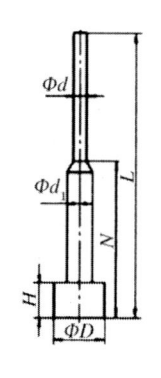

圖2-9-5　單節圓推桿配合間隙　　　圖2-9-6　雙節圓推桿形狀

當推針的直徑 $D < 3$ mm 時，要使用有托推桿(雙節圓推桿)，如圖 2-9-6 所示，並要定做中托司(即推針板導柱)。雙節圓推桿主要用於推桿斷面尺寸較小，而又需增加推桿剛度的場合，$D = d_1 +$（3~5），$d_1 = 2d$，$H = 4$~6 一般直徑小於 3 mm 時使用，尺寸見表 2-9-2 配合間隙如圖 2-9-7 所示。

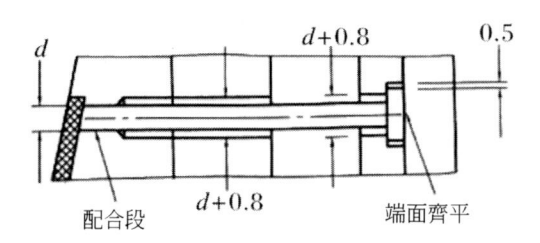

圖2-9-7　雙節圓推桿配合間隙

表2-9-2　雙節圓推針尺寸

類型	尺寸											
d	0.8	1	1.2	1.5	0.8	1	1.2	1.5	1	1.2	1.5
d_1	2				2.5				3		
D	4				6						
H	4										
N	40,50,70,100										
L	100,150,200										

扁推桿的結構如圖2-9-8所示，尺寸見表2-9-3。當塑件空間較小、筋位較深，不易排布較合適的圓推針時採用扁推針，一般排布在筋位的底部。扁推針孔一般採用線切割加工，扁推桿前端是矩形，後端是圓形，以增加推針強度，所以採用扁推針的成本比圓推針要高。

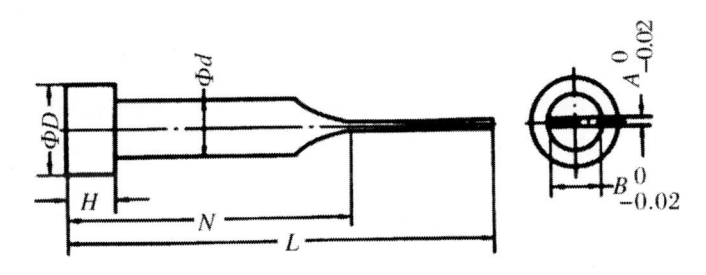

圖2-9-8 扁推桿結構

表2-9-3 扁推桿尺寸

A<1.0					材質 SKH51				硬度:58~60HRC			
d	2	2.5	3	3.5	4	4.5	5	5.5	6	6.5	7	8	9	10	12
D	4	5	6	7	7	9	9	10	10	11	11	13	14	15	17
H	4	4	4	4	4	4	4	4	4	4	4	4	4	4	4
L	100、150、200、250、300

A≥1.0					材質 SKD61				硬度:52~54HRC			
d	3.5	4	4.5	5	5.5	6	6.5	7	8	9	10	12
D	7	8	8	9	9	10	10	11	13	14	15	17
H	4	6	6	6	6	6	6	6	8	8	8	8
L	100、150、200、250、300

推桿、階梯形推桿及扁推桿孔在其餘非配合段的尺寸為(d+0.8)mm 或(d_1+0.8)mm。臺階固定端與面針板孔間隙為 0.5 mm。

推針的工作段常用 H8/f7 或 H7/f7 配合，配合段長度一般為 1.5~2 倍的直徑，但至少應大於 15 mm，對非圓形推針則需大於 20 mm。其餘部分保證有 0.5~1 mm 的雙邊間隙。

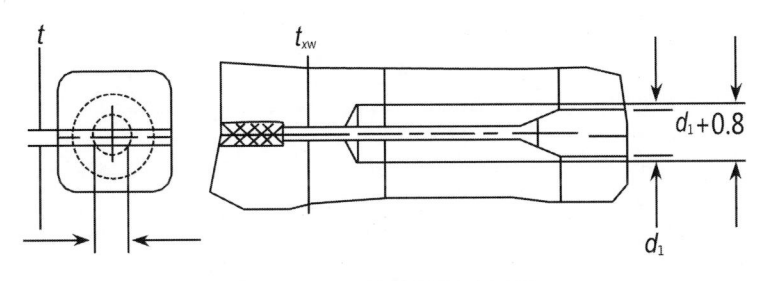

圖2-9-9 扁推桿配合間隙

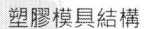

2.推管推出機構

推管也稱司筒(圖2-9-10)，是一種空心的推桿，它適於環形、筒形或中間帶孔的塑件的推出。其優點是推出受力均勻，因為推出時整個推管周邊接觸塑件，脫模平穩，塑件不易變形，也沒有明顯的推出痕跡。推管推出機構的典型結構如圖2-9-11所示。

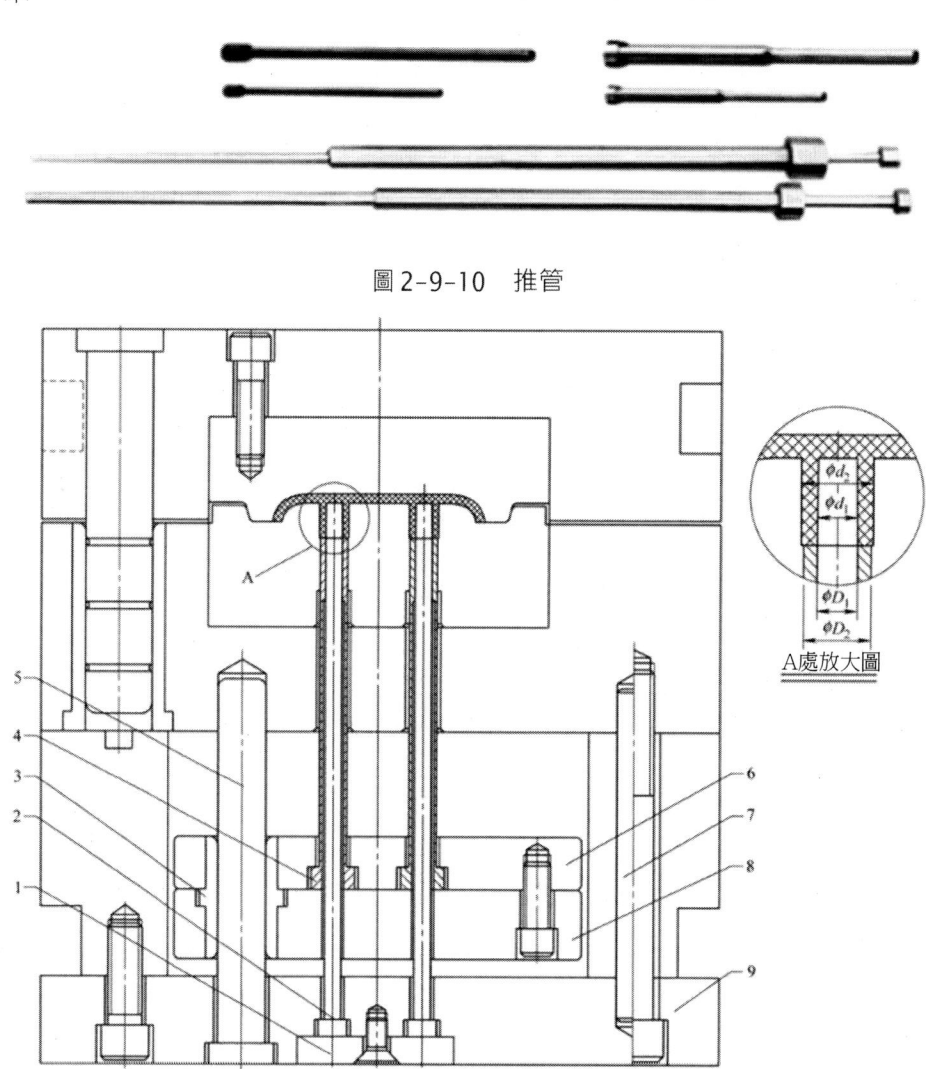

圖2-9-10 推管

A處放大圖

1-擋塊 2-型芯 3-導套 4-推管 5-頂出導柱 6-頂出固定板 7-銷釘 8-頂出板 9-動模座板

圖2-9-11 推管推出機構的典型結構

(1)推管的聯結緊固。

圖2-9-12是推管的基本結構形式，是將型芯固定在動模座板上，將推管固定在推

桿固定板上。圖(a)所示為用台肩固定推管，需另加一塊背板；圖(b)所示為用無頭螺絲將其固定。

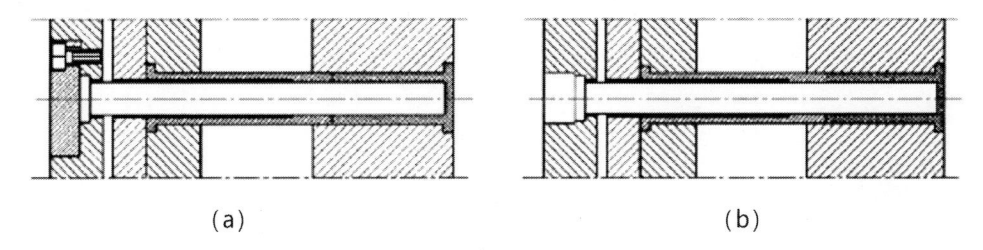

(a)　　　　　　　　　(b)

圖2-9-12　推管的聯結緊固

(2)推管的固定與配合。

推管推出機構中，推管的精度要求較高，間隙控制較嚴。

①推管固定部分的配合。

推管的固定與推桿的固定類似，推管外側與推管固定板之間採用單邊 0.5 mm 的大間隙配合。

②推管工作部分的配合。

推管工作部分的配合是指推管與型芯之間的配合和推管與成型範本的配合。推管的內徑與型芯的配合，當直徑較小時選用 H8/f7 的配合；當直徑較大時選用 H7/f7 的配合。推管外徑與範本上孔的配合，當直徑較小時採用 H8/f8 的配合；當直徑較大時選用 H8/f7 的配合。

3.推板推出機構

針對製品沿周邊都需要推出或製品外表面不允許留下推出痕跡(如透明製品)的情況，可採用推板推出，如圖2-9-13所示。該推出機構適用於筒形塑件、薄壁容器以及各種罩殼形塑件的推出。其主要特點是推出力大、均勻、平穩，塑件不易變形；表面不留推出痕跡；不需設置重定裝置。

塑膠模具結構

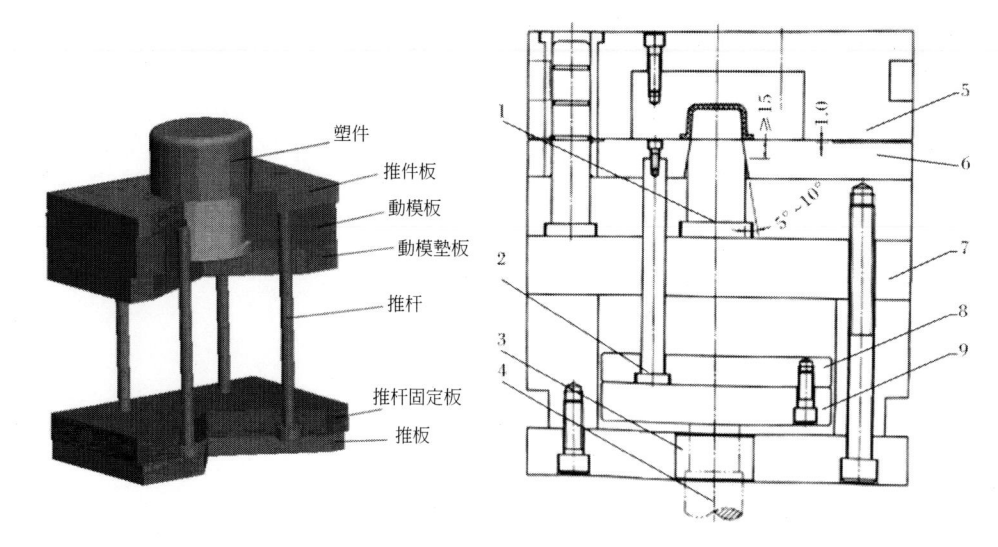

1-型芯 2-推桿 3-KO 孔 4-成型機頂桿 5-定範本 6-推板 7-支承板 8-頂出固定板 9-頂出板
圖2-9-13 推件板推出

(1)推件板推出機構的基本形式。

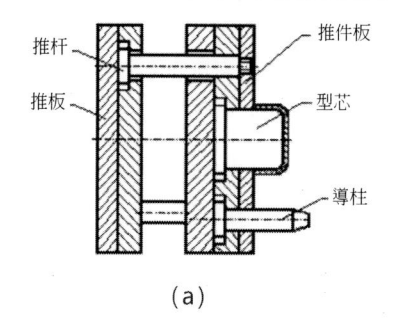

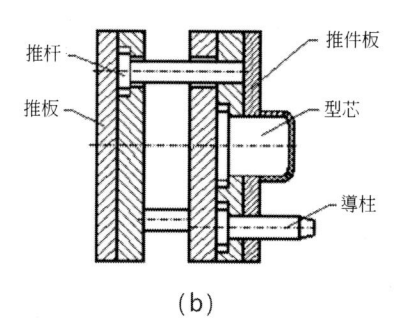

常見推件板推出機構的結構形式,如圖2-9-14所示。

圖(a)為推桿與推件板用螺紋連接,並起定距桿的作用,防止推件板從導柱上脫落。

圖(b)為推桿推動推件板,推件板和推桿僅靠接觸傳力而不互相連接,但只要導柱長度足夠(柱比型芯長),並嚴格控制推出行程,推件板也不會脫落。採用這種結構形式時,應將動模、定模的導柱安裝在動模一側,它同時起推件板的導向作用。

圖(c)是利用注射機兩側的推桿推動推件板的。適於合模系統兩側具有推桿的注射機,由於省去了推出機構,模具結構比較簡單,縮短了模具的閉合高度。由於注射機推桿直接作用在推件板上,這時推件板的長度應該設計得足夠長,以使兩側定桿能推上。

圖(d)推件板鑲入動範本內,推桿端部用螺紋與推件板連接,並且與動範本導向配合,模具機構緊湊。推件板用斜面形式與動範本相接,起推件板輔助定位的作用,同時避免了相對移動而相互損傷的情況。

(a)　　　　　　　　　　　(b)

142

(c) (d)

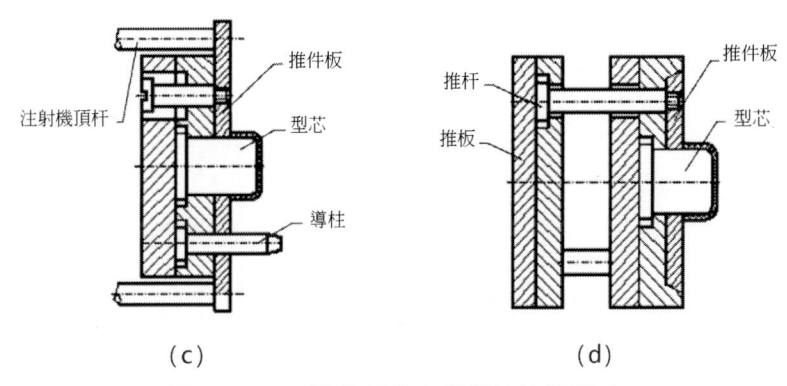

圖2-9-14 推件板推出機構的結構形式

(2)推件板推出的設計要點。

①推件板配合部分應淬硬處理。

②推件板的推出距離不大於導柱有效導向長度。

③推件板與型芯配合間隙一般採用 H8/f8，即單邊配合間隙不大於所用塑膠的溢邊值，不產生溢料飛邊。

④為避免脫模時推板孔的內表面與凸模或型芯的成型面相摩擦，造成凸模迅速擦傷，應該將推板的內孔與型芯面之間留出 0.2～0.3 mm 的間隙。如圖 2-9-15 所示。

⑤通常，推件板與型芯成型面以下的配合段做成錐面，錐面能準確定位，可防止推件板偏心，從而避免溢邊，其單邊斜度取 3°～10°。

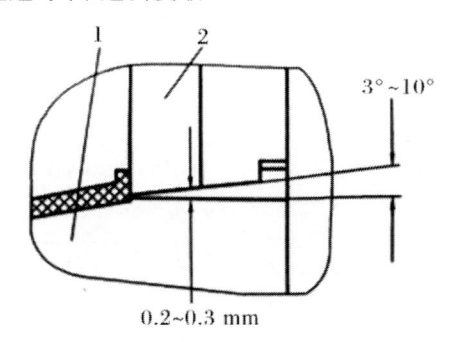

1-型芯；2-推件板

圖2-9-15 推板機構的配合

4.推塊設計要點

推塊結構如圖2-9-16所示。

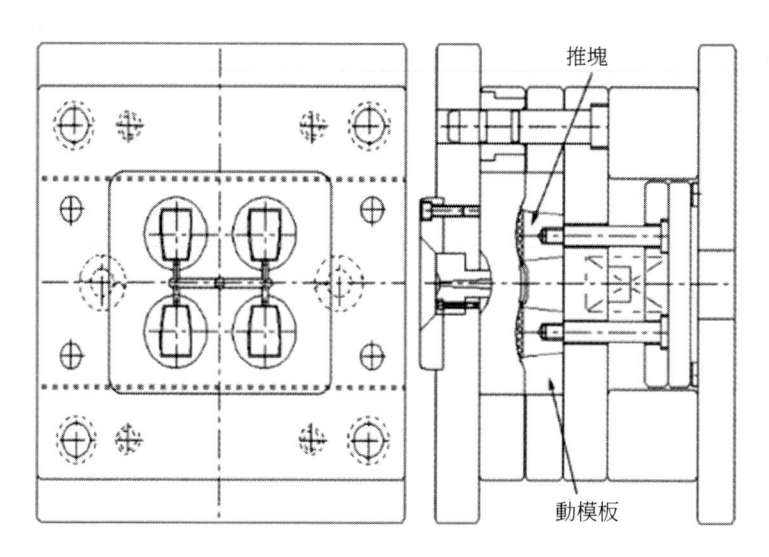

圖2-9-16　推塊結構

(1)推塊應有較高的硬度和較小的表面粗糙度,選用材料應與相配合的範本有一定的硬度差,推塊需滲氮處理(除不銹鋼不宜滲氮外)。

(2)推塊與範本間的配合間隙以不溢料為准,並要求滑動靈活;推塊滑動側面開設潤滑槽。

(3)推塊與範本配合側面應設計成錐面,不宜採用直面配合。

(4)推塊錐面結構應滿足:推出距離(H_1)大於製件推出高度,同時小於推塊高度的一半以上,如圖2-9-17所示。

(5)推塊推出應保證平穩,對較大推塊須設置兩個以上的推桿。

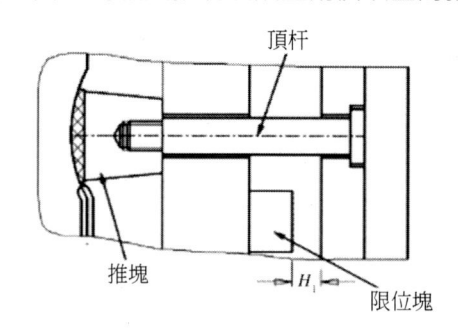

圖 2-9-17　推塊設計要點

三、導向零件

通常由推板導柱和推板導套組成,簡單的小模具也可以由推板導柱直接與推桿固定板上的孔組成。對於型腔簡單、推桿數量少的小模具，還可以利用復位桿作為推出機構的導向。

常用的導向形式如圖2-9-18所示。

圖(a)是推板導柱固定在動模座板上的形式，推板導柱也可以固定在支承板上。

圖(b)中推板導柱的一端固定在支承板上，另一端固定在動模座板上，適於大型注射模。

圖(c)為推板導柱固定在支承板上，且直接與推桿固定板上的導向孔相配合。前兩種形式導柱除了導向作用外，還起支承動模支承板的作用。對於中小型模具，推板導柱可以設置兩根，對於大型模具需安裝四根。

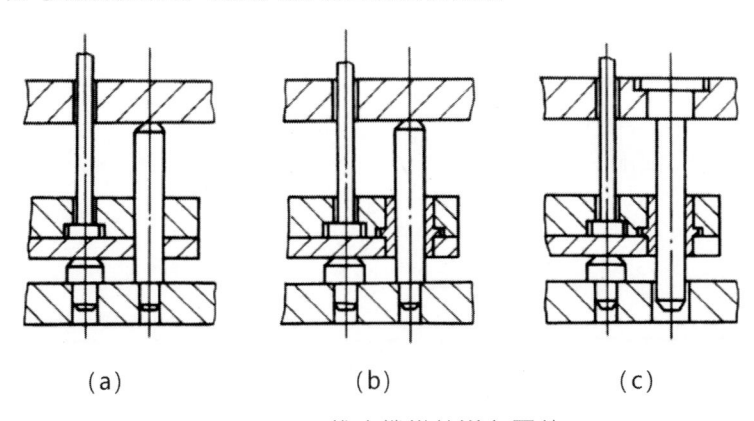

(a)　　　　　(b)　　　　　(c)

圖2-9-18 推出機構的導向零件

四、重定零件

在推出機構完成塑件脫模後，為了繼續注射成型，推出機構必須回到原來的位置。為此，除推件板脫模外，其他脫模形式一般均需要設置重定桿。常見形式有以下幾種。

(1)彈性重定裝置。利用壓縮彈簧的回復力使推出機構復位，其復位先於合模動作完成。如圖2-9-19(a)所示。設計時應防止推出後推桿固定板把彈簧壓死，或者彈簧已被壓死而推出還未到位。彈簧應安裝在推桿固定板的四周，一般為四個，常安裝在復位桿上，也可將彈簧對稱地設置在推桿固定板上，此外，還可設置在推板導柱上。

(2)復位桿。重定桿在結構上與推桿相似，所不同的是它與範本的配合間隙較大，同時復位桿推面不應高出分型面，如圖2-9-19(b)所示。

(3)推桿的兼用形式。在塑件的幾何形狀和模具結構允許的情況下，可利用推桿使推出機構復位，如圖2-9-19(c)所示。

(a)　　　　　　　　　　(b)　　　　　　　　　　(c)

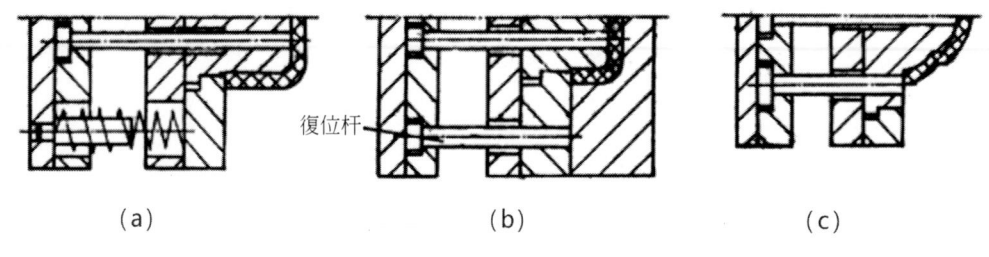

復位桿

圖2-9-19　推出機構的復位

五、二次推出機構

考慮到塑件形狀特殊或生產自動化的需要,在一次脫模推出動作後,塑件仍難於從型腔中取出或不能自動脫落時,必須再增加一次脫模推出動作,才能使塑件脫模,有時為了避免一次脫模推出使塑件受力過大,也採用二次脫模推出,以保證塑件質量,這類脫模機構稱為二次推出機構。

1.單推板二次推出機構

單推板二次推出機構是指在推出機構中只設置了一組推板和推桿固定板,而另一次推出則是靠一些特殊零件來實現。

(1)彈簧式二次推出機構。

利用壓縮彈簧的彈力作用實現第一次推出,然後再由推桿實現第二次推出。如圖 2-9-20 所示即為彈簧式二次推出機構的示例。圖(a)為開模時推出前的狀態;從開模分型開始,彈簧力就開始作用,使動範本4不隨動模一起移動,從而使塑件從型芯 2 上脫出,完成第一次推出,如圖(b)所示;最後,動模部分的推出機構工作,推桿3將塑件從動範本型腔中推出,完成第二次推出,如圖(c)所示。設計這種推出機構時,必須注意動作過程的順序控制。剛開模時,彈簧不能馬上起作用,否則塑件開模後會留在定模一側,使二次脫模無法進行。另外,要實現彈簧二次推出,必須設置順序定距分型機構。

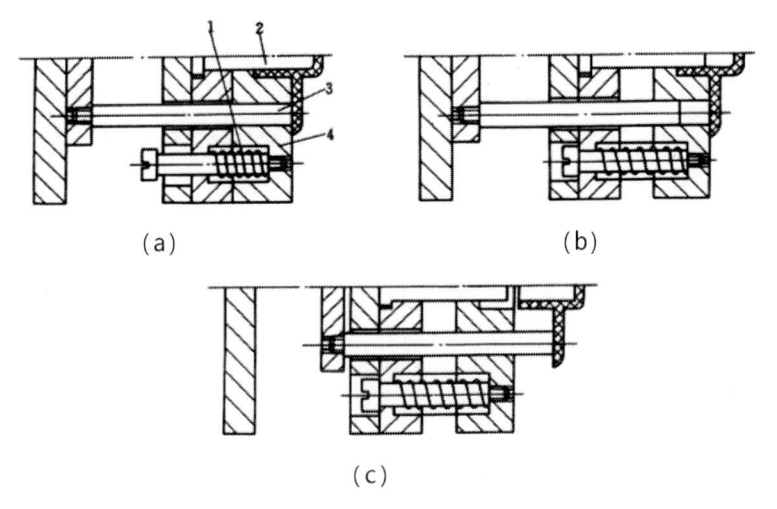

1-彈簧；2-型芯；3-推桿；4-動範本

圖2-9-20 彈簧式二次推出機構

(2)擺塊拉桿式二次推出機構。

擺塊拉桿式二次推出機構是由固定在動模的擺塊和固定在定模的拉桿來實現二次推出的，如圖 2-9-21 所示。圖(a)為注射結束的合模狀態，開模後，固定在定模一側的拉桿10拉住安裝在動模一側的擺塊7，使擺塊7推動動模型腔板9，使塑件從型芯3上脫出，完成第一次推出，如圖(b)所示，動模繼續後移，推桿 11 將塑件從動模型腔中推出，完成第二次推出，如圖(c)所示。圖中彈簧8的設置是使擺塊與動範本始終接觸。

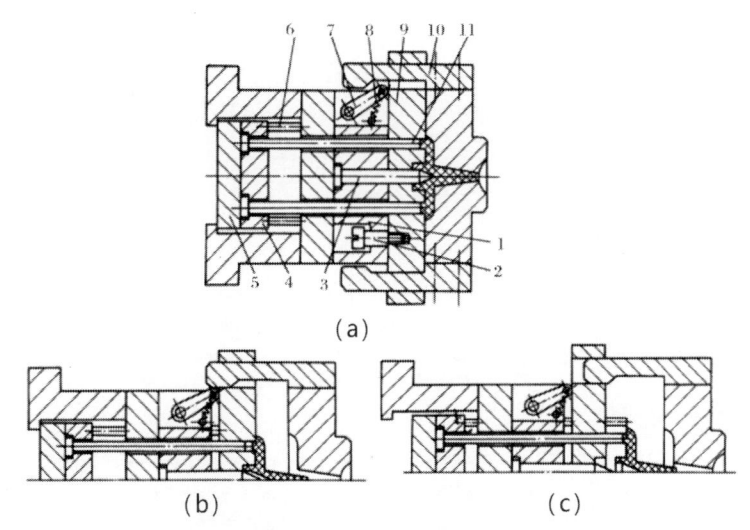

1-支承板；2-定距螺釘；3-型芯；4-推桿固定板；5-推板；
6-復位桿；7-擺塊；8-彈簧；9-動模型腔板；10-拉桿；11-推桿

圖2-9-21 擺塊拉桿式二次推出機構

(3)斜楔滑塊式二次推出機構。

如圖2-9-22所示是斜楔滑塊式二次推出機構，這種機構是利用斜楔6驅動滑塊4來完成第二次推出的。圖(a)是開模後推出機構尚未工作的狀態；當動模移動一定距離後，注射機頂桿開始工作，推桿8和中心推桿10同時推出，塑件從型芯上脫下，但仍留在凹模型腔7內，與此同時，斜楔6與滑塊4接觸，使滑塊向模具中心滑動，如圖(b)所示，第一次推出結束；滑塊繼續移動，推桿8後端落入滑塊的孔中，在接下來的分模過程中，推桿8不再具有推出作用，而中心推桿10仍在推著塑件，從而使塑件從凹模型腔內脫出，完成第二次推出，如圖(c)所示。

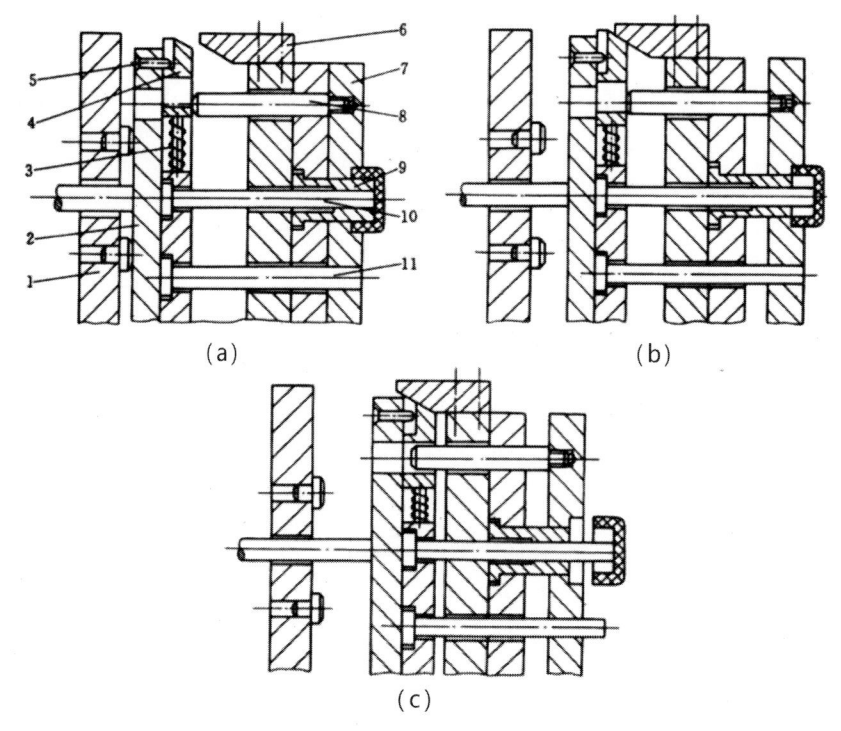

1-動模座板；2-推板；3-彈簧；4-滑塊；5-銷釘；6-斜楔；
7-凹模型腔；8-推桿；9-型芯；10-中心推桿；11-復位桿

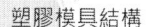

圖2-9-22 斜楔滑塊式二次推出機構

2.雙推板二次推出機構

雙推板二次推出機構是在模具中設置兩組推板，它們分別帶動一組推出零件實現二次脫模的推出動作。

(1)三角滑塊式二次推出機構。

如圖2-9-23所示為三角滑塊式二次推出機構，該機構中三角滑塊2安裝在一次推板1的導滑槽內,斜楔桿5固定在動模支承板上。圖(a)所示是剛分模狀態;注射機頂桿開始工作後,推桿6、9及動模型腔板7一起向前移,使塑件從型芯8上脫下,完成第一次推出,此時斜楔桿5與三角滑塊2開始接觸,如圖(b)所示;推出動作繼續進行,由於三角滑塊2在斜楔桿5斜面作用下向上移動,使其另一側斜面推動二次推板3,使推桿9推出距離超前於動模型腔板7,從而使塑件從型腔板中推出,完成第二次推出,如圖(c)所示。

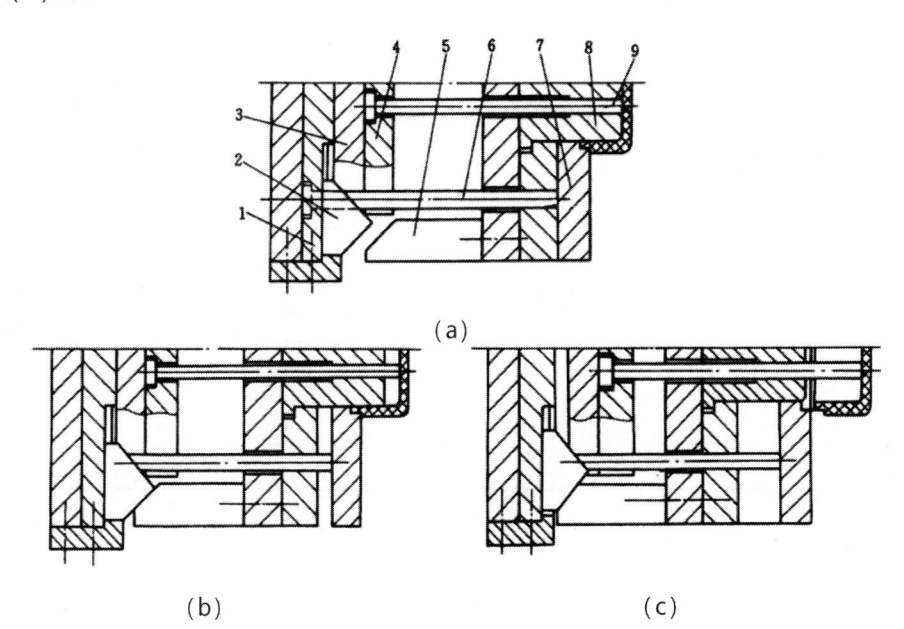

1-一次推板;2-三角滑塊;3-二次推板;4-推桿固定板;
5-斜楔桿;6、9-推桿;7-動模型腔板;8-型芯

圖2-9-23 三角滑塊式二次推出機構

(2)擺鉤式二次推出機構。

如圖2-9-24所示是擺鉤式二次推出機構,其擺鉤5用轉軸固定在一次推板6上,並用彈簧拉住。圖(a)為剛開模狀態;當推出機構工作時,注射機頂桿推動二次推板7,由於擺鉤5的作用,一次推板6也同時被帶動,從而使推桿8推動動模型腔板3與推桿2同時向前移動,使塑件從型芯1上脫出,完成第一次推出,如圖(b)所示,此時,擺桿與支承板接觸且脫鉤,限位螺釘4限位,一次推板6停止移動;繼續推出時,推桿2將塑件推出動模型腔板了,完成第二次推出,如圖(c)所示。

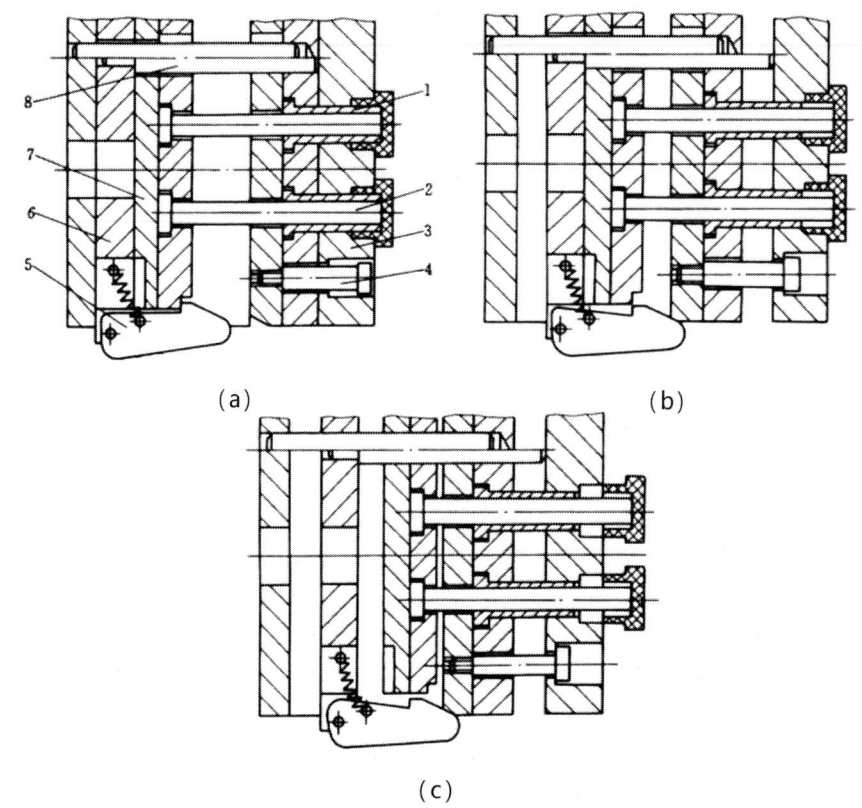

1-型芯 2、8-推桿 3-動模型腔板 4-限位螺釘 5-擺鉤 6-一次推板 7-二次推板

圖2-9-24 擺鉤式二次推出機構

(3)"八"字擺桿式二次推出機構。

如圖2-9-25所示是"八"字擺桿式二次推出機構，其"八"字擺桿6用轉軸固定在和動模支承板連接在一起的支塊7上。圖(a)為開模狀態；推出時，注射機頂桿接觸一次推板1，由於定距塊3的作用，使推桿5和推桿2一起動作將塑件從型芯10上推出，直到"八"字擺桿6與一次推板1相碰為止，完成第一次推出，如圖(b)所示；繼續推出時，推桿2繼續推動動模型腔板9，而"八"字擺桿6在一次推板1的作用下繞支點轉動，使二次推板4運動的距離大於一次推板運動的距離，塑件便在推桿5的作用下從動模型腔板9內脫出，完成第二次推出，如圖(c)所示。

(a)

(b)

(c)

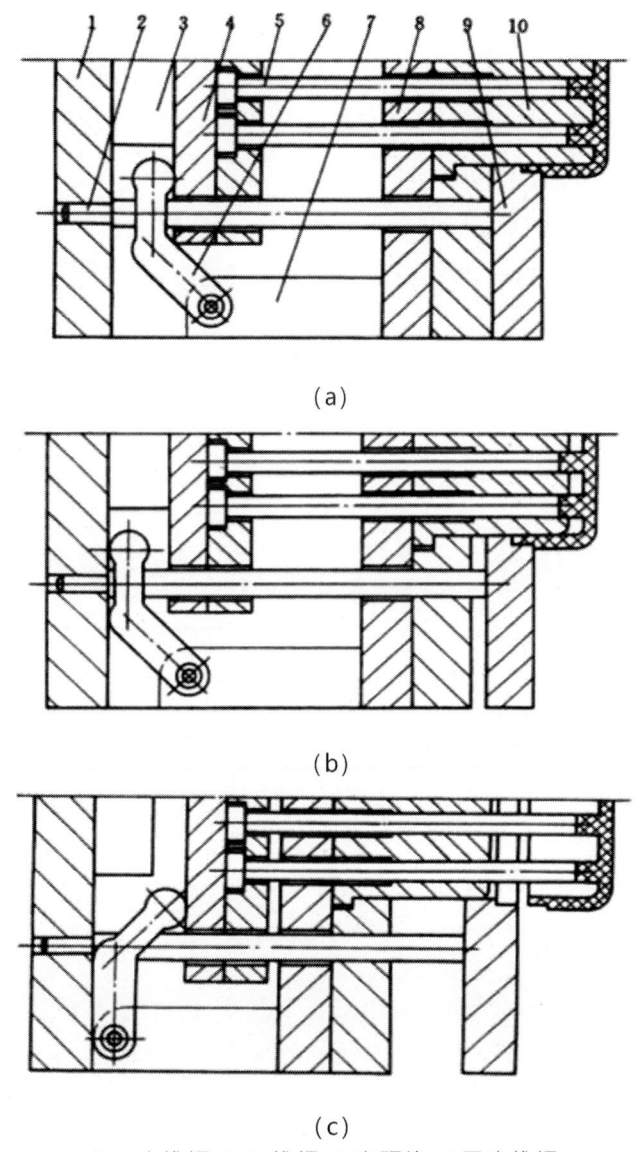

1-一次推板；2、5-推桿；3-定距塊；4-二次推板；
6-"八"字擺桿；7-支塊；8-支承板；9-動模型腔板；10-型芯

圖2-9-25 "八"字擺桿式二次推出機構

六、定、動模雙向順序推出機構

在實際生產過程中，有些塑件因其形狀特殊，開模後既有可能留在動模一側，也有可能留在定模一側，甚至也有可能塑件對定模的包緊力明顯大於對動模的包緊力而會留在定模。為了讓塑件順序脫模，除了可以採用在定模部分設置推出機構的方

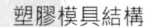

法以外，還可以採用定、動模雙向順序推出機構，即在定模部分增加一個分型面，在開模時確保該分型面首先定距打開，讓塑件先從定模型芯上脫模，然後在主分型面分型時，塑件能可靠地留在動模部分，最後由動模推出機構將塑件推出脫模。

(1)彈簧雙向順序推出機構。

如圖2-9-26所示為彈簧雙向順序推出機構。開模時，彈簧6始終壓住定模推件板3，迫使塑件從定模A分型面處首先分型，從而使塑件從型芯5上脫出而留在動範本2內，直至限位螺釘4端部與定範本7接觸，定模分型結束。動模繼續後退，主分型面B分型，在推出機構工作時，推管1將塑件從動模型腔內推出。

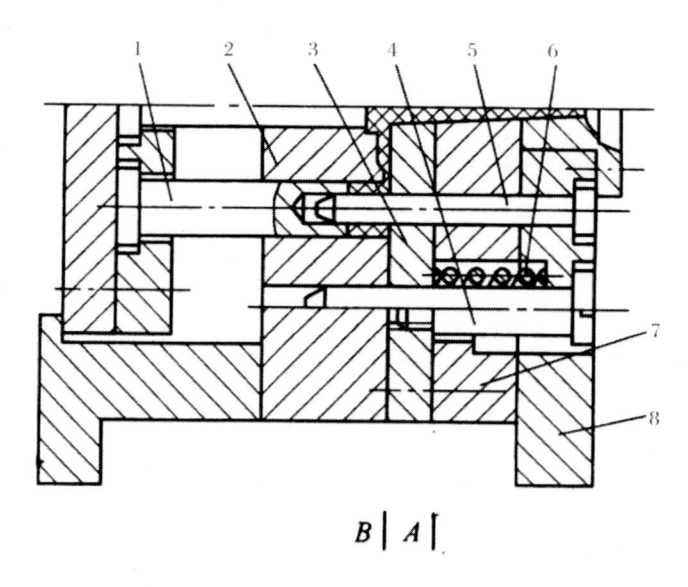

1-推管 ;2-動範本 ;3-定模推件板 ;4-限位螺釘 ;5-型芯 ;6-彈簧 ;7-定範本 ;8-定模座板

圖2-9-26 彈簧雙向順序推出機構

(2)擺鉤式雙向順序推出機構。

如圖2-9-27所示為擺鉤式雙向順序推出機構。開模時，由於擺鉤8的作用使A分型面分型，從而使塑件從定模型芯4上脫出，由於壓板6的作用，使擺鉤8脫鉤，然後限位螺釘7限位元，定模部分A分型面分型結束。繼續開模，動、定模在B分型面分型，最後，動模部分的推出機構工作，推管1將塑件從動模型芯2上推出。

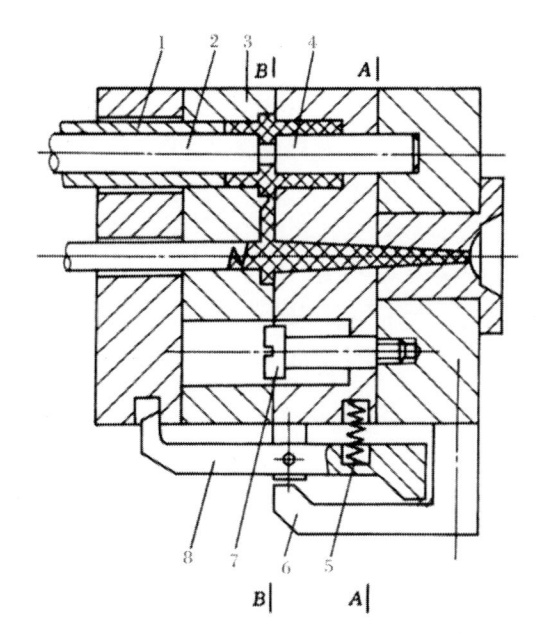

1-推管 2-動模型芯 3-動範本 4-定模型芯 5-彈簧 6-壓板 7-限位螺釘 8-擺鉤
圖2-9-27 擺鉤式雙向順序推出機構

(3)滑塊式雙向順序推出機構。

如圖2-9-28所示為滑塊式雙向順序推出機構。開模時，由於拉鉤2鉤住滑塊3，因此，定範本5與定模座板7在A處先分型，塑件從定模型芯上脫出，隨後壓塊1壓住滑塊3內移而脫開拉鉤2，由於限位拉板6的定距作用，A分型面分型結束。繼續開模時，主分型面B分型，塑件包在動模型芯上留在動模裡，最後推出機構工作，推桿將塑件從動模型芯上推出。

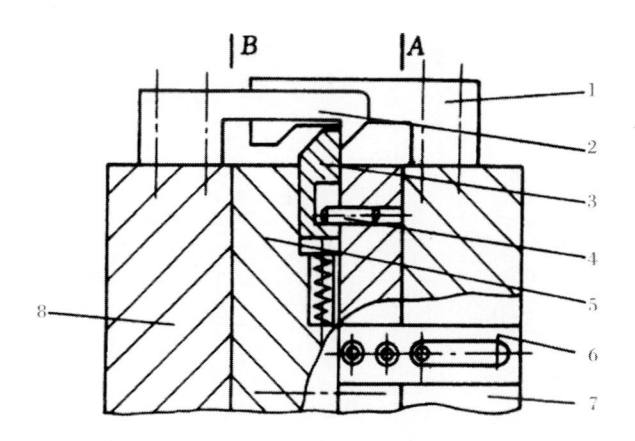

1-壓塊 2-拉鉤 3-滑塊 4-限位塊 5-定範本 6-限位拉板 7-定模座板 8-動範本
圖2-9-28 滑塊式雙向順序推出機構

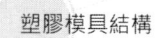

任務評價

(1)根據圖 2-3-12 塑膠儀錶蓋要求確定該模具推出機構類型及尺寸。

(2)根據塑膠儀錶蓋模具推出機構設計情況進行評價,見表 2-9-4。

表2-9-4 塑膠儀錶蓋模具推出機構設計評價表

評價內容	評價標準	分值	學生自評	教師評價
推出機構的類型	是否合理	20分		
推出機構尺寸的確定	分析是否合理	30分		
推出機構的佈置	分析是否合理	30分		
資料查閱	是否能夠有效利用手冊、電子資源等	10分		
情感評價	是否積極參與課堂活動、與同學協作完成任務情況	10分		
學習體會				

任務十 設計模具冷卻系統

任務目標
(1)認識模具冷卻水路的作用及類型。
(2)能根據塑件要求合理設計冷卻系統。

任務分析
根據平板件的要求及已確定的模具總體結構方案,設計模具的冷卻系統和排氣系統,並繪製冷卻水路佈置圖。

任務實施
本塑件壁厚均為3 mm,製品總體尺寸較小,為80 mm×32 mm×3 mm,確定水孔直徑為 8 mm。在型腔和型芯上均採用直流迴圈式冷卻裝置。由於動模、定模均為鑲拼式,受結構限制,冷卻水路佈置如圖2-10-1所示。

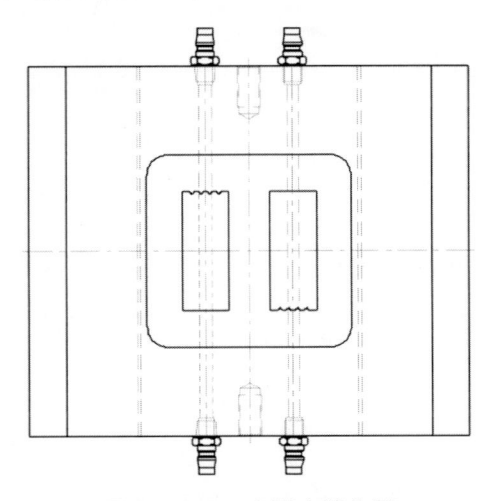

圖2-10-1 冷卻水路佈置

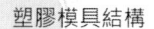

相關知識

注射成型中，模溫高低直接影響製品的品質和成型週期。必須對模溫進行有效的控制，使模溫保持在一定範圍之內。對大多數要求較低模溫的塑膠，模具需設置冷卻系統；對模溫超過 80 ℃的模具及大型注射模具，需設置加熱系統。

一、冷卻系統設計原則

(1)合理確定冷卻管道的中心距及冷卻管道與型腔壁的距離。冷卻管道中心線與型腔壁的距離為冷卻管道直徑的 1～2 倍(常用 12～15 mm)。冷卻管道的中心距為管道直徑的 3～5 倍，如圖 2-10-2 所示。冷卻水路的直徑應優先採用大於 8 mm 水路，且各水路的直徑應儘量相同，避免由於因水路直徑不同而造成的冷卻液流速不均。

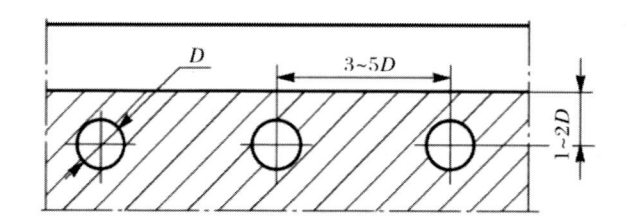

圖2-10-2　冷卻水路的孔徑與位置關係

(2)水孔與型腔表面各處距離應儘量均勻，如圖2-10-3(a)所示；當塑件的壁厚不均勻時，水孔位置可參照圖2-10-3(b)的方式排列。

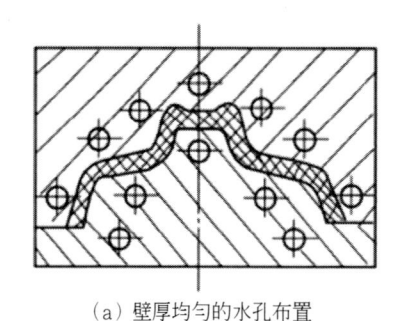

(a) 壁厚均勻的水孔布置　　　　(b) 壁厚不均勻的水孔布置

圖2-10-3　水孔與型腔表面各處應儘量距離相同

(3)熱量聚集大、溫度上升高的部位應加強冷卻。如熔體充模時，澆口附近溫度較高，因此在澆口附近應加強冷卻，這時可將冷卻回路的入口設在澆口附近，如圖2-10-4所示。

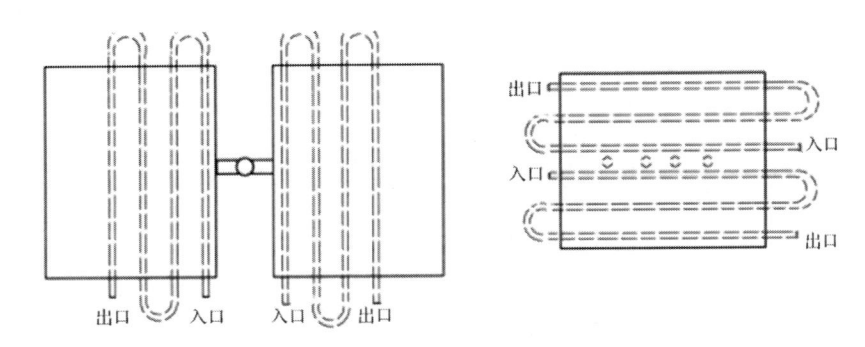

圖2-10-4 應加強澆口附近的冷卻

(4)應降低出水口與入水口的溫差。從均勻冷卻的方案考慮，對冷卻液在出、入口處的溫差，一般希望控制在5℃以下，而精密成型模具和多型腔模具的出、入口溫差則要控制在3℃以下。降低出水口與入水口的溫差可以使型腔表面的溫度分佈均勻。

可以採取以下措施降低溫差：①減小冷卻回路的長度，可將一段回路改為兩段回路，如圖2-10-5所示。②改變冷卻管道的排列方式，如圖2-10-6所示。

(a)改進前　　　　　　　　　(b)改進後

圖2-10-5 減小冷卻回路長度

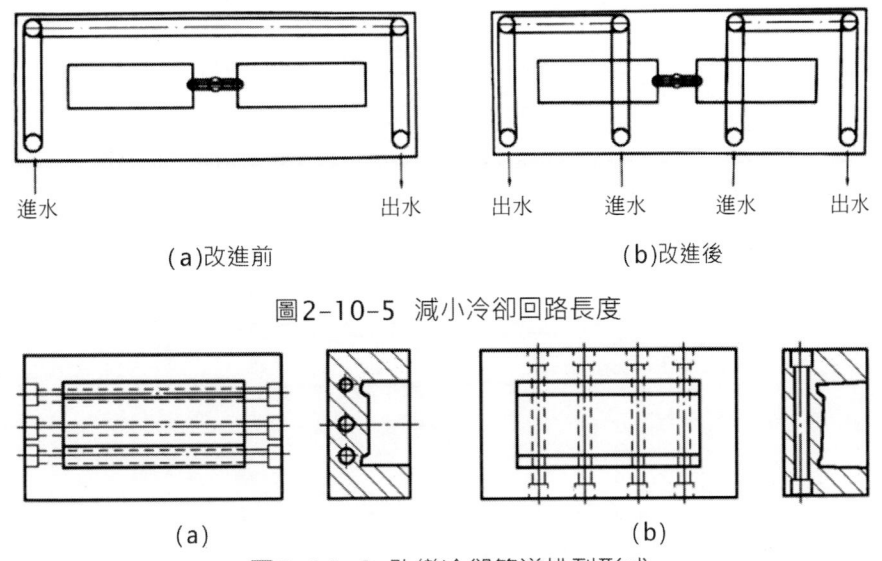

圖2-10-6 改變冷卻管道排列形式

二、常見的冷卻回路佈局形式

1.單層冷卻回路

(1)單層外接直通式。

如圖2-10-7所示。外接直通式冷卻水路是在範本上打直通孔與模外軟管連接構成單回路或多回路。這種冷卻水路加工容易，但冷卻水路不是圍繞型腔設置，在成型過程中，製品的散熱不夠均勻。

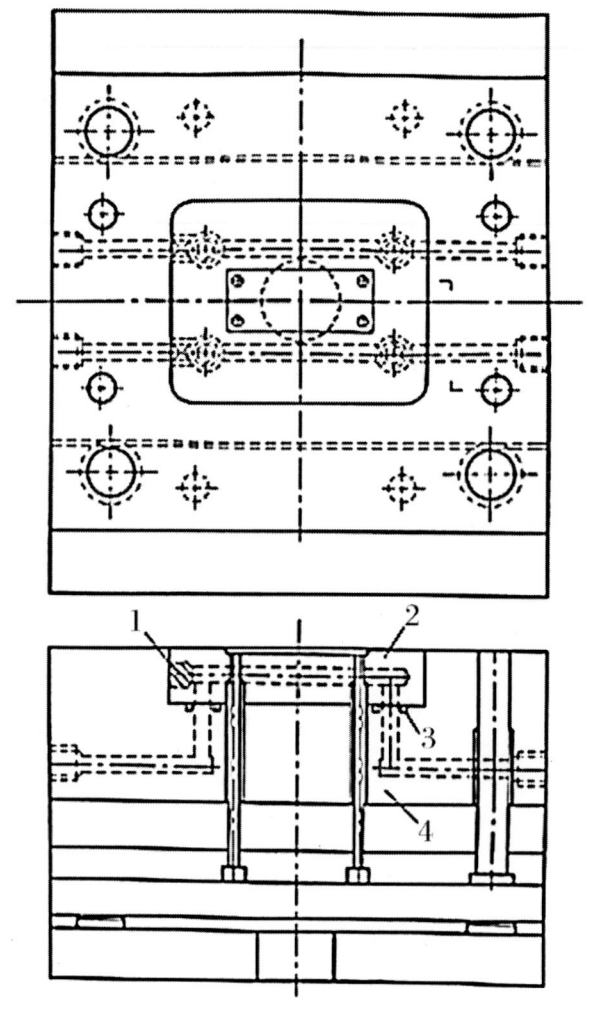

圖 2-10-7　單層外接直通式

(2)單層平面回路式。

單層平面回路式冷卻水路通常採用打相交直孔 鑲入擋板 堵頭等控制冷卻水流向的方法構成模內回路。根據具體情況也可以設計成單回路或者多回路 如圖 2-10-8 所示 這種水路排列對於模腔的散熱略好於外接直通式。

2.環槽式冷卻水路

環槽式冷卻水路是在範本上打孔與加工在鑲拼或範本上的環形槽連接構成單回路或多回路。這種冷卻水路正好圍繞鑲件分佈 對於模腔的散熱較好 並可以在範本上打孔將鑲件或範本上的環形槽串聯 構成用於鑲入式多腔模的環槽式水路。如圖 2-10-9 所示。

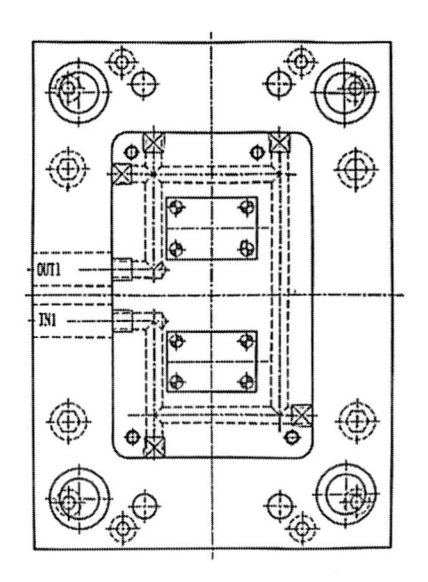

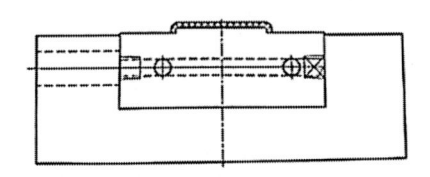

圖2-10-8 單層平面回路式冷卻水路

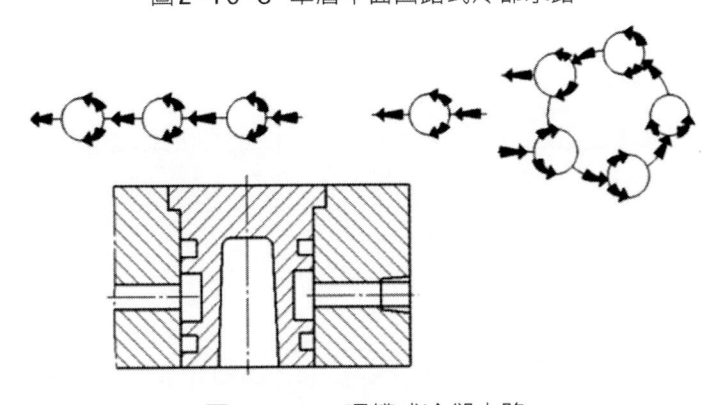

圖2-10-9 環槽式冷卻水路

3.多層冷卻水路

(1)螺旋式冷卻水路。

對於圓形鑲件的冷卻，可以在鑲件的外表面加工出螺旋槽，並將其進出口透過範本與模外連通，構成螺旋式冷卻水路，這樣可以對圓形鑲件進行充分的冷卻，如圖2-10-10所示。

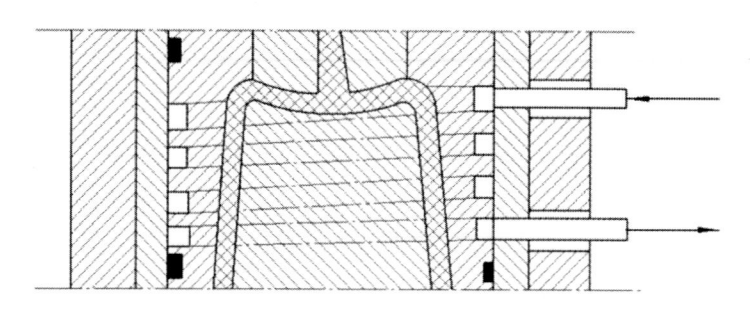

圖2-10-10　螺旋式冷卻水路

(2)多層平面回路式冷卻水路。

對於深型腔的塑件模具，要對型腔進行充分冷卻，單層的冷卻回路顯然不適合，因此在沿型腔深度方向佈置多層平面回路式冷卻水路，可以對深型腔進行比較充分的冷卻，如圖 2-10-11 所示。

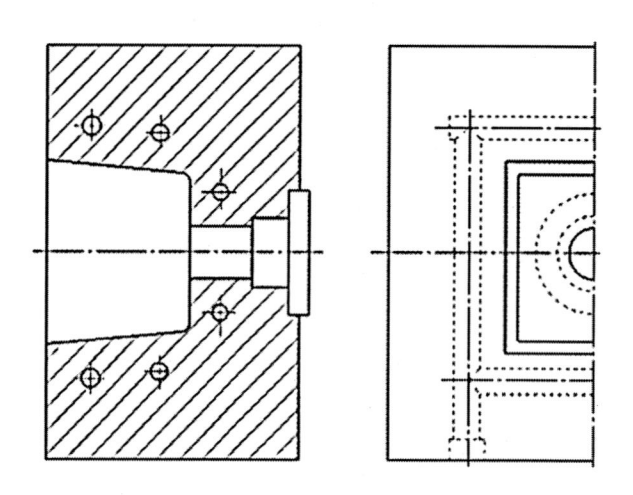

圖2-10-11　多層平面回路式冷卻水路

三、凸模(型芯)冷卻水路的設置

1.鑽孔式型芯冷卻水路

對於中等高度的較大型芯，可採用在型芯上鑽斜孔的方法構成冷卻水路，如圖 2-10-12 所示。

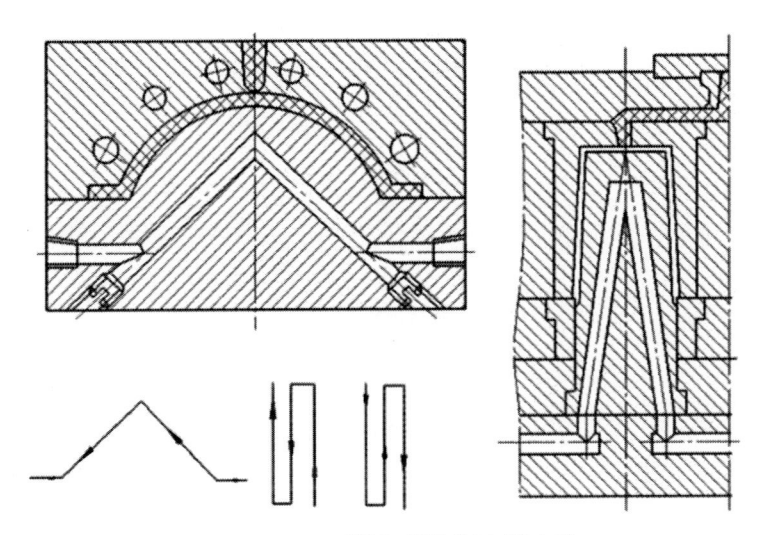

圖2-10-12 鑽孔式型芯冷卻水路

2.噴泉式冷卻水路

這種結構形式主要用於長型芯的冷卻。如圖2-10-13所示，以水管代替型芯鑲件，結構簡單，成本較低，對於中心澆口冷卻效果較好。這種形式既可用於細小型芯的冷卻，也可用於大型芯的冷卻或多個小型芯的並聯冷卻。

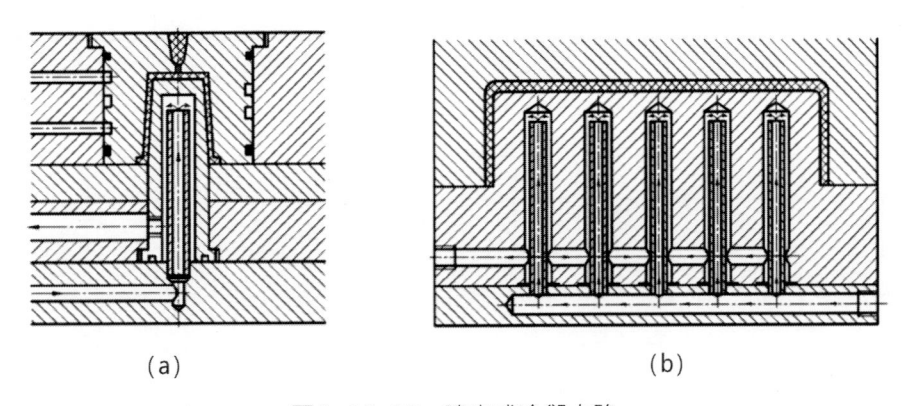

圖2-10-13 噴泉式冷卻水路

3.隔板式冷卻水路

如圖2-10-14所示，在型芯中打出冷卻孔後，內裝一塊隔板將孔隔成兩半，僅在頂部相通形成回路。它適用於大型芯的冷卻或多個小型芯的並聯冷卻，但冷卻水的流程較長。

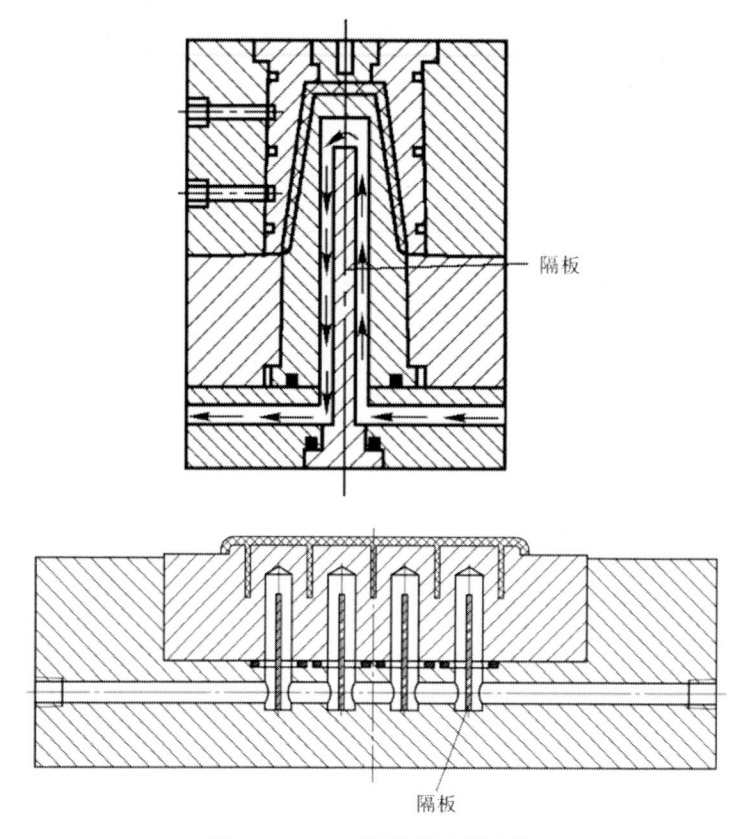

圖2-10-14 隔板式冷卻水路

4.螺旋槽式冷卻水路

在型芯尺寸、力學強度允許的前提下，在型芯中加入帶有螺旋的水槽鑲件，以如圖 2-10-15 所示的方式對其溫度進行控制，可獲得極佳的效果。但是這種鑲件形狀複雜，會因加工難度大而增加模具的製造費用。

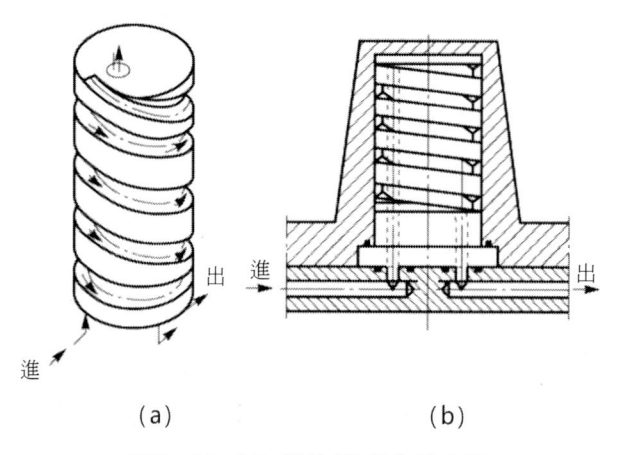

(a)　　　(b)

圖2-10-15 螺旋槽式冷卻水路

四、冷卻系統的相關尺寸

水路直徑可根據塑膠製件的壁厚制訂,一般不超過 14 mm,否則難以實現紊流。

(1)直通式水路,常見相關尺寸見表 2-10-1 和表 2-10-2。

表2-10-1　塑膠製件壁厚與相應直通式水路直徑　　單位/mm

塑膠製件壁厚 t	水路直徑 d
<2	8~10
<4	10~12
<6	12~14

表2-10-2　直通式水路其他相關尺寸　　單位/mm

模具大小	a	b	h
<350×350	>10	>7	(3~5 倍)×水路直徑≥30
350×350~450×450	>10	>10	
450×450~600×600	>10	>12	
600×600~800×800	>10	>15	
>800×800	>10	>20	

(2)隔水片冷卻,常見相關尺寸如圖 2-10-16 所示。

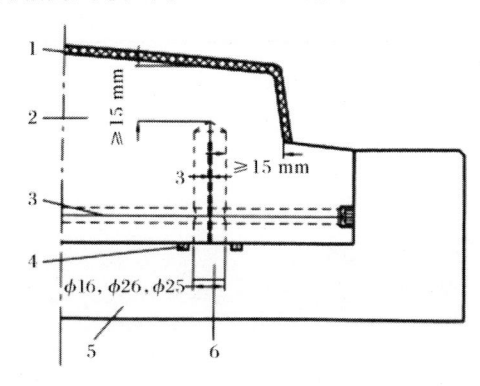

1-塑膠製件;2-動模鑲件(型芯);3-水路;4-密封圈;5-動範本;6-隔水板
圖2-10-16　隔水片冷卻系統的相關尺寸

五、模具的加熱

當注射模具工作溫度要求在80℃以上時,必須設置加熱系統。根據熱源不同,模具加熱的方式分為電加熱(包括電阻加熱和感應加熱,後者應用較少)、油加熱、蒸汽加熱、熱水或過熱水加熱等。其中,電阻加熱應用比較廣泛。

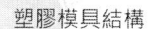

電阻加熱的優點是：結構簡單、製造容易、使用和安裝方便、溫度調節範圍較大、沒有污染等，缺點是：耗電量較大。電阻加熱裝置有三種。

(1)電阻絲加熱。

將事先繞制好的螺旋彈簧狀電阻絲作為加熱元件，外部穿套特製的絕緣瓷管後，裝入模具中的加熱孔道，一旦通電，便可對模具直接加熱。

(2)電熱套或電熱板加熱。

電熱套是將電阻絲繞制在雲母片上之後，再裝夾進一個特製金屬框套內而製成的，雲母片起絕緣作用。如圖2-10-17所示，圖(a)為矩形電熱套；圖(b)、(c)為圓形電熱套。如果模具上不便安裝電熱套，可採用平板框套構成的電熱板，如圖(d)所示。

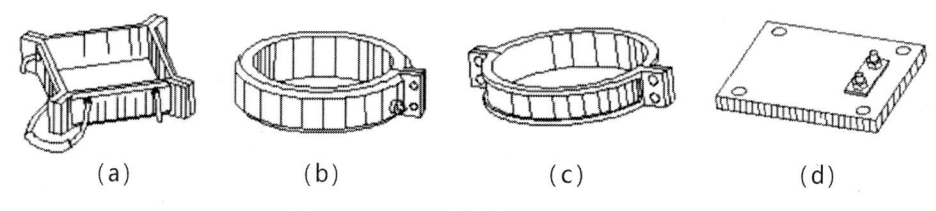

(a)　　　　(b)　　　　(c)　　　　(d)

圖2-10-17　電熱套和電熱板

(3)電熱棒加熱。

電熱棒是一種標準加熱元件，它是將具有一定功率的電阻絲密封在不銹鋼內製成的。使用時，在模具上適當的位置鑽孔，然後將其插入，並裝上熱電偶通電即可。

任務評價

(1)根據圖2-3-12塑膠儀錶蓋塑件模具結構確定冷卻系統類型及尺寸，畫在空白處。

(2)根據塑膠儀錶蓋冷卻水路設計情況進行評價，見表2-10-3。

表2-10-3　塑膠儀錶蓋冷卻水路設計評價表

評價內容	評價標準	分值	學生自評	教師評價
冷卻水路佈置情況	是否合理	40分		
冷卻水路尺寸確定及依據	是否合理	40分		
資料查閱	是否能夠有效利用手冊、電子資源等	10分		

續表

評價內容	評價標準	分值	學生自評	教師評價
情感評價	是否積極參與課堂活動、與同學協作完成任務情況	10分		
學習體會				

(3)實訓練習。

參考平板件模具裝配圖 2-10-18、型腔零件圖 2-10-19、型芯零件圖 2-10-20，繪製塑膠儀錶蓋的裝配圖及型腔型芯零件圖。

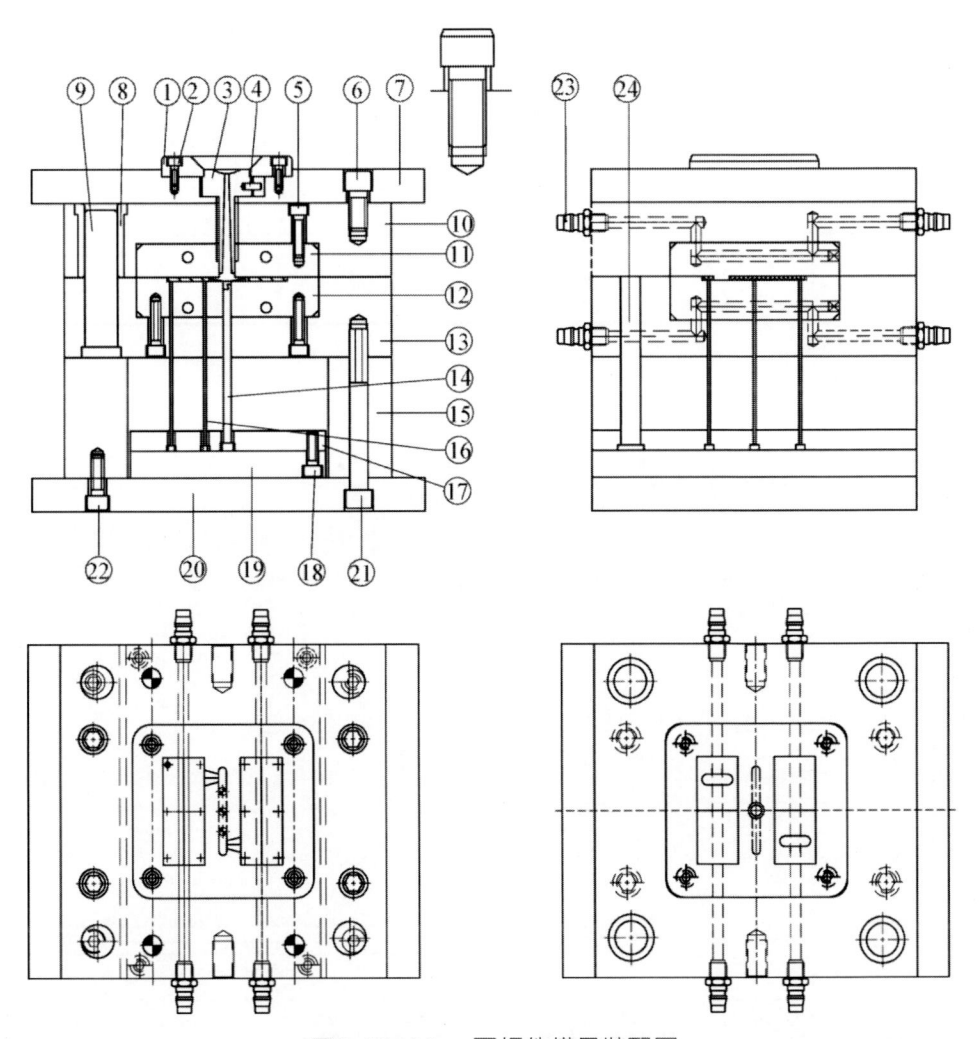

圖2-10-18　平板件模具裝配圖

塑膠模具結構

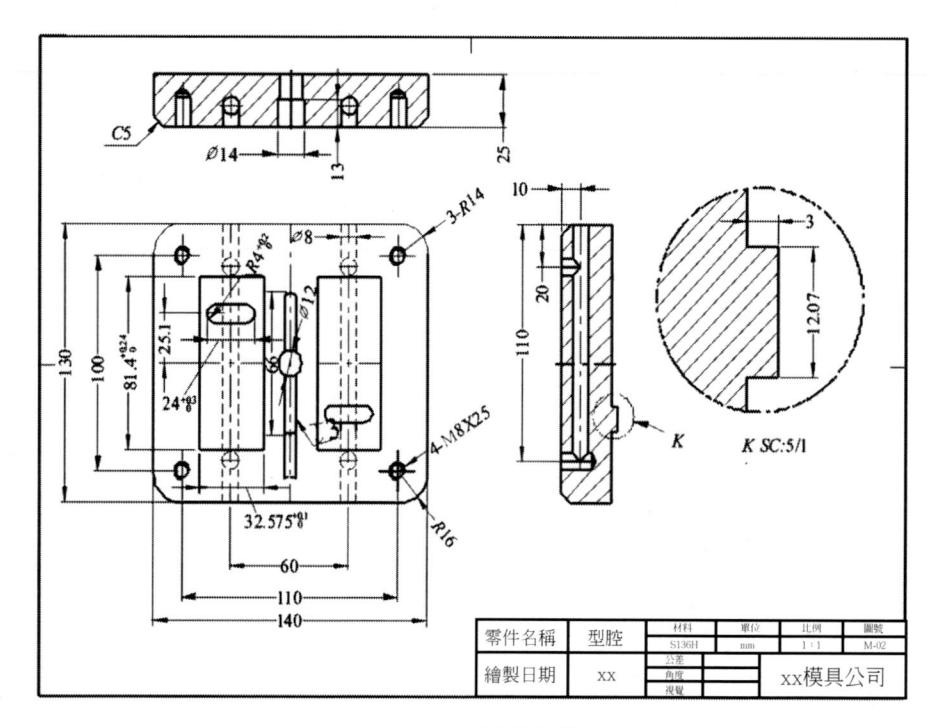

圖2-10-19　型腔零件圖

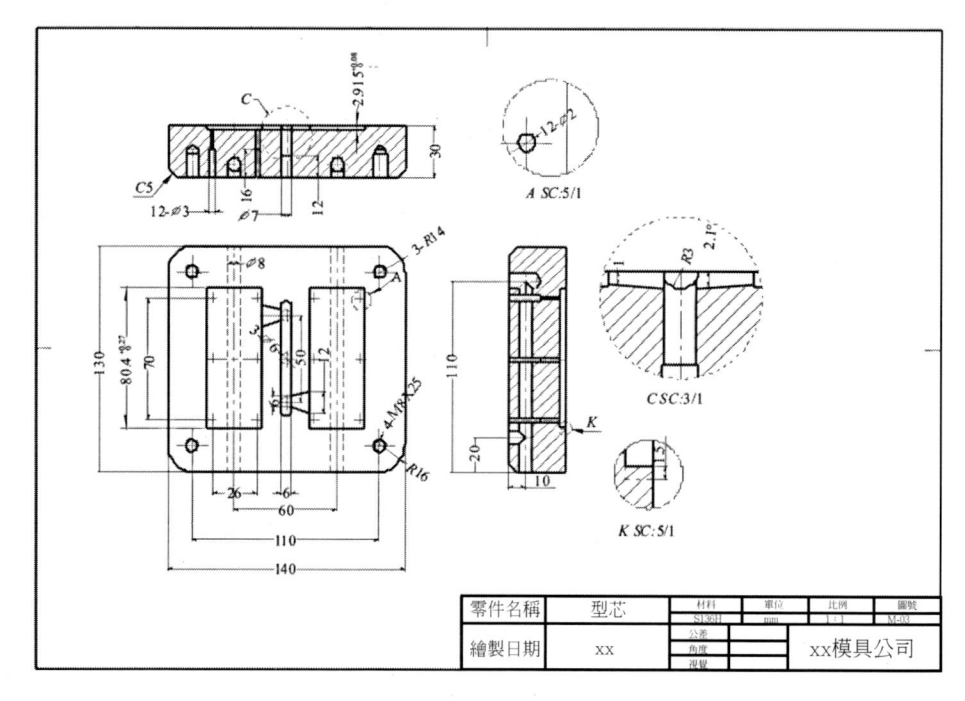

圖2-10-20　型芯零件圖

直齒輪模具結構設計

　　點澆口是一種非常細小的澆口，又稱為針澆口。它在製件表面只留下針尖大小的一個痕跡，不會影響製件的外觀。由於點澆口的進料平面不在分型面上，而且點澆口為一倒錐形，所以模具必須專門設置一個分型面作為取出澆注系統凝料所用，因此出現了雙分型面注射模。

　　本項目以直齒輪為載體來介紹雙分型面注射模的典型結構及設計要點等知識，並完成以下幾個方面的工作。

　　根據下圖所示塑件零件圖完成以下任務：根據提供的塑件零件圖完成整套注射模具的設計。

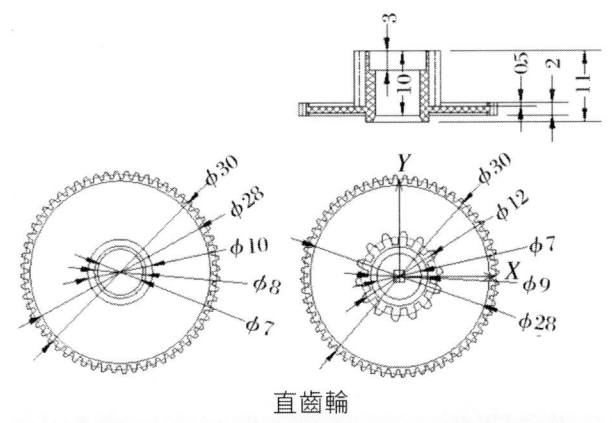

直齒輪

目標類型	目標要求
知識目標	(1)掌握雙分型面注射模的典型結構及結構組成 (2)熟悉雙分型面注射模澆注系統的設計特點 (3)能合理確定雙分型面的位置 (4)掌握雙分型面注射模具推出機構的原理與組成 (5)熟悉二次推出機構 (6)熟悉點澆口凝料的推出方法
技能目標	(1)能夠設計中等複雜程度的雙分型面注射模 (2)具備雙分型面注射模的讀圖能力
情感目標	(1)具備自學能力、思考能力、解決問題能力與表達能力 (2)具備團隊協作能力、計畫組織能力及學會與人溝通、交流的能力 (3)能參與團隊合作完成工作任務

塑膠模具結構

任務一 雙分型面注射模典型結構

任務目標

(1)認識雙分型面注射模結構。
(2)能透過裝配圖分析模具工作原理。

任務分析

讀如圖3-1-2所示注射模裝配圖。讀懂模具零件間的裝配關係,讀懂模具的動作。在此基礎上填寫模具組成零件清單表。

任務實施

(1)判斷模具的分型面位置,分析工作原理。
(2)確定模具的結構組成。
(3)指出各零件的名稱。

相關知識

兩板式注射模結構簡單,應用較廣,但是其結構經常受到製件的形狀、外觀要求(澆口位置)等限制,在模具開啟後只能從分型處取出製件,而不能取出流道中的廢料。因此,為了解決這個問題,就需要在模具開啟時,不僅動、定模在分型面處進行分離(取出製件),而且定模部分也必須進行一次分離,以取出流道中的廢料。這種結構的模具簡稱三板式注射模。

三板式注射模主要用途如下:一模一腔點澆口進料的中、大型製品;一模多腔點澆口進料的製品;一模一腔多點澆口進料的製品。

三板式注射模不足之處如下:結構較兩板式注射模複雜,製造難度及費用都要高於同樣規格的兩板式模具；三板式注射模結構的流道較長，會造成製品廢料比例增高；在成型過程中，壓力損失相對較高。

一、雙分型面注射模組成(圖 3-1-1)

(1)成型零部件，包括凸模、中間板等；
(2)澆注系統，包括澆口套、中間板等；
(3)導向部分，包括導柱、導套、導柱和中間板與拉料板上的導向孔等；
(4)推出裝置，包括推桿、推桿固定板和推板等；
(5)二次分型部分，包括定距拉板、限位銷、銷釘、拉桿和限位螺釘等；
(6)結構零部件，包括動模座板、墊塊、支承板、型芯固定板和定模座板等。

二、雙分型面注射模工作原理與設計要點

雙分型面注射模具有兩個分型面，如圖3-1-1所示為彈簧分型拉板定距式雙分型面注射模。

A為第一分型面，分型後澆注系統凝料由此脫出；B為第二分型面，分型後塑件由此脫出。

與單分型面注射模比較，雙分型面注射模在定模部分增加了一塊可以局部移動的中間板，所以也叫三板式(動範本、中間板、定範本)注射模。雙分型面注射模常用於點澆口進料的單型腔或多型腔的注射模。開模時，中間板在定模的導柱上與定模板做定距分離，取出澆注系統凝料。

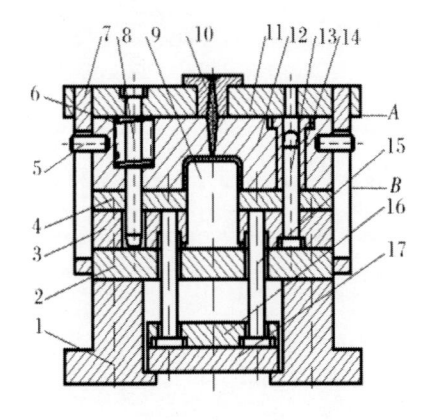

1-支架 2-支承板 3-型芯固定板 4-推件板 5-限位銷 6-彈簧 7-定距拉板 8-中間板導柱；
9-凸模 10-澆口套 11-上模座板 12-中間板 13-導柱 14-導套 15-推桿 16-推桿固定板 17-推板

圖3-1-1 彈簧分型拉板定距式雙分型面注射模

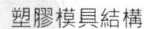

1.工作原理

開模時,注射機開合模系統帶動動模部分後移,如圖3-1-1所示。在彈簧6的作用下,模具先在A分型面分型,中間板12隨動模一起後移,主流道凝料隨之拉出。當動模部分移動一定距離後,固定在中間板12上的限位銷5與定距拉板7左端接觸,使中間板12停止移動。動模繼續後移,B分型面分型。因塑件包緊在凸模9上,這時澆注系統凝料在澆口處自行拉斷,然後在A分型面自行脫落或由人工取出。動模部分繼續後移,當注射機的推桿15接觸推板17時,推出機構開始工作,推件板4在推桿15的推動下將塑件從型芯上推出,塑件在B分型面自行落下。

2.設計注意事項

(1)澆口。

雙分型面注射模使用的澆口一般為點澆口,橫截面積較小,通道直徑只有 0.5~1.5 mm,澆口過小,熔體流動阻力太大,澆口也不易加工;澆口過大,則澆口不容易自動拉斷,且拉斷後會影響塑件的表面品質。

(2)圖3-1-1所示分型面A的分型距離應保證澆注系統凝料能順利取出。一般A分型面分型距離為:

$$s = s' + (3~5)\text{mm}$$

式中:s——A分型面分型距離,單位為 mm;

s'——澆注系統凝料在合模方向上的長度,單位為 mm。

(3)導柱導向部分的長度。一般的注射模中,動、定模之間的導柱既可設置在動模一側,也可設置在定模一側,視具體情況而定,通常設置在型芯凸出分型面最長的那側。而雙分型面注射模具,為了中間板在工作過程中的導向和支承,在定模一側一定要設置導柱,如該導柱同時對動模部分導向,則導柱導向部分的長度應按下式計算:

$$L \geq s + H + h + (8~10)\text{mm}$$

式中:L——導柱導向部分長度,單位為 mm;

s——A分型面分型距離,單位為 mm;

H——中間板厚度,單位為 mm;h——型芯凸出分型面距離,單位為 mm。

如果定模部分的導柱僅對中間板進行支承和導向,則動模部分還應設置導柱,這樣動、定模部分才能合模導向。如果動模部分是推件板脫模,則動模部分一定要設置導柱,用以對推件板進行支承和導向。在上述幾種情況下,導柱導向部分的長度必須正確設計。

三、雙分型面注射模特點

雙分型面注射模具有兩個分型面,也稱為三板式注射模。

(1)採用點澆口的雙分型面注射模可以把製品和澆注系統凝料在模內分離,為此應該設計澆注系統凝料的推出機構,保證將點澆口拉斷,還要可靠地將澆注系統凝料從定範本或型腔中間板上脫離。

(2)為保證兩個分型面的打開順序和打開距離,要在模具上增加必要的輔助裝置,因此模具結構較複雜。

任務評價

(1)讀如圖3-1-2所示模具,並將組成模具零件的名稱、數量、零件分類、模具動作等,填寫在表3-1-1相應欄目中。

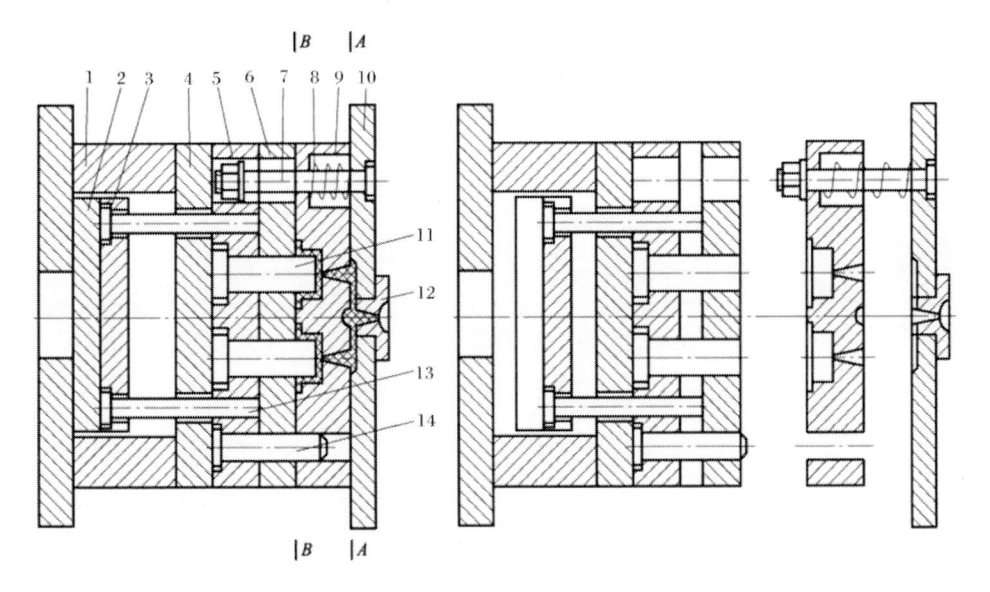

圖3-1-2 端蓋注射模

表3-1-1　端蓋注射模零件明細及動作分析

零件號	零件名稱	零件作用	零件號	零件名稱	零件數量
1			14		
2					
3					
4					
5					
6					
7					
8					
9					
10					
11					
12					
13					
模具組成零件分類	機構系統零件：				
	成型零件：				
	澆注系統零件：				
	推出機構：				
	冷卻系統：				
	模架零件：				
模具工作原理分析					

(2)根據單型腔注射模具裝配圖的結構組成分析情況進行評價，見表3-1-2。

表3-1-2　雙分型面模具結構組成評價表

評價內容	評價標準	分值	學生自評	教師評價
零件名稱	是否正確	30分		
零件作用	是否正確	30分		
零件分類	是否正確	15分		
模具工作原理	分析是否合理	15分		
情感評價	是否積極參與課堂活動，與同學協作完成任務情況	10分		
學習體會				

任務二 選擇澆注系統

任務目標

熟悉點澆口類型及尺寸確定方法。

任務分析

澆口設計是模具澆注系統設計的重要內容之一，主要解決澆口形式、結構尺寸、進澆位置的確定，透過本任務的學習，瞭解點澆口的結構及尺寸。

任務實施

一、分析製品原材料的工藝性

1. 分析製品及材料工藝性

本製品採用了聚甲醛(POM)，該材料是高密度、高結晶度的熱塑性工程材料，具有良好的物理、機械和化學性能，尤其是具有優異的耐摩擦性能。該材料流動性中等，成型收縮率小，吸水性小，收縮率為 0.2%～0.5%。通常情況下，聚甲醛成型前可不需要乾燥，但對於比較潮濕的原料必須進行乾燥，乾燥溫度在 80 ℃以上，時間在 2 h 以上。

2. 分析製品的結構、尺寸精度及表面品質

(1) 結構分析。

從直齒輪的零件圖可以看出，該直齒輪結構簡單，沒有側向用凹槽和凸台，因此模具設計時不用考慮側抽芯結構。該產品中心有臺階孔。

(2) 尺寸精度分析。

該製品為傳動零件，屬於高精度等級，應取 MT3 級，特別是中間的臺階孔與外齒輪的同心度要求最高，因該位置的精度要求會影響到該製品的傳動效果。

(3) 表面品質分析。

由於齒輪嚙合有很大的摩擦，因此，在外齒部位的表面粗糙度不能太粗，不得有熔接痕、氣痕、飛邊等缺陷。

二、模具結構設計

1. 選擇分型面(圖3-2-1)

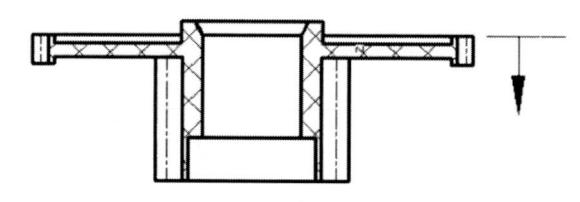

圖3-2-1 分型面的選擇

2. 確定型腔的佈局

本產品採用一模八腔的模具結構,如圖3-2-2所示。

3. 澆注系統

(1)主流道設計。為了縮短流道凝料的長度,採用了一體式主流道襯套,如圖3-2-3所示。

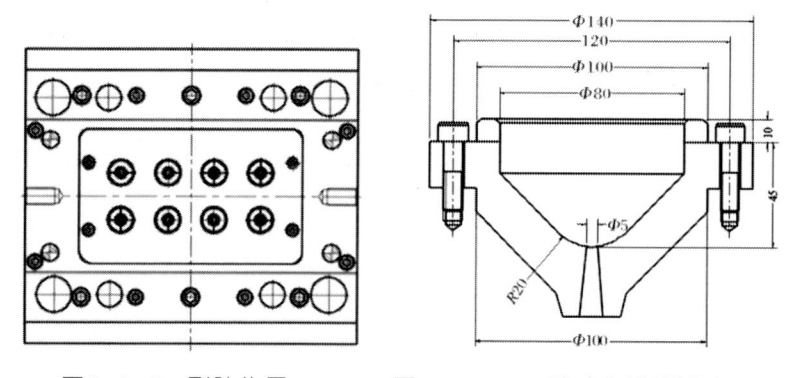

圖3-2-2 型腔佈局　　圖3-2-3 一體式主流道襯套

(2)分流道設計。為了保證型腔能夠均衡進料,同時充滿型腔,採用了平衡式的分流道排列形式,分流道截面形狀為梯形,梯形截面尺寸為面寬 6mm,底寬 5 mm,深度 5 mm,如圖3-2-4所示。

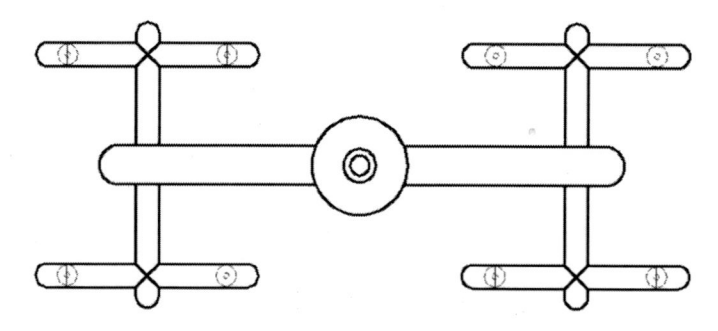

圖3-2-4 分流道設計

(3)澆口設計。采用了圓形點澆口，每個塑件上設置三個點澆口，澆口直徑 $d=\phi1$ mm，$L=0.8$ mm，如圖3-2-5所示。

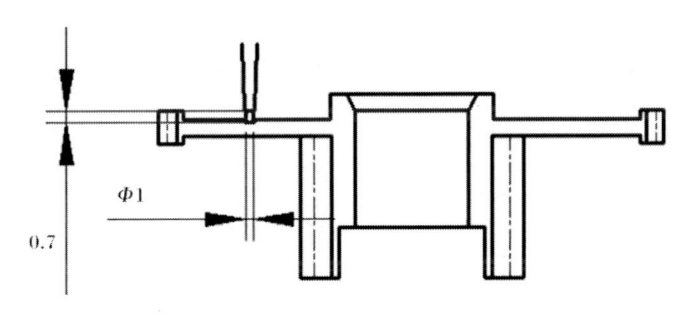

圖3-2-5 澆口設計

(4)拉料桿設計。為了防止拉料桿阻礙熔體流動，拉料桿縮入中間板裡面，採用 M12 的無頭螺絲固定，拉料桿採用了 $\phi6$ mm 的頂桿，其工作端形狀為圓錐形，如圖3-2-6所示。

4.推出機構設計

根據製品的結構設置，設計 $\phi2.5$ mm 推桿12根，如圖3-2-7排布。

圖3-2-6 拉料桿設計　　圖3-2-7 推出機構設計

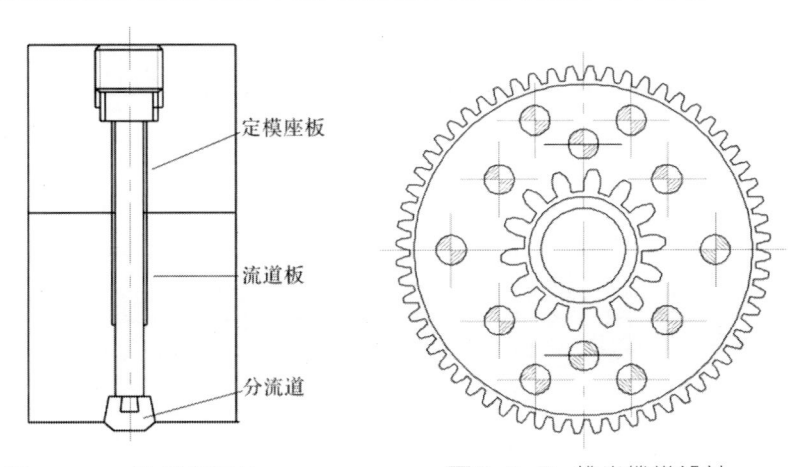

5.成型零部件結構設計

成型零部件結構設計如圖3-2-8所示。

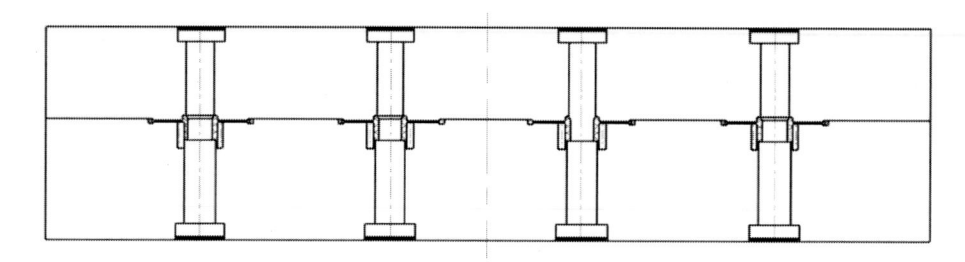

圖3-2-8 成型零部件結構設計

6.模架的選擇

根據以上分析以及製件的尺寸，標準模架選用了龍記模架細水口系列DCI型標準模架。其型號為 DCI3040-A60-B70-C90-200-0，如圖 3-2-9 所示。

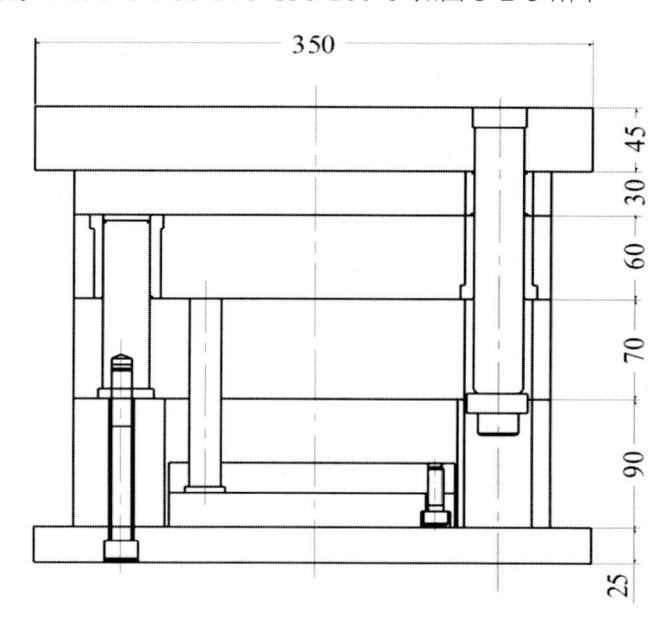

圖3-2-9 標準模架

相關知識

一、澆注系統設計

1.點澆口

點澆口可以適用於各種形式的製品。澆口位置的選擇有較大的自由度，澆口附近的殘餘應力較小，澆口能自行拉斷，且澆口痕跡較小，尤其適用於圓筒形、殼形、盒形製品。常用於 ABS、PP、POM 等流動性好的塑膠的成型,但不適用於流動性較差的塑膠如 PC、PMMA、硬質 PVC 等的成型。對於大的平板類製品,可以設置多個點澆口,以減小製品的翹曲變形,如圖3-2-10所示。

點澆口的缺點是澆口壓力損失較大,多數情況下需採用三板式模具結構,澆注凝料較多。

圖3-2-10 多個點澆口

點澆口截面一般為圓形,其結構與尺寸如圖3-2-11所示。在模腔與澆口的接合處採取倒角或圓弧,以避免澆口在開模拉斷時損壞製品。

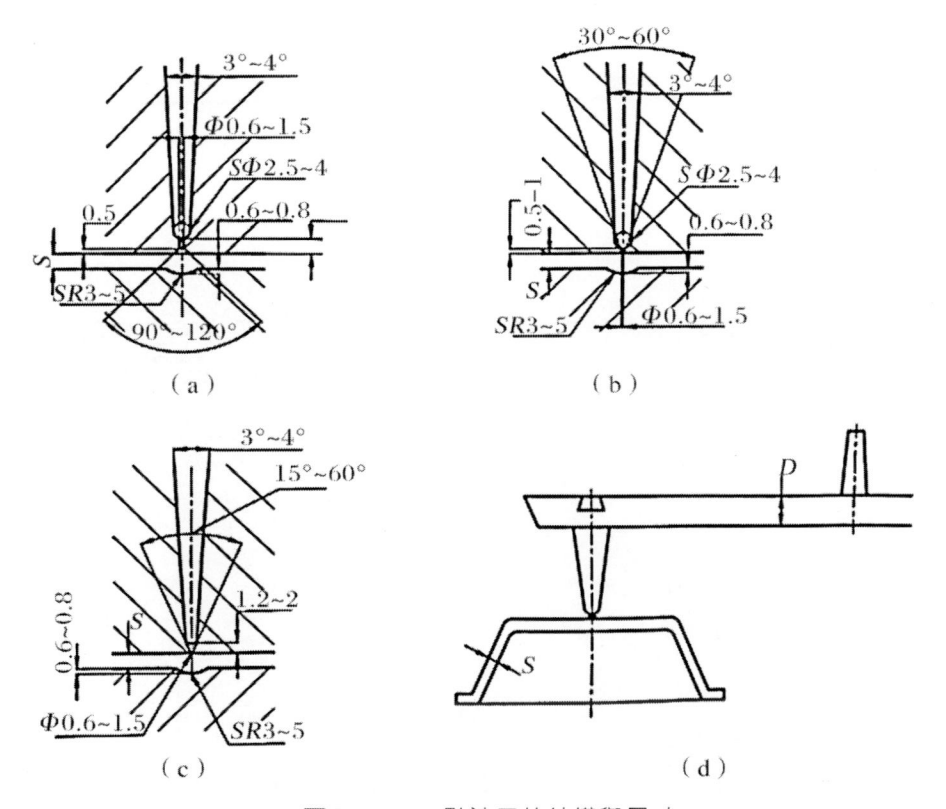

圖3-2-11 點澆口的結構與尺寸

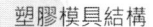

點澆口能夠在開模時被自動拉斷，澆口疤痕很小不需修整，容易實現自動化。但採用點澆口進料的澆注系統，在定模部分必須增加一個分型面，用於取出澆注系統的凝料，模具結構比較複雜。

表3-2-1　點澆口的推薦值　　　　　　　　　單位/mm

塑膠種類 \ 壁厚	<1.5	1.5~3	>3
PS、PE	0.5~0.7	0.6~0.9	0.8~1.2
PP	0.6~0.8	0.7~1.0	0.8~1.2
HIPS、ABS、PMMA	0.8~1.0	0.9~1.8	1.0~2.0
PC、POM、PPO	0.9~1.2	1.0~1.2	1.2~1.5
PA	0.8~1.2	1.0~1.5	1.2~1.8

點澆口的直徑可參照表3-2-1，也可以採用下面的經驗公式計算：

$$d = (0.14 \sim 0.2) \sqrt{\delta A} \qquad (3\text{-}2\text{-}1)$$

式中：d——點澆口直徑；

　　　δ——塑件在澆口處的壁厚；

　　　A——型腔表面積。

2.潛伏式澆口

潛伏式澆口是點澆口的演變形式之一，如圖3-2-12所示。潛伏式澆口的分流道位於模具的分型面上，澆口潛入分型面一側，沿斜向進入型腔，這樣在開模時不僅能自動剪斷澆口，而且其位置可設在製品的側面、端面或背面等隱蔽處，使製品的外表面無澆口痕跡。

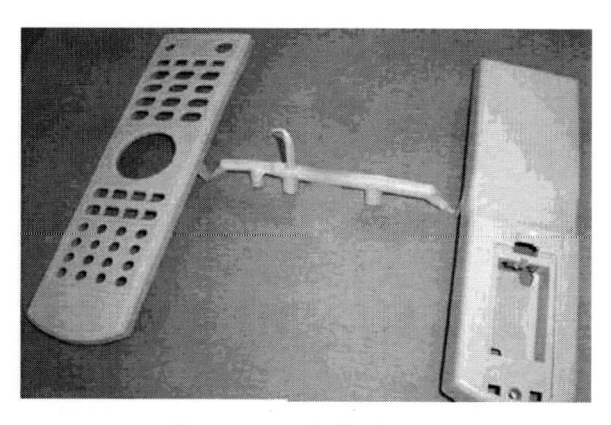

圖3-2-12　潛伏式澆口

如圖3-2-13所示為常見潛伏式澆口的形式：圖(a)為澆口開設在定模部分的形式；圖(b)為澆口開設在動模部分的形式；圖(c)為潛伏式澆口開設在推桿上部，而進料口在推桿上端的形式；圖(d)為圓弧形潛伏式澆口。在潛伏式澆口形式中，圖(a)、(b)兩種形式應用最多；圖(c)的澆口在塑件內部，因此其外觀、品質好；圖(d)用於高度比較小的製件，其澆口加工比較困難。

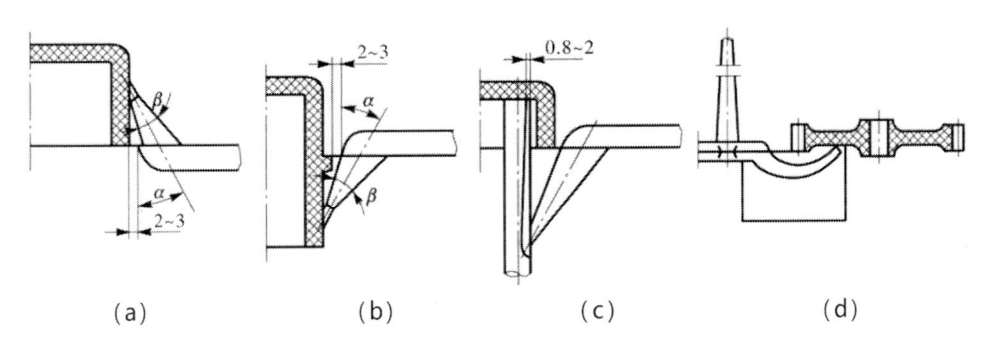

(a)　　　　(b)　　　　(c)　　　　(d)

圖3-2-13　常見潛伏式澆口的形式

潛伏式澆口一般為圓錐形截面，其尺寸設計可參考點澆口。如圖3-2-13所示，潛伏式澆口的引導錐角 β 應取 10°～20°，對硬質脆性塑膠 β 取大值，反之取小值。潛伏式澆口的方向角 α 愈大，愈容易拔出澆口凝料，一般 α 取 45°～60°，對硬質脆性塑膠 α 取小值。推桿上的進料口寬度為 0.8～2 mm，具體數值應根據塑件的尺寸確定。

採用潛伏式澆口的模具結構，可將雙分型面模具簡化成單分型面模具。潛伏式澆口由於澆口與型腔相連時有一定角度，形成了切斷澆口的刃口，這一刃口在脫模或分型時形成的剪切力可將澆口自動切斷，不過，對於較強韌的塑膠則不宜採用。

二、澆注系統推出機構

1.單型腔點澆口澆注系統凝料的自動推出

(1)帶活動澆口套的擋板推出機構，如圖 3-2-14(a)所示。單型腔點澆口澆注系統的自動推出機構中，澆口套 7 以 H8/f8 的間隙配合安裝在定模座板 5 中，外側有壓縮彈簧 6，當注射機噴嘴注射完畢離開澆口套 7 後，壓縮彈簧 6 的作用使澆口套與主流道凝料分離(鬆動)。開模後，擋板3先與定模座板5分型，主流道凝料從澆口套中脫出，當限位螺釘4起限位作用時，此過程分型結束，而擋板3與定範本1開始分型，直至限位螺釘 2 限位，如圖(b)所示。接著動、定模的主分型面分型，擋板 3 將澆口凝料從定範本1中拉出並在自重作用下自動脫落。

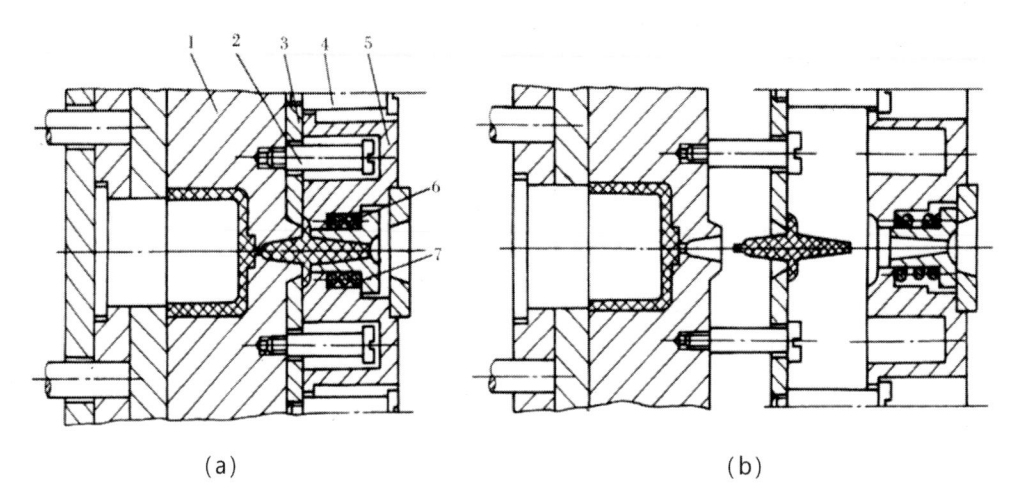

1-定範本 2、4-限位螺釘 3-擋板 5-定模座板 6-壓縮彈簧 7-澆口套

圖3-2-14 帶活動澆口套的擋板推出機構

(2)帶有凹槽澆口套的擋板推出機構，如圖3-2-15(a)所示。點澆口凝料自動推出機構中，帶有凹槽的澆口套 7 以 H7/m6 的過渡配合固定於定範本 2 上，澆口套 7 與擋板 4 以錐面定位。開模時，在彈簧 3 的作用下，定範本 2 與定模座板 5 首先分型，在此過程中，由於澆口套開有凹槽，可將主流道凝料先從定模座板 5 中帶出來，當限位螺釘 6 起作用時，擋板 4 與定範本 2 及澆口套 7 脫模，同時澆口凝料從澆口中拉出並靠自重自動落下，如圖(b)所示。定距拉桿 1 用來控制定範本 2 與定模座板 5 的分型距離。

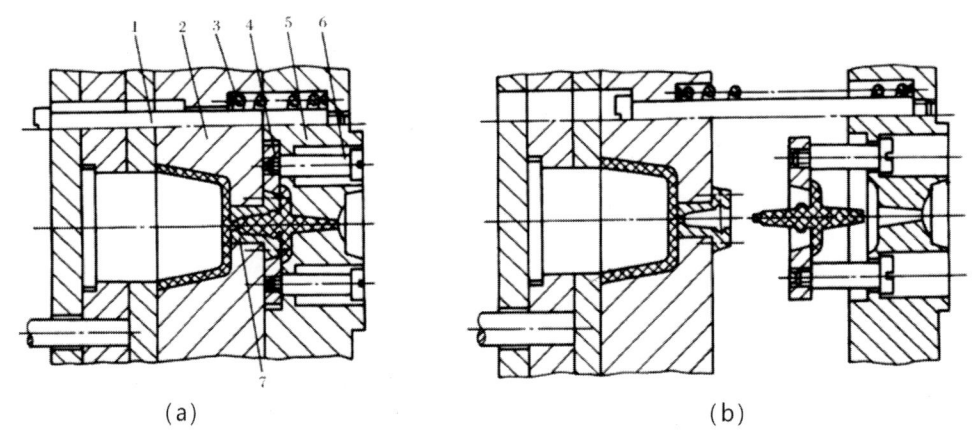

1-定距拉桿 2-定範本 3-彈簧 4-擋板 5-定模座板 6-限位螺釘 7-澆口套

圖3-2-15 帶有凹槽澆口套的擋板推出機構

2.多型腔點澆口澆注系統凝料的自動推出

(1)利用擋板拉中斷點澆口凝料。

如圖3-2-16所示為利用擋板推出點澆口澆注系

在定範本 2 上倒錐穴的作用下被拉出澆口套 5，澆口凝料連在塑件上留在定範本 2 內。當定距拉桿 1 的中間臺階面接觸擋板 3 以後，定範本 2 與擋板 3 分型，擋板 3 將點澆口凝料從定範本 2 中帶出，如圖(b)所示。隨後點澆口凝料靠自重自動落下。

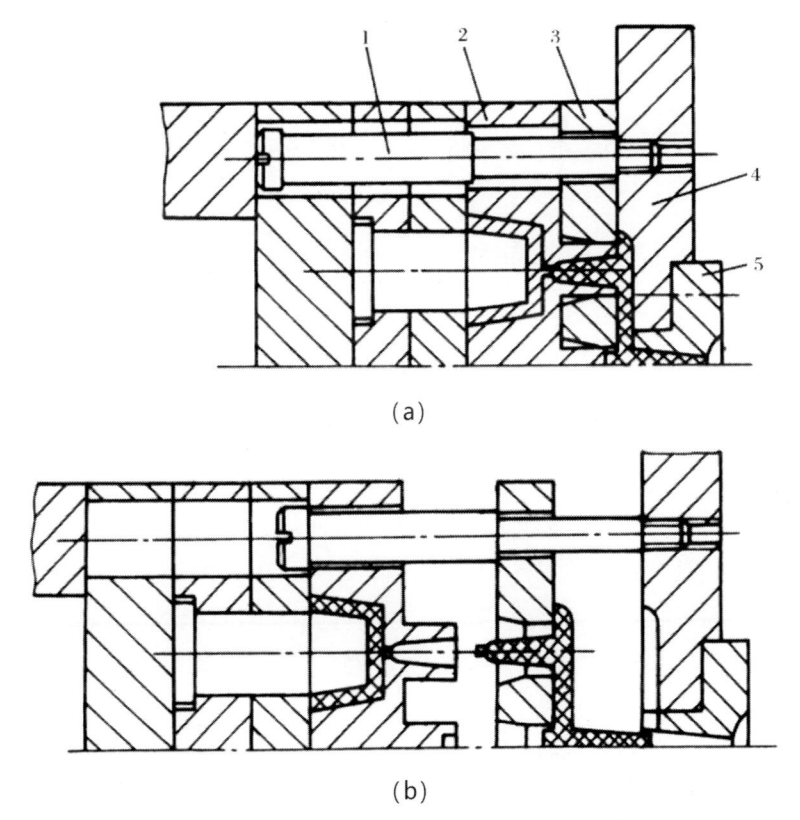

(a)

(b)

1-定距拉桿 2-定範本 3-擋板 4-定模座板 5-澆口套

圖3-2-16 利用擋板拉中斷點澆口凝料機構

(2)利用拉料桿拉中斷點澆口凝料。

如圖3-2-17所示是利用設置在點澆口處的拉料桿拉中斷點澆口凝料的結構。開模時，模具首先在動、定模主分型面分型，澆口被點澆口拉料桿4拉斷，澆注系統凝料留在定模中。動模後退一定距離後，在拉板7的作用下，分流道推板6與定範本2分型，澆注系統凝料脫離定範本2。繼續開模時，由於拉桿 1 和限位螺釘 3 的作用，使分流道推板 6 與定模座板 5 分型，澆注系統凝料分別從澆口套及點澆口拉料桿4上脫出。

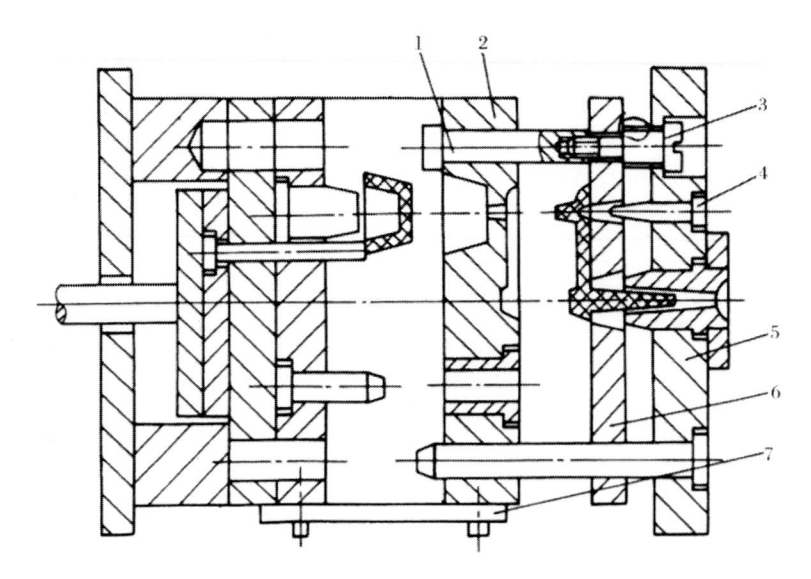

1-拉桿 2-定範本 3-限位螺釘 4-點澆口拉料桿 5-定模座板 6-分流道推板 7-拉板

圖3-2-17 利用拉料桿拉中斷點澆口凝料機構

(3)利用分流道側凹拉中斷點澆口凝料。

如圖3-2-18所示是利用分流道末端的側凹將點澆口澆注系統推出的結構。圖(a)是合模狀態；開模時，定範本3與定模座板4之間首先分型，與此同時，主流道凝料被拉料桿1拉出澆口套5，而分流道端部的小斜柱卡住分流道凝料而迫使點澆口拉斷並帶出定範本3，當定距拉桿2起限位作用時，主分型面分型，塑件被帶往動模，而澆注系統凝料脫離拉料桿1而自動落下，如圖(b)所示。

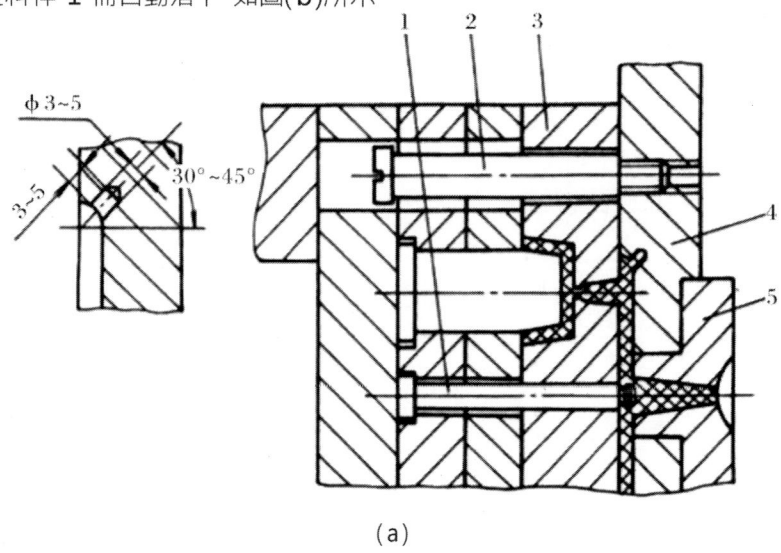

(a)

(b)

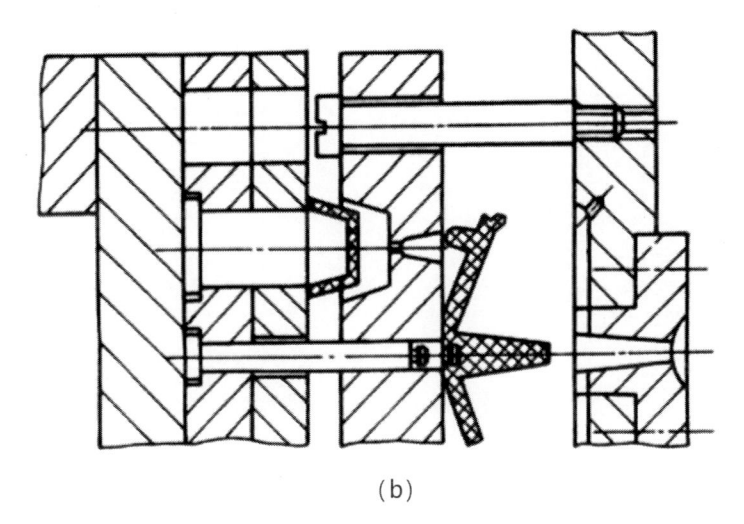

1-拉料桿 2-定距拉桿 3-定範本 4-定模座板 5-澆口套
圖3-2-18 利用分流道側凹拉中斷點澆口凝料機構

3.潛伏式澆口推出方式

根據進料口位置的不同，潛伏式澆口可以開設在定模，也可以開設在動模。開設在定模的潛伏式澆口，一般只能開設在塑件的外側；開設在動模的潛伏式澆口，既可以開設在塑件的外側，也可以開設在塑件內部的柱子或推桿上。

(1)開設在定模部分的潛伏式澆口。如圖3-2-19所示為潛伏式澆口開設在定模部分塑件外側的結構形式。開模時，塑件包在動模型芯4上從定範本6脫出，同時潛伏式澆口被切斷，分流道、澆口和主流道凝料在倒錐穴的作用下拉出定模型腔而隨動模移動。推出機構工作時，推桿2將塑件從動模型芯4上推出，而流道推桿1和主流道推桿將澆注系統凝料推出動範本5，澆注系統凝料最後由自重落下。在模具設計時，流道推桿動模應儘量接近潛伏式澆口，以便在分模時將潛伏式澆口拉出模外。

(2)開設在動模部分的潛伏式澆口。如圖3-2-20所示為潛伏式澆口開設在動模部分塑件外側的結構形式。開模時，塑件包在動模凸模3上隨動模一起後移，分流道和澆口及主流道凝料由於倒錐穴的作用留在動模一側。推出機構工作時，推桿2將塑件從動模凸模3上推出，同時潛伏式澆口被切斷，澆注系統凝料在流道推桿1和主流道推桿的作用下推出動範本4而自動脫落。在這種形式的結構中，潛伏式澆口的切斷、推出與塑件的脫模是同時進行的。在設計模具時，流道推桿1及倒錐穴也應儘量接近潛伏式澆口。

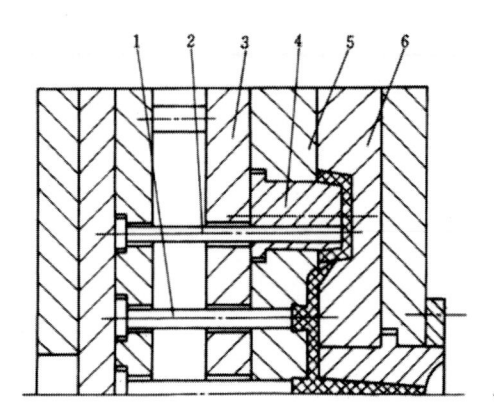

1-流道推桿；2-推桿；3-動模支承板；
4-動模型芯；5-動範本；6-定範本

圖3-2-19 潛伏式澆口在定模的結構

1-流道推桿；2-推桿；3-動模凸模；
4-動範本；5-定範本；6-定模型芯

圖3-2-20 潛伏式澆口在動模的結構

（3）開設在推桿上的潛伏式澆口。如圖3-2-21所示為潛伏式澆口開設在推桿上的結構形式。開模時，包在動範本5上的塑件和被倒錐穴拉出的主流道及分流道凝料一起隨動模移動，當推出機構工作時，塑件被推桿2從動範本5上推出脫模，同時潛伏澆口被切斷，流道推桿4和6將澆注系統凝料推出模外而自動落下。這種澆口與前兩種澆口不同之處在於塑件內部上端增加了一段二次澆口的餘料，需人工將餘料剪掉。

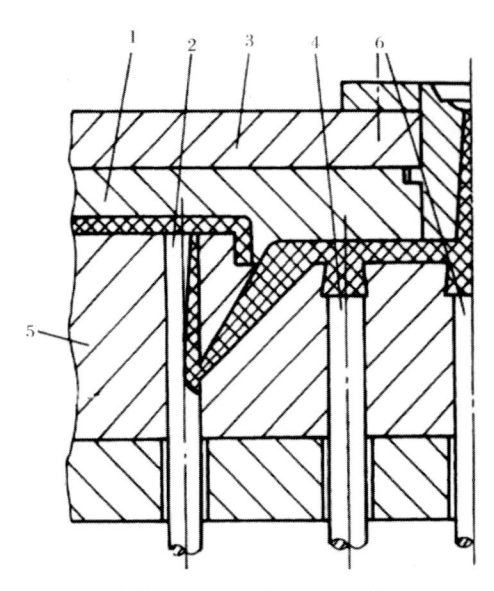

1-定範本；2-推桿；3-定模座板；4、6-流道推桿；5-動範本

圖3-2-21 潛伏式澆口在推桿上的結構

任務評價

(1)根據如圖3-2-22所示的塑膠殼體,確定該零件的模具結構尺寸、澆注系統的結構及尺寸,澆口為點澆口。

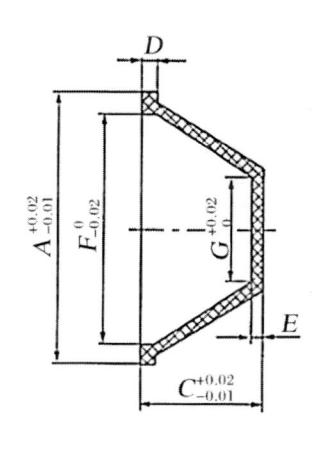

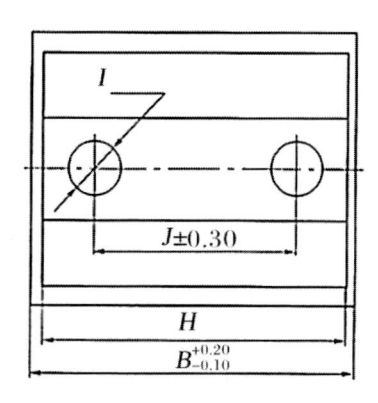

技術要求:1.塑件不允許有裂紋、變形;2.脫模斜度30′~1°;3.未注倒角R2~R3。

圖號	材料	尺寸序號									
		A	B	C	D	E	F	G	H	I	J
01	PS	60	80	25	4	3	45	20	74	12	35
02	ABS	100	120	45	5	4	85	40	114	20	75

圖3-2-22 塑膠殼體相關尺寸

(2)根據澆注系統結構及尺寸確定情況進行評價,見表3-2-2。

表3-2-2 塑膠殼體模具結構設計評價表

評價內容	評價標準	分值	學生自評	教師評價
模具結構設計	是否合理	50分		
主流道結構及尺寸	是否合理	10分		
分流道結構及尺寸	是否合理	10分		
澆口類型及尺寸	是否合理	10分		
查閱資料	是否能夠根據需要查閱手冊、電子資源等	10分		
情感評價	是否積極參與課堂活動、與同學協作完成任務情況	10分		
學習體會				

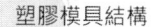

任務三 設計順序分型機構

任務目標

(1)熟悉常見拉緊機構和定距機構類型。
(2)能夠根據模具結構確定合適的拉緊和定距機構。

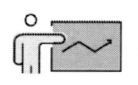

任務分析

順序定距分型拉緊機構就是根據塑件脫模或側抽芯的某些特殊要求,在開模時按預定的順序,先在某一分型面開模至一定距離,之後在第二分型面、第三分型面按一定順序開模到一定距離後依次打開。透過本任務的學習熟悉常用定距機構及拉緊機構的形式,並能根據模具要求進行設計。

任務實施

(1)開閉器的選擇:本案例選用 Φ16 mm 的尼龍扣作為開閉器。該尼龍扣的螺釘固定在動範本上,並且在動範本上有一個 3 mm 的沉孔;在定範本上加工一個 Φ16 mm 沉孔,沉孔的深度要比尼龍扣的長度長出 3 mm 以上,並且為了防止開模時由於 Φ16 mm 的沉孔閉氣,令尼龍扣無法分開,需要在 Φ16 mm 的沉孔中間加工一個 Φ3~Φ4 mm 的通孔。

(2)定距裝置的設計:在選擇定距裝置之前,首先計算流道凝料的總長度,流道總長度是注射機噴嘴到點澆口的長度,這中間經過了定模的三塊板,分別是定模座板、中間板和定範本,將定模三塊板厚度相加計算出流道的總長度為 90 mm。第一分型面(A-A)的分型距離 L 至少要比流道凝料的總長度長 5 mm。本案例中取 L=95 mm,L_1=12 mm。如圖 3-3-1 所示。

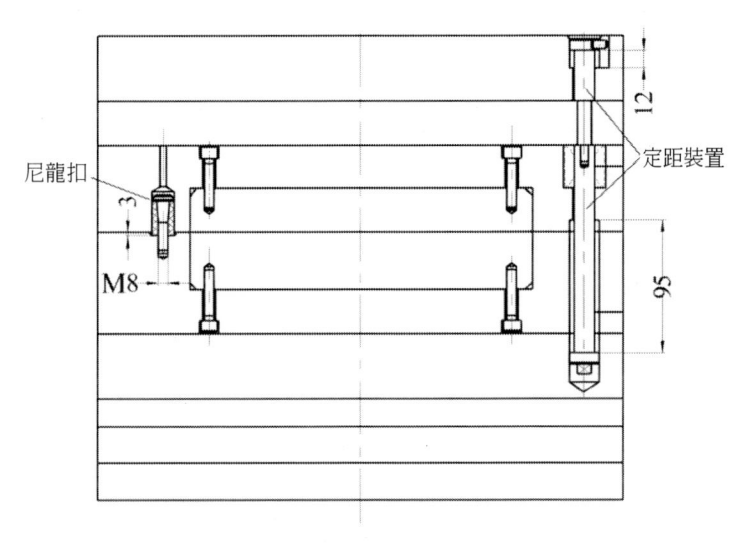

圖3-3-1 拉緊機構及定距裝置設置

(3)繪製模具總裝配圖,如圖3-3-2所示。

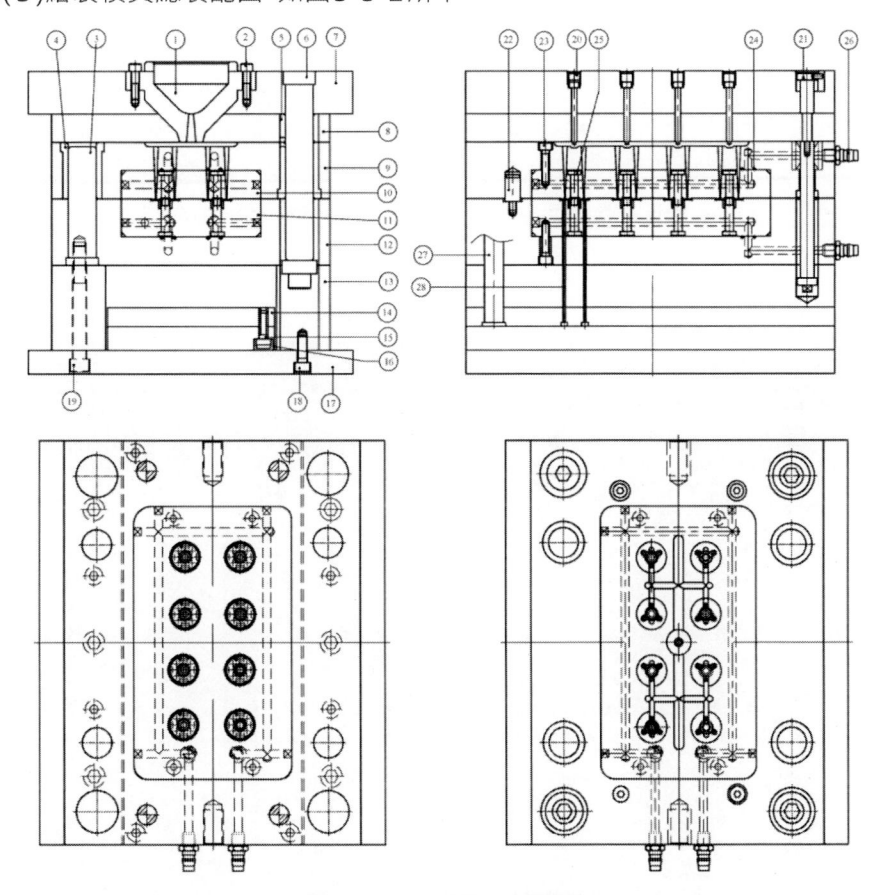

圖3-3-2 模具總裝配圖

相關知識

在設計順序定距分型機構時,必須首先分析各分型面開模時承受阻力狀況。當某個分型面的開模阻力較小而又不允許首先開模時,就應該在該分型面上設置順序分型機構。

定距分型拉緊機構的基本結構:一個是定距機構,另一個是拉緊機構。只有兩者動作配合,才能獲得順序定距分型的良好效果。

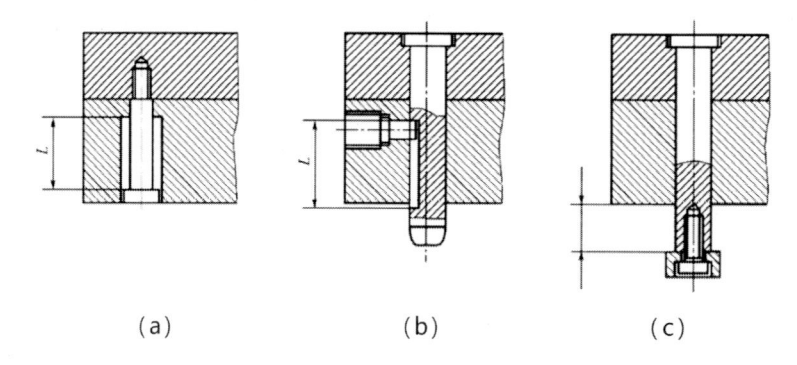

一、定距方式

順序定距分型機構常用的定距方式如圖3-3-3所示。圖(a)是限位元桿定距的結構形式。當分型面分型到定距 L 時,動模與限位桿台肩相碰而阻止其移動。

圖(b)是止動銷插入導柱的長槽中,開模到定距 L 時,長槽拉住設在動模上的止動銷而迫使動模停止移動。

圖(c)是用固定在導柱上的擋塊實現定距的。圖(b)和圖(c)兩種方式都是在導柱起到導向作用的同時,利用其與範本的相對位置起到定距的目的,因此它們是結構緊湊,定距可靠的定距方式,在實踐中應用很廣泛。

圖(d)和圖(e)都是採用固定在定模上的定距拉板的內槽底部與設在動模上的圓柱止動銷在範本相對位元時的相碰,使動模定距移動的,只不過其止動銷一種在模體表面,而另一種含在定距拉桿內部。

圖(f)的定距拉板是"T"形的,當"T"形拉板的凸肩與安裝在動模上的止動銷相碰時,實現動模與定模的定距移動。

圖(g)是將分別安裝在定模、動模上的拉鉤,在分型面分型時,範本間的相對移動,使兩拉鉤相碰,而拉住動模使其停止移動的。

(a)　　　　　　　(b)　　　　　　　(c)

(d) (e)

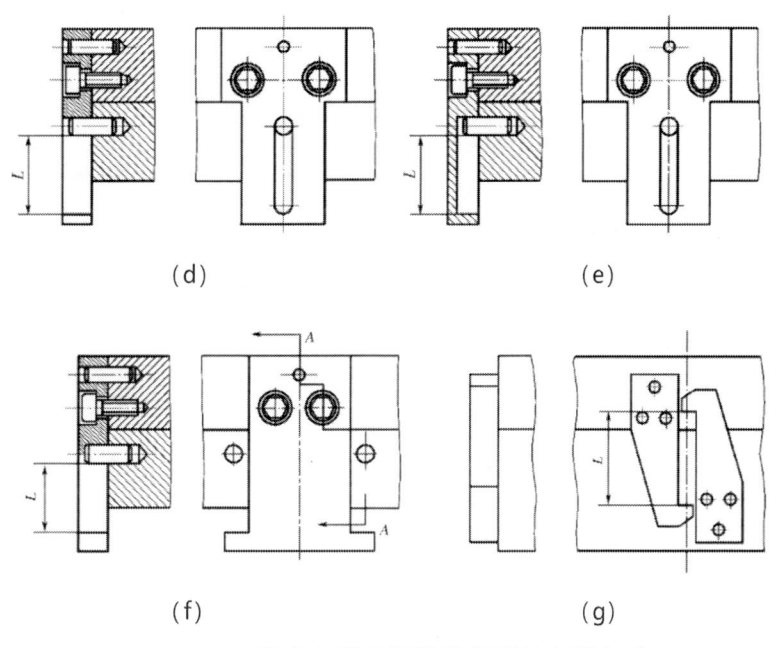

(f) (g)

圖3-3-3　順序定距分型機構常用的定距方式

二 拉緊機構的基本形式

　　模具拉緊機構的種類很多，但總的來說其基本結構形式可大體歸納為五類，在實際應用中，在其基本機構形式的基礎上加以發揮和變通。 拉緊機構的基本形式如圖3-3-4所示。

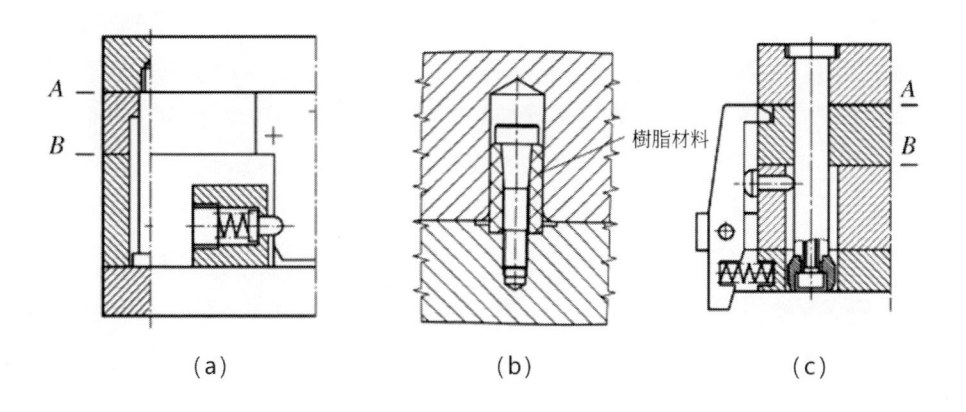

樹脂材料

(a) (b) (c)

(d)　　　　　　　　　　(e)

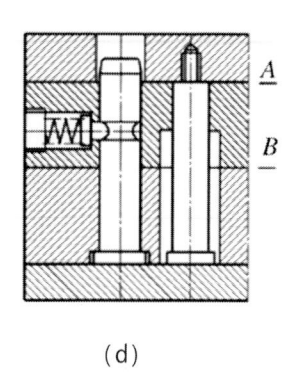

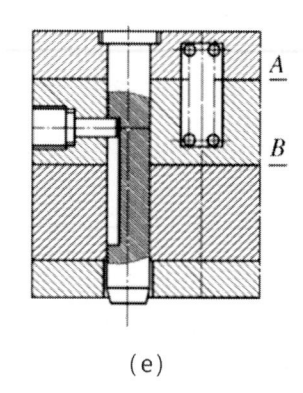

圖3-3-4　順序定距分型的拉緊方式

圖(a)是扣機式拉緊機構，它是將拉板安裝在定範本上，扣機機構安裝在動範本上，其彈頂銷在彈簧的彈力作用下，扣住拉板上的凹槽而鎖住兩範本，從而開模時，從A處首先分型，開模到一定距離後，限位元桿拉住定範本，在開模力作用下，拉開扣機機構，使彈頂銷脫開拉板，從B處主分型面分型，實現順序分型。

合模時，拉板前端的斜面是在鎖模力的作用下，克服扣機內彈簧的阻力實現鎖緊的。這種拉緊機構結構簡單、模具成本低、佔用空間較小，由於還可以透過螺栓來調節其鎖緊力，從而可以產生較大的鎖緊力，動作穩定可靠，應用越來越廣泛。

圖(b)是尼龍鎖式拉緊機構，利用摩擦力限制動範本與流道板之間的運動。透過調節螺釘的斜度，使範本與尼龍鎖之間產生摩擦力，從而起到減緩範本開啟的作用。

圖(c)是用拉鉤鎖緊範本的。它是將拉鉤安裝在動範本上，並可以沿軸心擺動。其拉鉤在彈簧力作用下將定範本鎖住。開模時首先從A處分型，當帶圓錐面的擋塊與圓頭銷相碰時，在錐面作用下，頂住圓頭銷外移，促使拉鉤做逆時針方向轉動，並脫開定範本，而導柱和錐塊組成的定距機構起定距作用，從而從B處的主分型面分型。

合模時，當圓頭銷離開錐塊時在彈簧的作用下，拉鉤準確復位。

圖(d)是導柱制動銷式拉緊機構。安裝在定範本上的制動銷在彈簧的作用下插入動模導柱上的圓弧槽，將動模、定模鎖緊。當開模時，首先從A處分型，之後在限位桿作用下將定模拉住，開模力將制動銷從導柱圓弧槽中強行拉出，從主分型面B處分型。

這種結構借用導柱的導向作用實現鎖緊，其結構簡單、緊湊，只是其鎖緊力相對較小，故適用於鎖緊力不大的小型模具。

圖(e)是利用彈簧的推力達到順序分型的。彈簧安裝在預定首先開模的定模座板和定模分型面製件上。開模時，彈簧推動動範本後移，即彈簧推力起到定模與動模間的強制分型作用，從而首先從A處分型。開模至需要的距離時，插在定模導柱長槽中的止動銷將定模拉住，從而從B分型面分型。

該結構適用於B處分型阻力較大時取出澆注凝料的結構中。

由於彈簧的推力,使模具在放置時不能完成合模,因此應增加活動掛鉤,在卸模前將分型面鎖緊放置。

三、雙分型面注射模典型結構

設計順序定距分型時,應考慮各分型面的分型阻力狀況。因此應注意在哪個分型面上設置順序定距分型機構,是否必須同時設置拉緊機構和定距機構。比如說,兩個分型面的開模阻力相差較大,而首先應該從開模阻力較小的分型面分型,那麼,只設置它的定距機構就能滿足要求時,就不必在開模阻力較大的分型面上設置拉緊機構。

1.搭鉤定距式雙分型面注射模(圖 3-3-5)

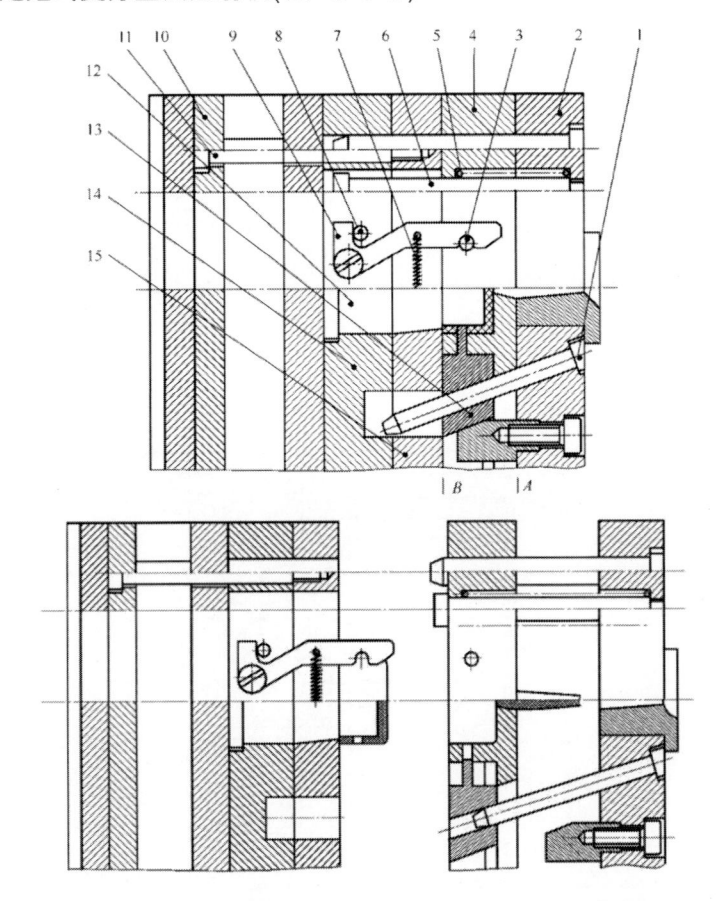

1-斜導柱;2-定模座板;3-拉銷;4-定模;5-彈簧;6-限位桿;7-拉簧;8-限位銷;
9-拉鉤;10-頂板;11-頂桿;12-主型芯;13-側滑塊;14-動模;15-推件板

圖3-3-5 搭鉤定距式雙分型面注射模

2.導柱定距式雙分型面注射模(圖 3-3-6)

1-支架 ;2-推板 ;3-推桿固定板 ;4-推桿 ;5-支承板 ;6-型芯固定板 ;7-定距螺釘 ;8-定距導柱 ;
9-推件板 ;10-中間板 ;11-澆口套 ;12-型芯 ;13-導柱 ;14-頂銷 ;15-定範本 ;16-彈簧 ;17-壓塊

圖3-3-6 導柱定距式雙分型面注射模

3.擺鉤分型螺釘定距雙分型面注射模(圖 3-3-7)

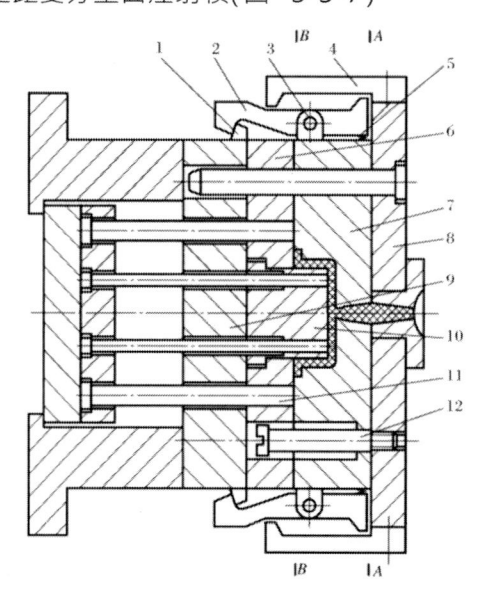

1-擋塊 ;2-擺鉤 ;3-轉軸 ;4-壓塊 ;5-彈簧 ;6-推件板 ;7-中間板 ;
8-定範本 ;9-支承板 ;10-型芯 ;11-推桿 ;12-限位螺釘

圖3-3-7 擺鉤分型螺釘定距雙分型面注射模

任務評價

(1)根據圖 3-2-22 所示的塑膠殼體，確定該零件的定距分型機構，繪製殼體的總裝配圖。

(2)根據定距分型機構的設計情況以及總裝配圖繪製情況進行評價，見表 3-3-1。

表 3-3-1　定距分型機構設計及總裝配圖繪製評價表

評價內容	評價標準	分值	學生自評	教師評價
拉緊機構設計	是否合理	15分		
定距機構設計	是否合理	15分		
模具總裝配圖繪製	是否合理	50分		
澆口類型及尺寸	是否合理	10分		
情感評價	是否積極參與課堂活動，與同學協作完成任務情況	10分		
學習體會				

水杯模具結構設計

　　當塑件側面(不與分型面平行的面)帶有與開、合模方向不同的孔、凹穴或凸台時,如下圖所示,在成型後需要將成型這部分的零件在塑件脫模之前抽出。因此該處的成型零件必須做成可側向移動的。

　　本項目透過完成下圖塑膠水杯的模具設計熟悉側向分型與抽芯機構及其尺寸。

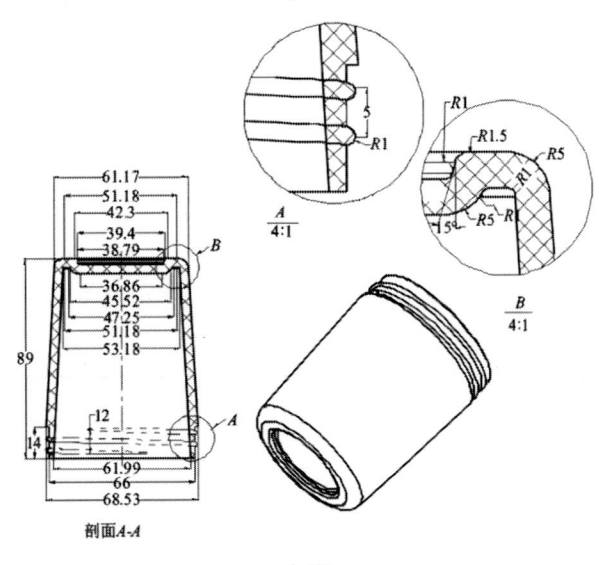

水杯

目標類型	目標要求
知識目標	(1)掌握抽芯距的計算方法 (2)掌握斜導柱分型與抽芯機構的動作原理 (3)掌握斜導柱分型與抽芯機構的設計要點 (4)掌握斜導柱分型與抽芯機構的各種形式的結構
技能目標	(1)能夠設計中等複雜程度的側向分型與抽芯注射模 (2)具備側向分型與抽芯注射模的讀圖能力
情感目標	(1)具備自學能力、思考能力、解決問題能力與表達能力 (2)具備團隊協作能力、計畫組織能力及學會與人溝通、交流的能力,能參與團隊合作完成工作任務

塑膠模具結構

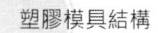

任務一 側向分型與抽芯注射模典型結構

任務目標
(1)熟悉側向分型與抽芯注射模具結構組成及各部件作用。
(2)能根據模具裝配圖分析其工作原理。

任務分析
側向分型與抽芯注射模具是注射模具中的一種，主要是用於當塑件側面帶有與開模、合模方向不同的孔、凹穴或凸台時。透過本任務的學習，熟悉側向分型抽芯機構的組成，知道與其他類別模具的不同之處。

任務實施
(1)分析側向分型與抽芯注射模具的工作原理。
(2)熟悉側向抽芯機構的組成。
(3)分析各組成零件的作用。
(4)繪製側向分型與抽芯模具裝配圖草圖。

相關知識

一、側向分型與抽芯機構的分類

按分型與抽芯的動力來源可分為手動、機動、液壓或氣動三大類。

1.手動側向分型與抽芯機構

在開模前，依靠人力推動傳動機構將側型芯或鑲塊取出，如圖4-1-1所示。該類型抽芯機構的優點是模具結構簡單、製造方便、模具成本低。缺點是生產率低、勞動強度大，且抽拔力受到人力限制。該機構通常適用於小批量生產。

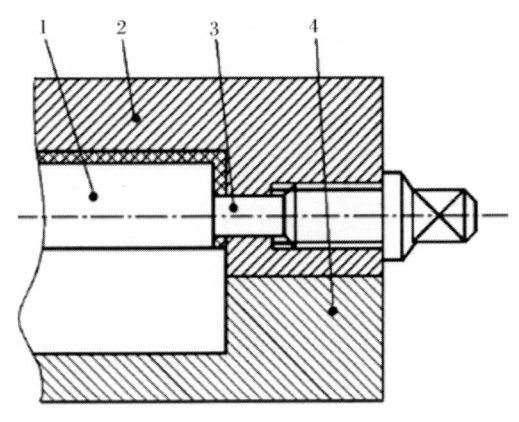

1-主型芯 2-定模 3-側型芯 4-動模

圖4-1-1 模內手動抽芯

2.機動側向分型與抽芯機構

在開模時，利用注射機的開模力，透過抽芯機構機械零件的傳動將力作用於側向成型零件，從而改變其移動方向，使其側向分型與抽芯，如圖4-1-2所示。合模時，一般依靠抽芯機構機械零件使側向成型零件重定。機動抽芯機構的結構比較複雜，但其具有較大的抽芯力和抽芯距，動作可靠，操作簡便，生產效率高，容易實現自動化操作。

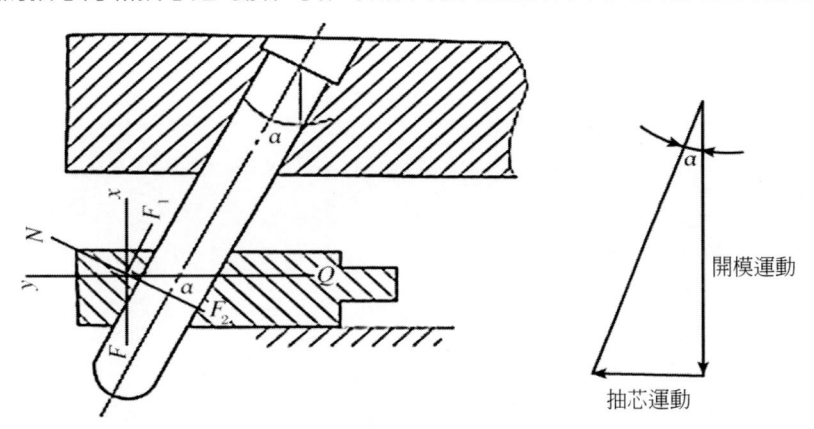

圖4-1-2 直線運動的轉換

3.液壓或氣動側向分型與抽芯機構

這種機構以液壓力或壓縮空氣作為動力進行分型與抽芯。一些新型的注射機本身已設置了液壓抽芯裝置，使用時只需將其與模具中的側向抽芯機構連接，調整後就可以實現抽芯。

液壓或氣動側向分型與抽芯機構的特點是傳動平穩,抽芯力和抽芯距較大。由於液壓或氣動抽芯機構是靠一套控制系統控制液壓缸或氣缸的活塞來回運動進行的,所以其抽芯動作可不受開模時間的影響。如圖4-1-3所示。

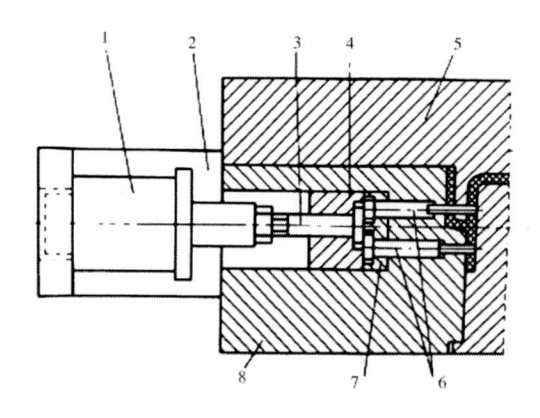

1-液壓缸 2-支架 3-連桿 4-滑塊 5-定模 6-側型芯 7-側型芯固定板 8-動模
圖4-1-3 液壓側向分型與抽芯機構

液壓或氣動側向分型與抽芯機構當抽拔力大、抽芯距很長的時候,採用液壓側向分型與抽芯更為方便,例如,大型管子塑件、三通等塑膠關鍵的大型注射模的抽芯等,但成本較高。一般抽芯距在 45 mm 以下採用機械抽芯,超過該值時則需要採用液壓抽芯機構。

二、斜導柱側向分型與抽芯機構的結構及工作過程

斜導柱側向分型與抽芯機構利用斜導柱等傳動零件,把垂直的開模運動傳遞給側型芯或側向成型塊,使之產生側向運動並完成分型與抽芯動作。這類機構結構簡單、製造方便、動作安全可靠,是設計和製造注射模抽芯時最常用的機構,但它的抽芯力和抽芯距受到模具結構的限制,一般適用於抽芯力不大及抽芯距小於60 mm的場合。

專案四 水杯模具結構設計

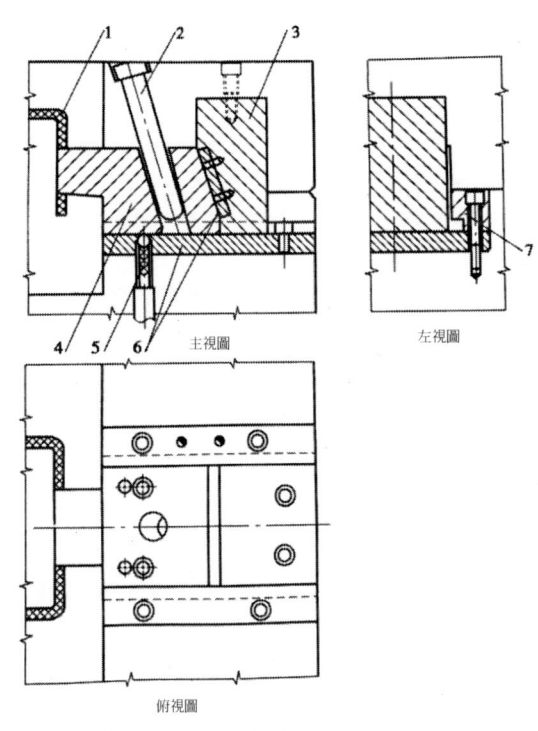

主視圖　　　　　　左視圖

俯視圖

1-製件 ;2-斜導柱 ;3-楔緊塊 ;4-側型芯滑塊 ;5-限位銷 ;6-耐磨板 ;7-導滑槽
(a) 側向分型與抽芯機構三視圖

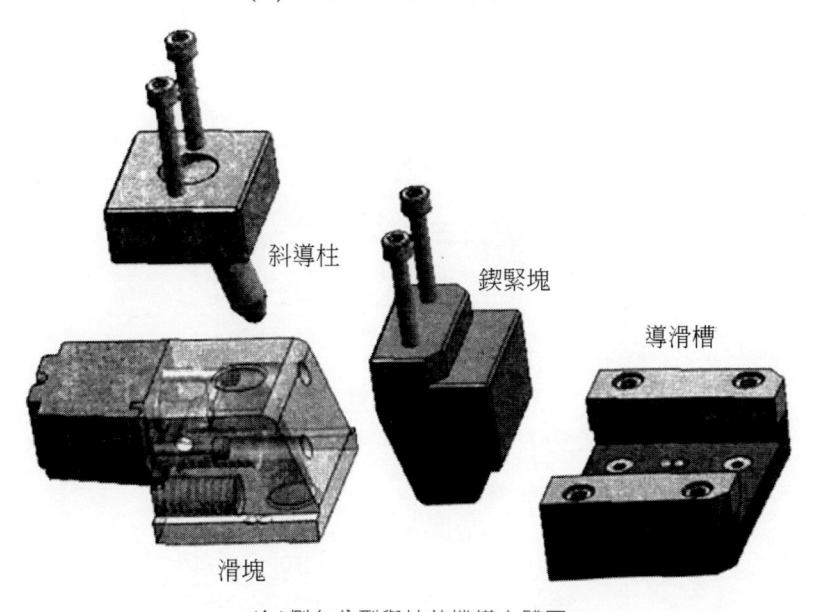

斜導柱　　　楔緊塊　　　導滑槽

滑塊

(b) 側向分型與抽芯機構立體圖
圖4-1-4　斜導柱側向分型與抽芯機構

199

1.斜導柱側向分型與抽芯機構的組成

　　斜導柱側向分型與抽芯機構主要由斜導柱2、側型芯滑塊4、導滑槽7、楔緊塊3和限位銷5等組成,如圖4-1-4(a)所示。為了延長模具使用壽命,還可採用耐磨板6。

　　斜導柱2又叫斜銷,它靠開模力來驅動,從而產生側向抽芯力,迫使側型芯滑塊在導滑槽內向外移動,達到側向分型與抽芯的目的。

　　側型芯滑塊4是成型塑件上側凹或側孔的零件,滑塊與側型芯既可做成整體式,也可做成組合式。

　　導滑槽7是維持滑塊運動方向的支承零件,要求滑塊在導滑槽內運動平穩,無上下竄動和卡緊現象,使型芯滑塊在抽芯後保持最終位置的限位元裝置由彈簧和鋼珠組成,它可以保證合模時斜導柱能很準確地插入滑塊的斜孔,使滑塊復位。

　　楔緊塊3是合模裝置,其作用是在注射成型時,承受滑塊傳來的側推力,以免滑塊產生位移或使斜導柱因受力過大產生彎曲變形。為了延長模具壽命,還可以採用耐磨板6。無論採用何種方式的側向分型與抽芯機構,這幾個部分都是必須存在的。

2.斜導柱側向分型與抽芯機構的工作過程

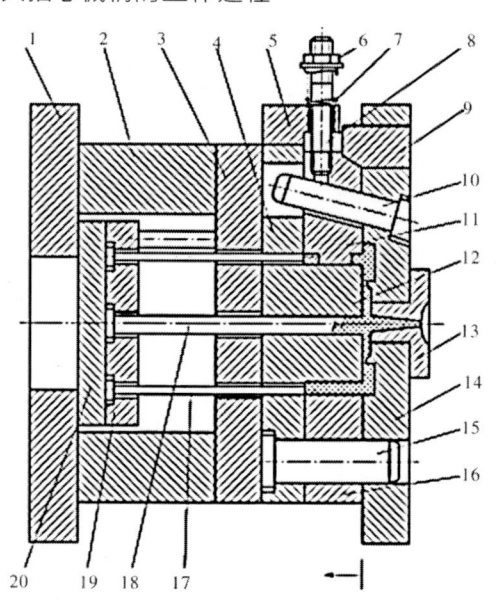

1-動模座板;2-墊塊;3-支承板;4-動範本;5-擋塊;6-螺母;7-彈簧;
8-滑塊拉桿;9-楔緊塊;10-斜導柱;11-側型芯滑塊;12-型芯;13-澆口套;
14-定模座板;15-導柱;16-定範本;17-推桿;18-拉料桿;19-推桿固定板;20-推板
圖4-1-5　斜導柱側向分型與抽芯機構的基本結構

斜導柱側向分型與抽芯機構的基本機構如圖4-1-5所示。圖中的塑件有一側通孔，開模時，動模部分向後移動，開模力透過斜導柱10驅動側型芯滑塊11迫使其在動範本4的導滑槽內向外滑動，直至滑塊與塑件完全脫開，完成側向抽芯動作。這時塑件包在型芯12上隨動模繼續後移，直到注射機頂桿與模具推板接觸，推出機構開始工作，推桿17將塑件從型芯12上推出。合模時，復位桿使推出機構復位，斜導柱使側型芯滑塊11向內移動復位，最後由楔緊塊9鎖緊。

三、側向分型與抽芯機構的相關計算

1.抽芯距的確定

側向型芯或側向瓣合模組從成型位置到不妨礙塑件頂出脫模位置移動的距離稱為抽芯距，用 S 表示。

抽芯距一般等於側孔或側凹的深度加上 2～3 mm。對於圓形繞線骨架，其抽芯距並不等於塑件側凹的深度。如圖4-1-6所示，其抽拔距必須保證側向瓣合模開模時，小型腔移出一定距離後，不妨礙塑件上最大的直徑的順利脫出。即側向瓣合模組上的 A_0 點抽出大於塑件外部邊緣的 A_1 點時塑件才能順利脫出。

這時的抽芯距 $S_1 = \sqrt{R^2 - r^2}$，那麼 $S = S_1 + (2\sim3)$mm，即 $S = \sqrt{R^2 - r^2} + (2\sim3)$mm。

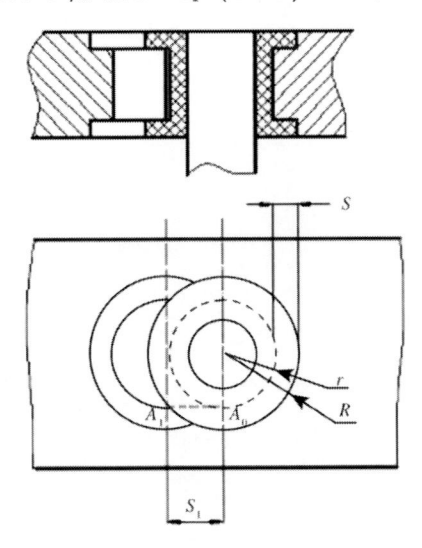

圖4-1-6　線圈抽芯距計算

2.抽芯力的確定

由於塑件包緊側向型芯或黏附在側向型腔上，因此在各種類型的側抽芯機構中會遇到抽拔阻力，抽拔力必須要大於抽拔阻力。側向抽拔力可按式4-1-1計算，即

$$F_1 = Ap(\mu\cos\alpha - \sin\alpha) \quad (4\text{-}1\text{-}1)$$

式中：F_1——抽芯力，單位為 N；

A——塑件包緊型芯的側面積，單位為 mm²；

p——塑件對側型芯的收縮應力產生的壓強，其值與塑件的幾何形狀及塑膠的品種、成型工藝有關，一般情況下模內冷卻的塑件，$p=8\sim12$ MPa，模外冷卻 的塑件，$p=23\sim39$ MPa；

μ——塑膠在熱狀態時對鋼的摩擦係數，一般 $\mu=0.15\sim0.2$；

α——側型芯的脫模斜度或傾斜角，單位為°。

任務評價

(1)根據所學知識繪製塑膠防護罩(圖4-1-7)模具裝配圖草圖，並寫出模具組成、零件名稱及工作原理。

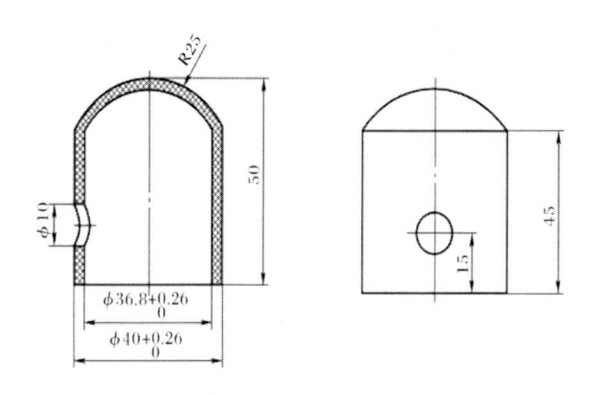

圖4-1-7 塑膠防護罩

(2)根據塑膠防護罩模具裝配圖草圖的繪製情況進行評價，見表 4-1-1。

表4-1-1　塑膠防護罩注射模具裝配圖草圖評價表

評價內容	評價標準	分值	學生自評	教師評價
模具裝配圖草圖繪製	結構是否完整、正確	60分		
模具組成	是否正確	10分		
零件名稱	是否正確	10分		
工作原理分析	是否合理	15分		
情感評價	是否積極參與課堂活動，與同學協作完成任務情況	5分		
學習體會				

任務二　設計側向分型與抽芯機構

任務目標
(1)熟悉側向分型與抽芯機構的組成。
(2)能夠合理設計側向分型與抽芯機構。

任務分析
根據專案四開篇描述的水杯零件圖以及任務一中設計的總體結構方案，設計模具的側向分型與抽芯機構。

任務實施

一、側向分型與抽芯機構類型選擇

根據專案四開篇描述的水杯零件圖可知，本製件外側帶有螺紋，故採用滑塊機構來成型，從產品的尺寸可知可採用斜導柱驅動動作，直接採用開模力實現。由於螺紋是在動模一側，因此，選擇斜導柱在定模，側抽芯滑塊在動模的斜導柱側向分型與抽芯機構。

二、斜導柱側向分型與抽芯機構的計算

1.抽芯距計算
計算公式：$S_{抽} = h + (2～3)\text{mm} \geq 4\text{mm}$。

2.抽芯力計算
$F_1 = AP(\mu\cos\alpha - \sin\alpha) = 1826 \times 10 \times (0.2 \times \cos1° - \sin1°) = 3286.8(\text{N})$。

3.滑塊、斜導柱傾斜角的設計
斜導柱傾斜角是斜導柱抽芯機構的主要技術參數，它與抽芯距、抽芯力有直接關系(圖 4-2-1)，斜導柱的傾斜角 α 值一般取 12°～25°，本例中取 $\alpha=12°$，因此，滑塊、楔

塊的傾斜角取 $\alpha'=15°$。

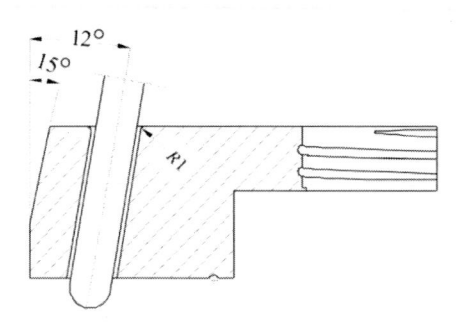

圖4-2-1 滑塊 斜導柱傾斜角計算

三、側向分型與抽芯機構的設計

1. 滑塊的設計

(1)滑塊的設計。

側向抽芯機構主要用於成型零件的側向抽芯，本案例採用"T"形整體式滑塊式結構。其結構如圖4-2-2所示。

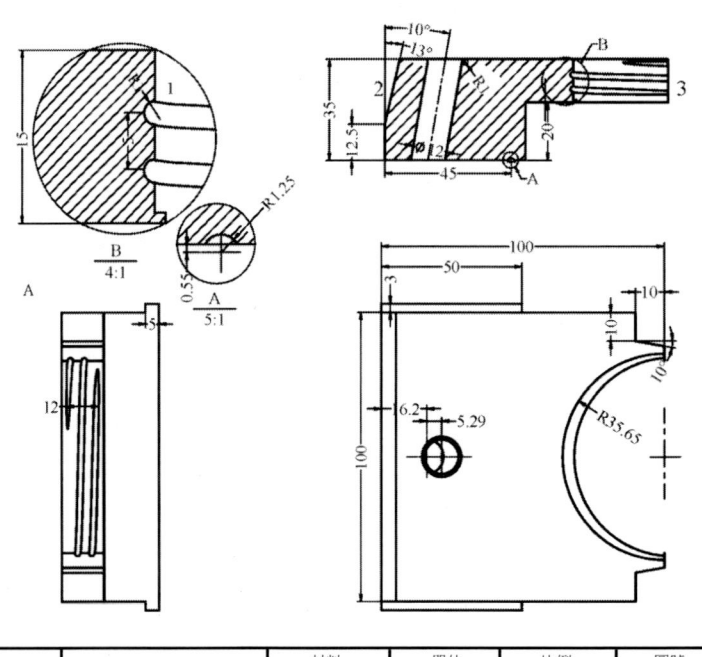

零件名稱	滑塊	材料		單位 mm	比例 1:1	圖號
繪製/日期	XX	公差				
繪製/日期	XX	角度		xx模具公司		
繪製/日期	XX	視覺				

圖4-2-2 滑塊的設計

(2)滑塊的定位裝置設計,如圖4-2-3所示。

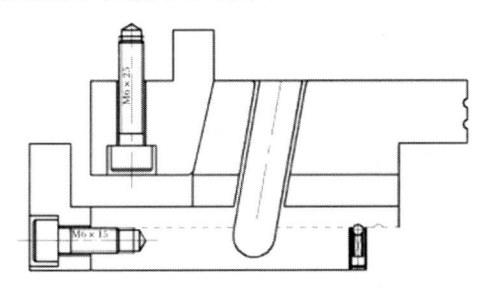

圖4-2-3 滑塊的定位裝置設計

2.斜導柱的設計

(1)斜導柱的形狀設計。

斜導柱的形狀採用了圓形,其工作端的端部採用了球形形狀。

(2)斜導柱的直徑設計。

斜導柱的直徑取10 mm。

相關知識

一 抽芯件的設計

抽芯件是滑塊橫向運動的動力元件,為側型芯提供側面運動的動力。常見的抽芯件有斜導柱、斜彎銷、液壓缸、"T"形斜槽抽芯件等。下面主要介紹斜導柱抽芯件。

1.斜導柱的結構形式

斜導柱的形狀如圖4-2-4所示。

工作端可以是錐台形,也可以是半球形。設計成錐台形時,其斜角 θ 應大於斜導柱傾斜角 α,一般 $\theta = \alpha+(2°\sim 3°)$,以避免斜導柱工作長度($L$)脫離滑塊斜孔後,斜導柱頭部對滑塊仍有驅動作用。

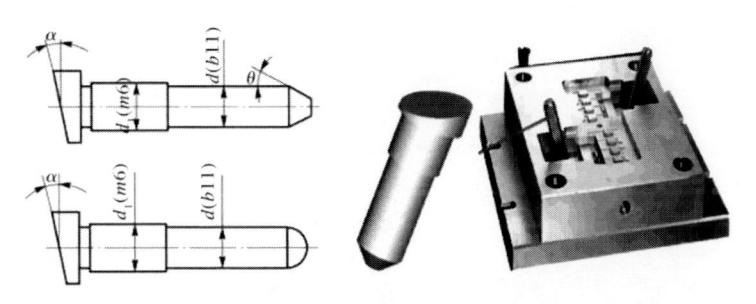

圖4-2-4 斜導柱形狀

斜導柱固定端與範本之間可採用 H7/m6 過渡配合。斜導柱工作部分與滑塊上斜導孔之間採用 H11/b11 或兩者之間採用 0.4～0.5 mm 的大間隙配合。斜導柱的表面粗糙度 Ra=0.8μm。

斜導柱的材料多為 T8、T10 等碳素工具鋼，也可採用 20 鋼滲碳處理。熱處理要求硬度≥55HRC，表面粗糙度≤Ra0.8。

斜導柱的安裝方式如圖4-2-5所示。圖(a)結構穩定性較好，宜用於範本較薄，且上固定板與定範本不分開，配合面較長的情況；圖(b)結構穩定性較好，宜用於範本較厚，模具空間較大的情況，且兩板模、三板模可使用，配合面長度 L≥1.5D（D 為斜導柱直徑），但該結構穩定性不好，加工困難；圖(d)結構穩定性較好，宜用於範本較薄、上固定板與定範本可分開，配合面較長的情況。

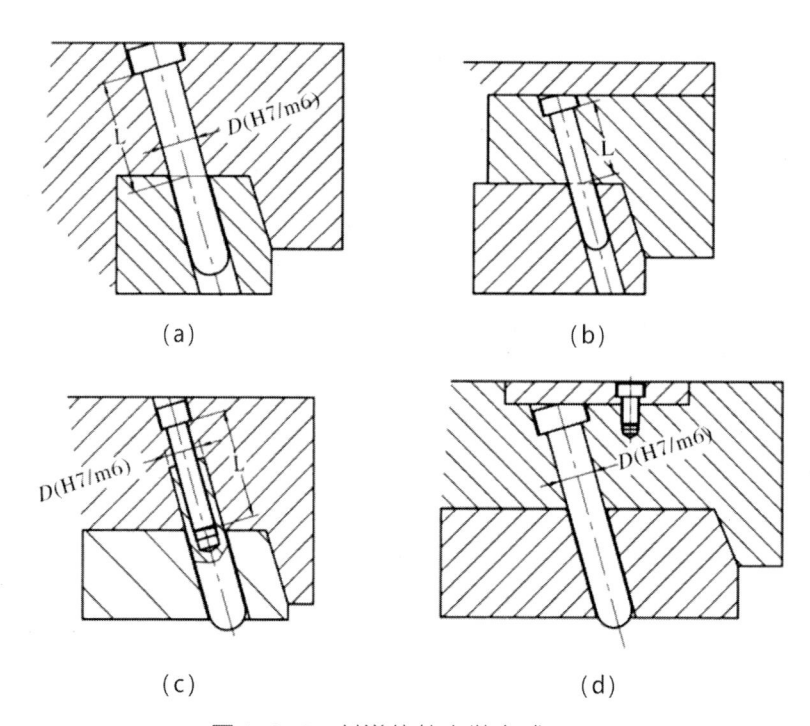

圖4-2-5 斜導柱的安裝方式

2.斜導柱長度的計算

如圖4-2-6所示，斜導柱的總長度與抽芯距 S、抽拔角 α、斜導柱固定板厚度有關。斜導柱的總長度：

$$L_z = L_1 + L_2 + L_3$$

$$= \frac{H_1}{\cos\alpha} + \frac{S}{\sin\alpha} + (5\sim10)\text{mm}$$

式中：L_z——斜導柱總長度；

　　　L_1——斜導柱安裝長度；

　　　L_2——斜導柱有效長度；

　　　L_3——斜導柱引導長度；

　　　H_1——斜導柱固定板厚度。

3.斜導柱的直徑及傾斜角計算

(1)傾斜角。

傾斜角 α 是斜導柱抽芯機構的一個重要參數，不僅決定了開模行程和斜導柱長度，還對斜導柱的受力狀況也有重要影響。當 α 值增大時，斜導柱所承受的彎曲力越大，為了確保斜導柱的強度、剛度，斜導柱的直徑將會增加；當 α 值過小時，為了保證足夠的抽芯距離，斜導柱工作部分的長度及開模行程將會增大。它們之間關係如下：

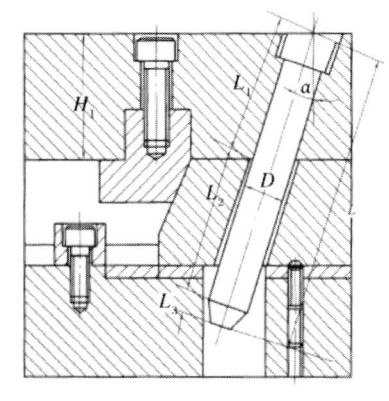

圖4-2-6　斜導柱

$$Q = \frac{F}{\cos \alpha} \text{；} \qquad (4\text{-}2\text{-}2)$$

$$L_2 = \frac{S}{\sin \alpha} \text{；} \qquad (4\text{-}2\text{-}3)$$

$$H = S \cdot \cot \alpha \text{；} \qquad (4\text{-}2\text{-}4)$$

式中：Q——彎曲力；

　　　$F_{\text{通}}$——抽芯力；

　　　L_2——斜導柱有效長度；

　　　$α$——傾斜角；

　　　H——完成抽芯時所需要的開模行程。

傾斜角的尺寸一般按經驗確定，一般在 12°～25°範圍內，最大不超過 30°，否則容易自鎖，也可查表4-2-1。

表4-2-1　傾斜角的經驗值

抽芯距 S/mm	≤6	6～18	18～35	35～45
傾斜角 α	15°～18°	18°～22°	20°～24°	22°～25°

(2)斜導柱直徑。

為了承受所需的彎曲力，斜導柱其直徑尺寸 D 可以透過材料力學公式獲得，如式4-2-5所示。

$$D = \sqrt[3]{\frac{F_{總}L_4}{0.1\,[\sigma]\cos\alpha}} \qquad (4\text{-}2\text{-}5)$$

式中：$F_{總}$——抽芯力，單位為N；

L_4——斜導柱的有效長度，單位為 mm；

$[\sigma]$——斜導柱材料的彎曲許用應力，單位為 MPa；

為了簡化設計步驟，斜導柱直徑可以查閱表4-2-2。

表4-2-2　斜導柱相關尺寸

傾斜角 α /°	抽芯距 S/mm	滑塊寬度 W/mm	斜導柱個數/個	斜導柱直徑 D/mm
10~20	3~18	≤50	1	Φ8~Φ12
		50~100	1	Φ10~Φ16
		100~150	2	Φ10~Φ16
		150~250	2	Φ16~Φ20
20~25	18~45	≤50	1	Φ12~Φ16
		50~100	1	Φ16~Φ20
		100~150	2	Φ16~Φ20
		150~250	2	Φ20~Φ25

二、滑塊的設計

滑塊既可以與型芯做成一個整體，也可採用組合裝配結構。如圖4-2-7所示為整體式側滑塊立體圖。

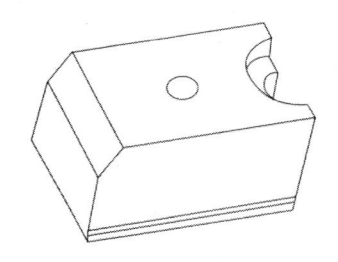

圖4-2-7　整體式側滑塊立體圖

1.滑塊與側型芯的連接

成型部分是指滑塊及側型芯。不同成品滑塊與側型芯鑲件間的連接方式不同，如圖4-2-8所示。

圖(a)採用整體式結構，一般適用於型芯較大，強度較好的場合；

圖(b)採用燕尾連接，用於型芯較大的場合；

圖(c)採用螺釘固定形式,用於型芯呈方形結構且型芯不大的場合;
圖(d)採用銷釘固定,用於薄型芯的固定;
圖(e)用螺釘固定,用於圓形小型芯的固定;
圖(f)採用壓板固定,用於多個型芯的固定。

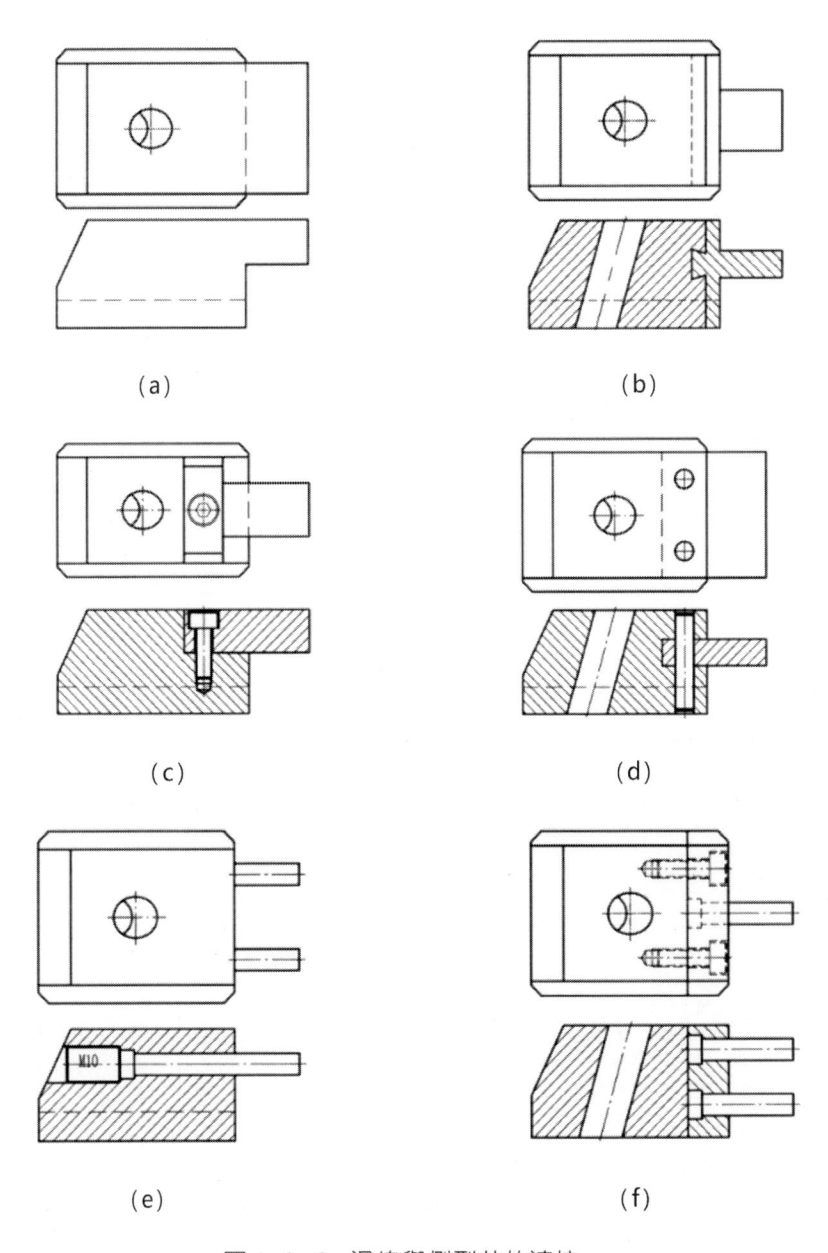

圖4-2-8 滑塊與側型芯的連接

2.滑塊的結構及相關尺寸

滑塊的基本機構如圖4-2-9所示,安裝定位面時,鎖緊面以及導向面是其結構的基本組成。

$$L=(1.5\sim 2)H \qquad W=A+2B \qquad L_s\geq 10\ mm$$

滑塊台肩高度 T 的尺寸與導滑槽的配合形式有關,若採用整體式導滑槽滑塊,其相關尺寸見表4-2-3。

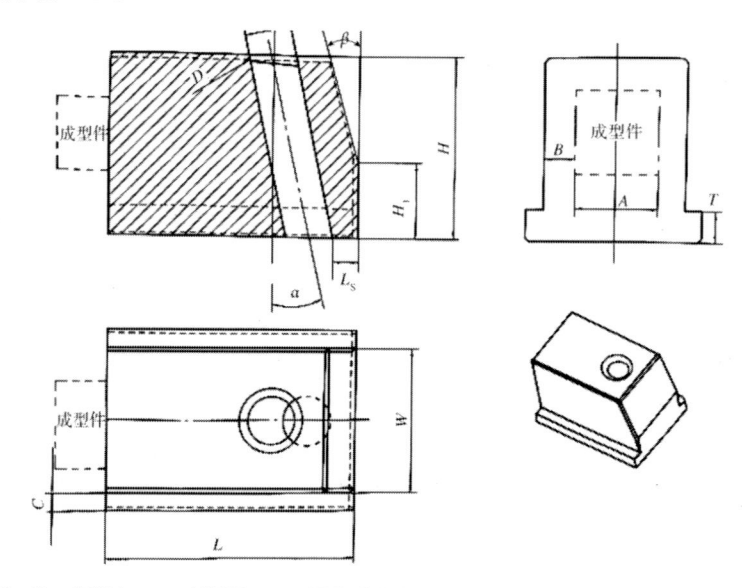

a—傾斜角 ;β—楔緊角 ;D—斜導孔 ;H_1—滑塊導向高度 ;H—滑塊高度 ;L_s—側壁厚 ;B—滑塊最小壁厚(封膠面) ;A—製件側凹尺寸 ;T—台肩的高度 ;C—台肩寬度 ;W—滑塊寬度 ;L—滑塊長度

圖4-2-9 滑塊基本結構

表4-2-3 常用滑塊的相關尺寸　　　　　　　　　　單位/mm

A	B	H	H_1	T	C	L
≤50	8	20~35	21	5	5	35~60
50~100	11~12	30~50	21	5	5	60~80
100~150	12~14	40~60	21	8	8	60~100

三 導滑槽的設計

1.導滑槽的結構

在設計導滑槽時應確保滑塊在導滑槽中滑動平穩,不應有上下竄動或卡緊現象。一般多做成"T"形導滑槽。導滑槽可以做成整體式,也可以做成組合式,多做成組合式。

(a)　　　　　　　　　　　　(b)

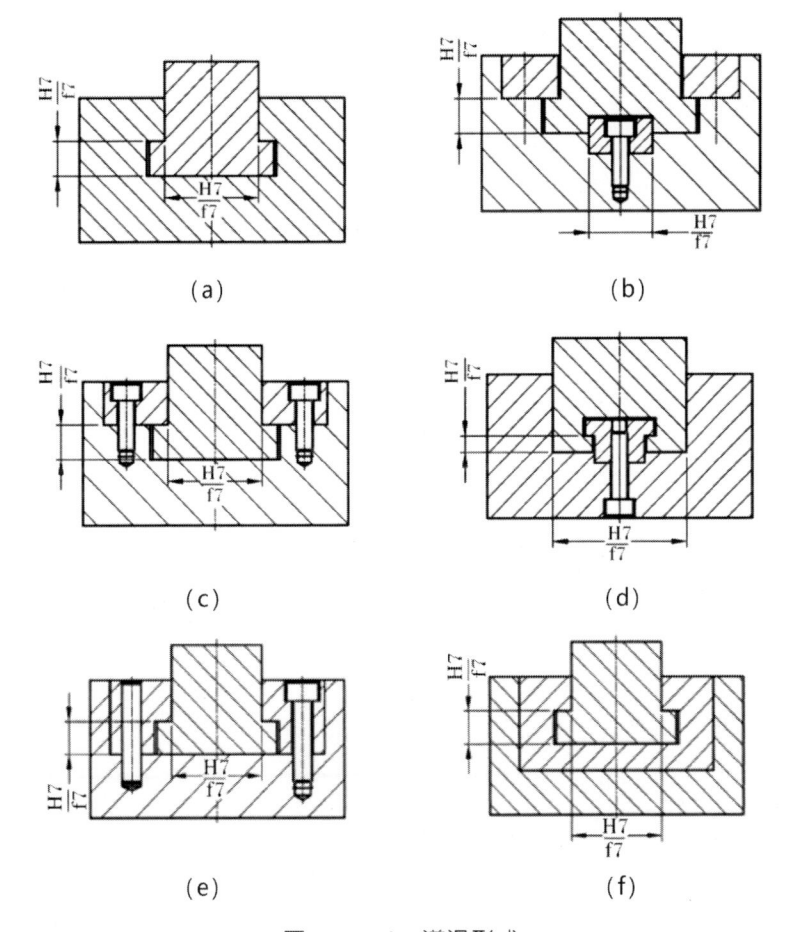

(c)　　　　　　　　　　　　(d)

(e)　　　　　　　　　　　　(f)

圖4-2-10　導滑形式

　　斜導柱側向分型與抽芯機構工作時側滑塊是在導滑槽內按一定的精度和沿一定的方向往復移動的零件。根據側型芯的大小、形狀和要求不同，以及各工廠的使用習慣不同,導滑槽的形式也不相同。最常用的是"T"形槽。如圖4-2-10所示為導滑槽與側滑塊的導滑結構形式。圖(a)採用整體式結構,該結構加工困難,一般用在模具較小的場合;圖(b)採用矩形的壓板形式,加工簡單,強度較好,應用廣泛,壓板規格可查標准零件表;圖(c)採用"T"形堆板,加工簡單,強度較好,一般要加銷釘定位;圖(d)採用壓板和中央導軌形式,一般用在滑塊較長和模溫較高的場合;圖(e)採用"T"形槽,且裝在滑塊內部,一般用於空間較小的場合,如內滑塊;圖(f)採用鑲嵌式的"T"形槽,穩定性較好,但是加工困難。

　　由於注射成型時,滑塊在導滑槽內要求能順利地來回移動,因此,對組成導滑槽零件的硬度和耐磨性是有一定要求的。整體式的導滑槽通常在定範本或動範本上直

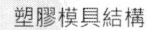

接加工出來，而動、定範本常用的材料為 45 鋼，為了便於加工，常常調質至 28～32 HRC，然後再銑削成形。對於組合式導滑槽的結構，壓板的材料常用 T8、T10、Cr12MoV，熱處理硬度要求大於 50 HRC。另外在滑塊底部通常會增設耐磨板(材料一般為 Cr12MoV)以增加導滑槽的導滑功能。

2. 導滑槽的尺寸

導滑槽的尺寸與它的結構有關，定位面不同，其尺寸要求不同，如圖4-2-11所示。

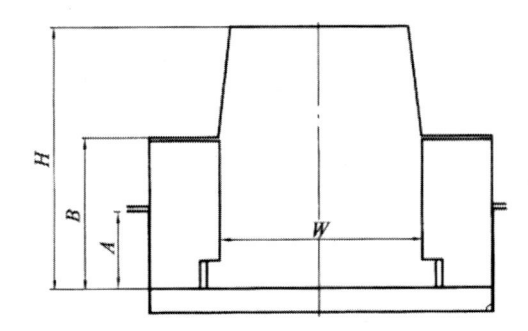

W-導滑槽寬度 ;A-壓板固定高度 ;B-壓塊和滑塊的配合高度 ;H-滑塊高度

$$A \geq \frac{1}{3}H \ ;B \geq \frac{2}{3}H$$

圖4-2-11 導滑槽尺寸

當滑塊完成側分型、抽芯時，滑塊留在導滑槽的長度不小於全長的 2/3。

四、楔緊塊的設計

在注射成型的過程中，側向成型零件在成型壓力的作用下會使側滑塊向外位移，如果沒有楔緊塊楔緊，側向力會透過側滑塊傳給斜導柱，使斜導柱發生變形。楔緊塊的結構形式如圖4-2-12所示。

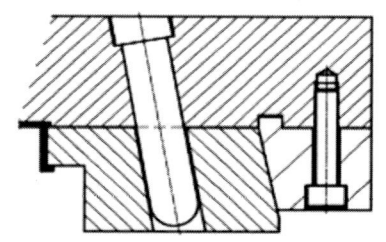

滑塊採用鑲塊式鎖緊方式，通常可用標準建，可查標準零件表，結構強度好，適用於鎖緊面積較大的場合

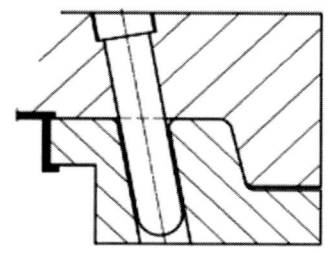

(a)

滑塊採用整體式鎖緊方式，適用於大型塑件和鎖緊面積較大的場合

(b)

專案四 水杯模具結構設計

(c) 滑塊採用整體方式鎖緊方式，結構剛性好，但加工困難，脫模距小，適用於小型模具

(d) 採用鑲入式鎖緊方式，適用於較寬的滑塊

(e) 滑塊採用鑲塊式鎖緊方式，結構簡單，但剛性差，易鬆動，適用於小型模具

(f) 採用鑲入式鎖緊方式，適用於較寬的滑塊

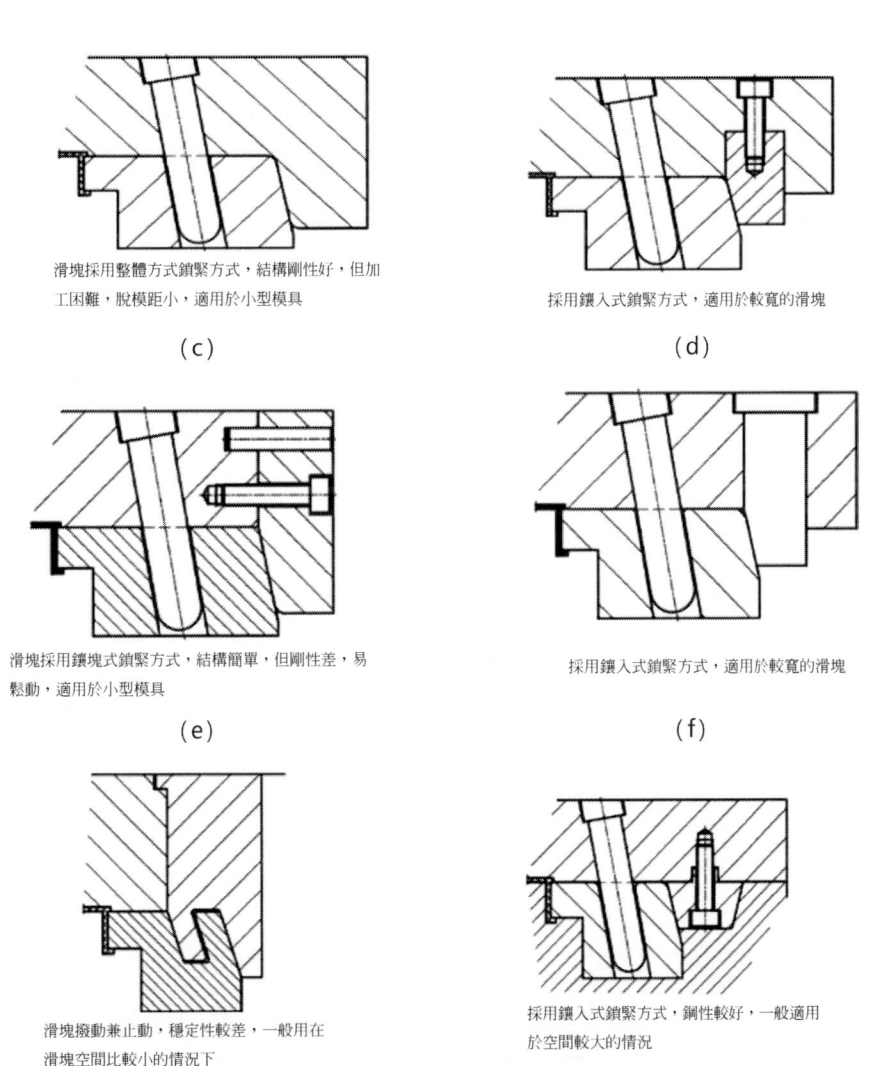

(g) 滑塊撥動兼止動，穩定性較差，一般用在滑塊空間比較小的情況下

(h) 採用鑲入式鎖緊方式，鋼性較好，一般適用於空間較大的情況

圖4-2-12 楔緊塊的機構形式

為了保證斜楔面能在合模時壓緊滑塊，而在開模時又能迅速脫開滑塊，以避免楔緊塊影響斜導柱對滑塊的驅動，楔角 β 都要比斜導柱傾斜角 α 大一些，即 $\beta = \alpha+(2°\sim 3°)$。

除楔緊塊外，鎖緊裝置自身還必須具有足夠的尺寸，鎖緊塊後端離模具側壁表面的最小距離 L 至少要保證 20 mm，以承受注射過程中產生的壓力以及剪切力，相關尺寸見圖4-2-13及表4-2-4。

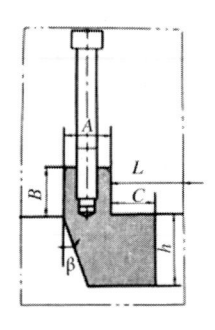

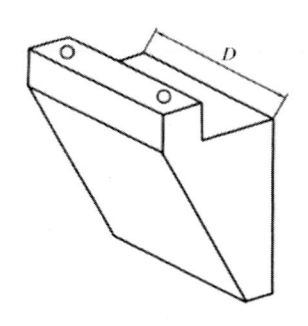

圖4-2-13 鎖緊裝置相關尺寸示意圖

表4-2-4　鎖緊裝置的相關尺寸

鎖緊裝置的寬度D/mm	鎖緊裝置的高度h/mm	鎖緊裝置的安裝尺寸				鎖緊裝置的止轉支撐寬度
		螺釘型號	螺釘個數	A/mm	B/mm	C/mm
≤50	≤60	M8	2	14~16	13	25
50~100	≤60	M8	2~3	16~18	15	30
100~200	≤60	M10	3~4	20~22	18	40
50~100	60~120	M10	2~3	20~22	18	50
100~200	60~120	M12	3~4	24~30	20	65

五 側滑塊定位裝置的設計

　　分型抽芯以後，當滑塊與斜導柱相互分離時，滑塊必須停留在剛分離的位置上，以使合模時斜導柱能夠順利地進入滑塊斜孔中，因此必須設置側滑塊定位裝置，如圖4-2-14 所示。

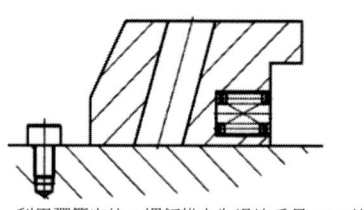

(a) 利用彈簧定位，螺釘推力為滑塊重量1.5~2倍，常用於向上和側向方向抽芯

(b) 利用彈簧、鋼球定位，用於滑塊較小的場合。當滑塊重量小於3kg時用這種定位結構

專案四 水杯模具結構設計

利用埋在模板槽內的彈簧、擋板、滑塊上的溝槽配合定位

(c)

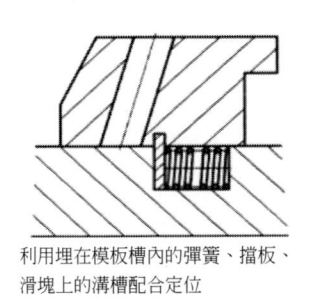

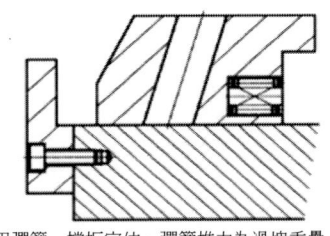

利用彈簧、擋板定位、彈簧推力為滑塊重疊的1.5~2倍，適用於滑塊較大，向上和側向方向抽芯

(d)

圖4-2-14 側滑塊定位裝置的形式

任務評價

(1)設計如圖4-1-7所示塑膠防護罩模具成型零件、側向分型與抽芯機構、澆注系統、推出機構、模架、溫度調節系統等。

(2)根據塑膠防護罩模具結構的設計情況進行評價，見表 4-2-5。

表4-2-5 塑膠防護罩注射模具結構設計評價表

評價內容	評價標準	分值	學生自評	教師評價
分型面選擇	是否合適	5分		
澆注系統設計	是否合理	15分		
成型零部件設計	結構和尺寸是否合理	15分		
側向分型與抽芯機構設計	結構和尺寸是否合理	20分		
模架類型及尺寸	是否合理	15分		
推出機構設計	是否正確	15分		
冷卻系統設計	是否合理	10分		
情感評價	是否積極參與課堂活動、與同學協作完成任務情況	5分		
學習體會				

塑膠模具結構

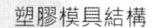

任務三　常見的側向分型與抽芯機構

任務目標

(1)掌握干涉的概念 避免干涉的方法。
(2)熟悉常見側向分型與抽芯機構。
(3)能夠根據模具裝配圖分析工作原理。

任務分析

側向分型與抽芯機構根據抽芯件的不同可以分為斜導柱 彎銷側抽芯等。透過本任務的學習 熟悉各種抽芯機構的適用場合及工作原理。

任務實施

根據塑膠水杯模具總體方案及結構 繪製模具裝配圖 如圖4-3-1所示。

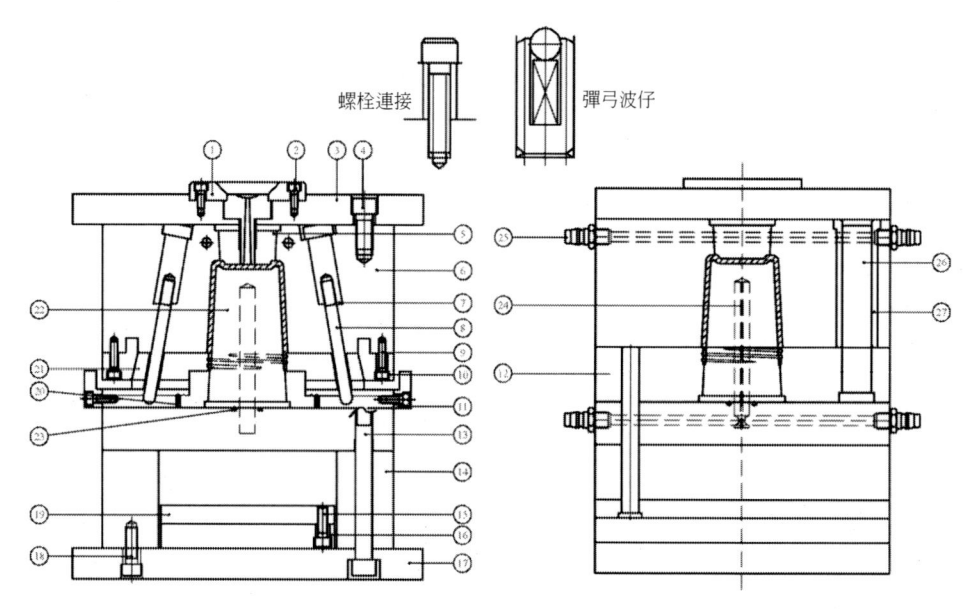

螺栓連接　　彈弓波仔

216

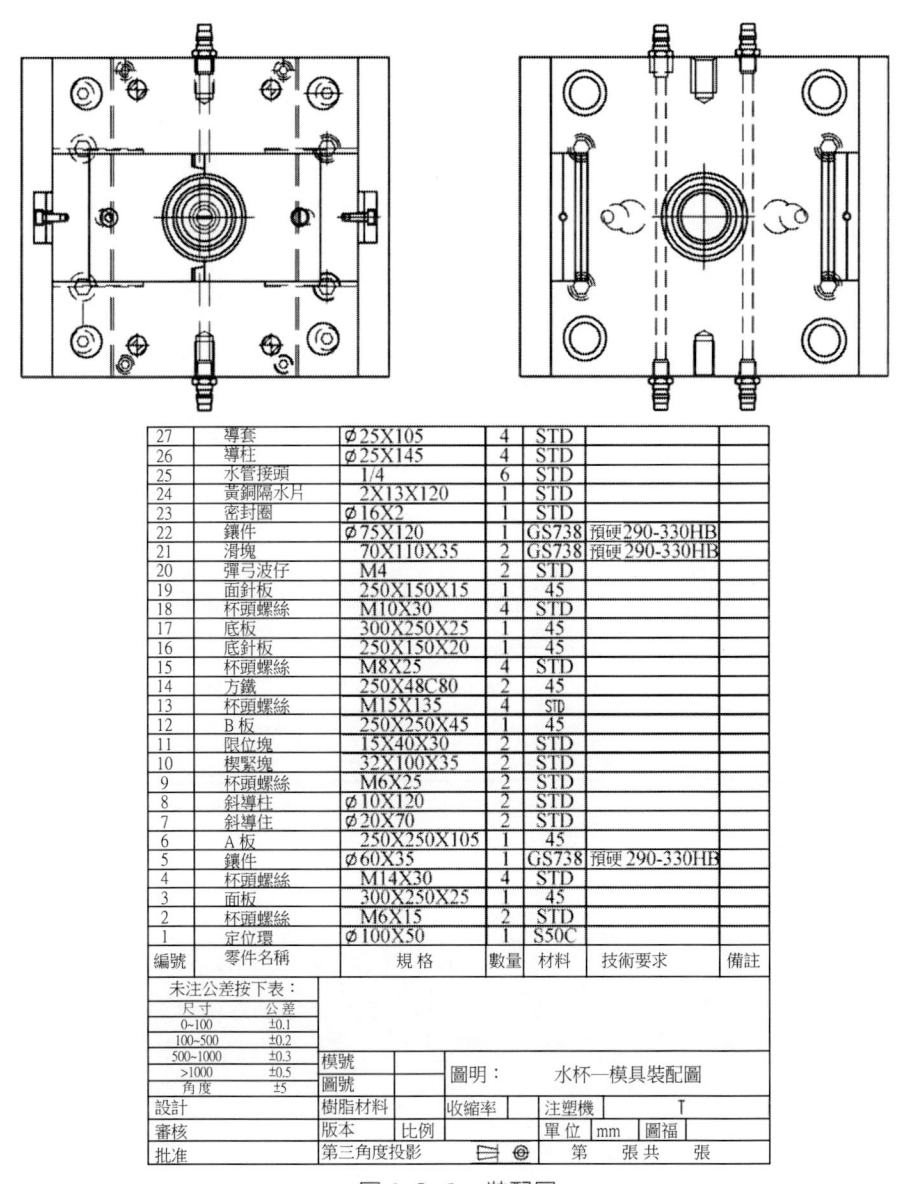

27	導套	Ø25X105	4	STD		
26	導柱	Ø25X145	4	STD		
25	水管接頭	1/4	6	STD		
24	黃銅隔水片	2X13X120	1	STD		
23	密封圈	Ø16X2	1	STD		
22	鑲件	Ø75X120	1	GS738	預硬290-330HB	
21	滑塊	70X110X35	2	GS738	預硬290-330HB	
20	彈弓波仔	M4	2	STD		
19	面針板	250X150X15	1	45		
18	杯頭螺絲	M10X30	2	STD		
17	底板	300X250X25	1	45		
16	底針板	250X150X20	1	45		
15	杯頭螺絲	M8X25	4	STD		
14	方鐵	250X48C80	2	45		
13	杯頭螺絲	M15X135	4	STD		
12	B板	250X250X45	1	45		
11	限位塊	15X40X30	2	STD		
10	楔緊塊	32X100X35	2	STD		
9	杯頭螺絲	M6X25	2	STD		
8	斜導柱	Ø10X120	2	STD		
7	斜導住	Ø20X70	2	STD		
6	A板	250X250X105	1	45		
5	鑲件	Ø60X35	1	GS738	預硬290-330HB	
4	杯頭螺絲	M14X30	4	STD		
3	面板	300X250X25	1	45		
2	杯頭螺絲	M6X15	2	STD		
1	定位圈	Ø100X50	1	S50C		
編號	零件名稱	規格	數量	材料	技術要求	備註

圖4-3-1 裝配圖

相關知識

一、斜導柱側向分型與抽芯

因安裝位置不同 斜導柱機構有如下四種不同形式：

1.斜導柱固定在定模 側滑塊安裝在動模

斜導柱固定在定模、側滑塊安裝在動模的結構是斜導柱側向分型與抽芯機構的模具應用最廣泛的形式，如圖4-3-2所示。模具設計者在設計側抽芯塑件的模具時，應當首先考慮採用這種形式。

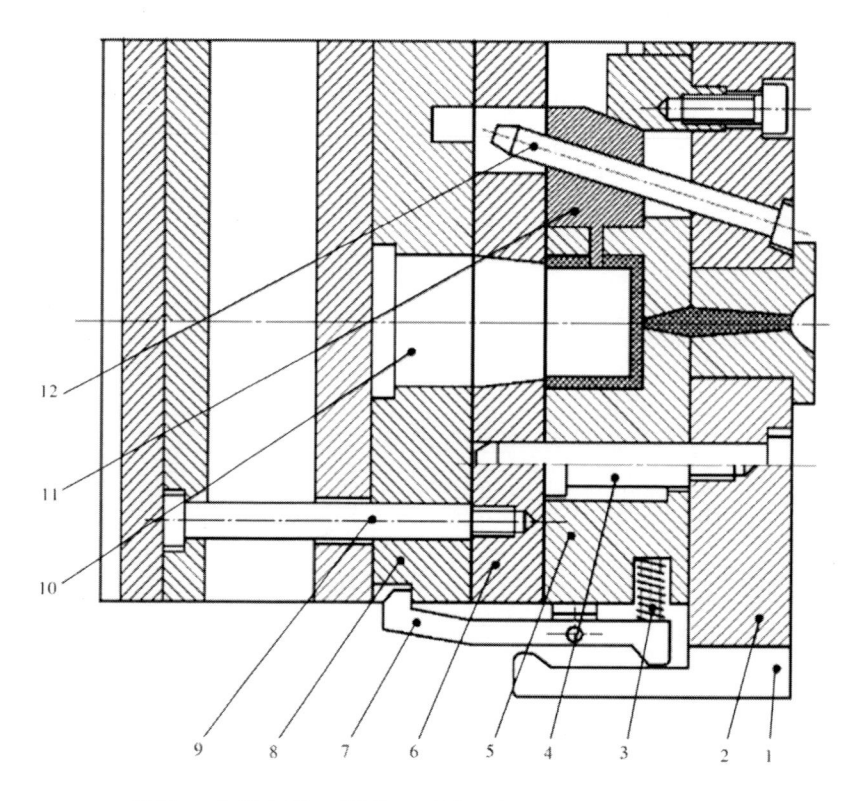

1-壓桿；2-定模座板；3-彈簧；4-限位螺釘；5-定範本；6-推件板；
7-拉鉤；8-動範本；9-推桿；10-主型芯；11-側滑塊；12-斜導柱

圖4-3-2 斜導柱固定在定模、側滑塊安裝在動模

設計斜導柱固定在定模、側滑塊安裝在動模的側抽芯機構時必須注意側滑塊與推桿在合模復位過程中不能發生"干涉"現象。

所謂"干涉"現象是指在合模過程中側滑塊的復位先於推桿的復位而使活動側型芯與推桿相碰撞，造成活動側型芯或推桿損壞的事故。側型芯與推桿發生"干涉"的可能性會出現兩者垂直於分型面的投影發生重合的情況，如圖4-3-3所示。圖(a)為合模狀態，在側型芯的投影下面設置有推桿；圖(b)為合模過程中，斜導柱剛插入滑塊的斜導孔中時，斜導柱向右邊重定的狀態，而此時模具的復位桿還未使推桿復位，這就會發生側型芯與推桿相碰撞的"干涉"現象。

(a) (b)

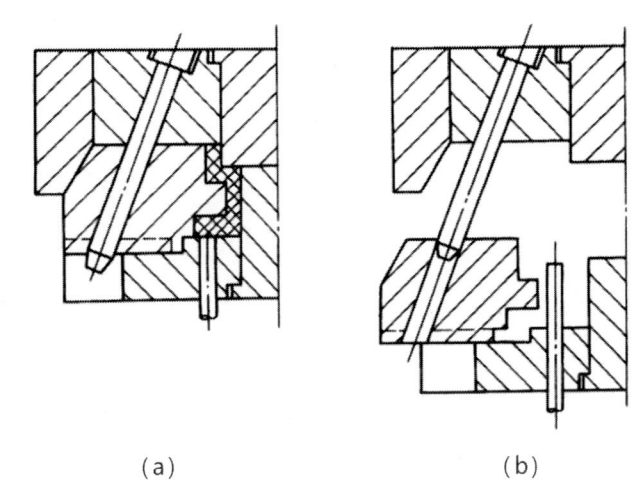

圖4-3-3 "干涉"現象

在模具結構允許的條件下,應儘量避免在側型芯的投影範圍內設置推桿。如果受到模具結構的限制而在側型芯下一定要設置推桿,應首先考慮能否使推桿在推出一定距離後仍低於側型芯的最低面。當這一條件不能滿足時,就必須分析產生"干涉"的臨界條件並採取措施使推出機構先復位,然後才允許側型芯滑塊復位,這樣才能避免產生"干涉"。

如圖4-3-4與圖4-3-5所示為分析發生干涉臨界條件的示意圖。圖4-3-4中,圖(a)所示為開模側抽芯後推桿推出塑件的狀態;圖(b)所示是合模復位時,復位桿使推桿復位,斜導柱使側型芯復位而側型芯與推桿不發生干涉的臨界狀態;圖(c)所示是合模重定完畢的狀態。從圖中可知,在不發生干涉的臨界狀態下,側型芯已經復位了長度 S',還需復位的長度為 $S - S' = S_c$,而推桿需復位的長度為 h_c。如果完全復位,應滿足如下條件:

$$h_c = S_c \cot \alpha$$

即 $h_c \tan \alpha = S_c$ \hfill (4-3-1)

在完全不發生干涉的情況下,需要在臨界狀態時,側型芯與推桿還應有一段微小的距離 Δ。因此,不發生干涉的條件為:

$$h_c \tan \alpha = S_c + \Delta \text{ 或者 } h_c \tan \alpha > S_c \tag{4-3-2}$$

式中:h_c ——在完全合模狀態下推桿端面離側型芯的最近距離;

S_c ——在分型面上,側型芯與推桿投影在抽芯方向上重合的長度;

Δ——在完全不干涉的情況下,推桿重定到 h_c 位置時,側型芯沿復位方向距推桿側面的最小距離,一般 $\Delta = 0.5$ mm 即可。

(a)　　　　　　　　(b)　　　　　　　　(c)

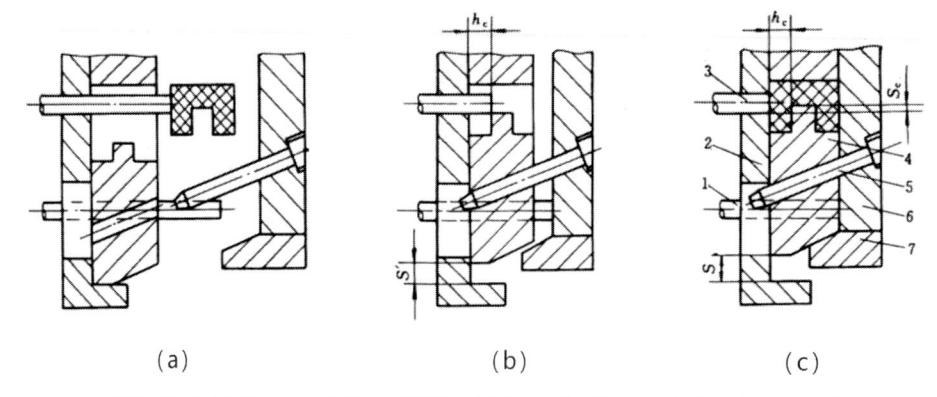

1-復位桿；2-動範本；3-推桿；4-側型芯滑塊；5-斜導柱；6-定模座板；7-楔緊塊

圖4-3-4　發生干涉的臨界條件示意圖

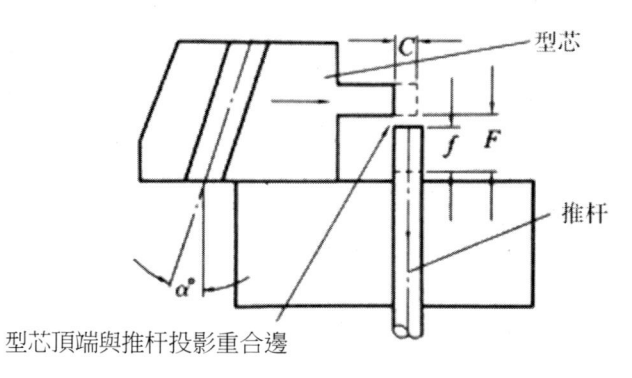

注：当 $f \geq C \cdot \cot \alpha$，不会发生干涉现象。

圖4-3-5　不產生干涉現象的幾何條件

在一般情況下，要儘量避免干涉，如果實際的情況無法滿足這個條件，則必須設計推桿的先復位機構。下面介紹幾種推桿的先復位機構。

(1)彈簧式先復位機構。

彈簧式先復位機構如圖4-3-6所示。它的特點是利用彈簧，並將其安裝在推桿固定板與動模之間，開模頂出塑件時，借助注射機推頂裝置帶動頂桿脫模機構運動並壓縮彈簧，一旦開始合模，注射機推頂裝置便與頂桿脫模機構脫離接觸，在彈簧回復力的作用下使頂桿迅速復位，因此可以避免與側向型芯干涉。彈簧式頂桿先重定機構具有結構簡單、安裝容易等優點，但彈簧力量小，容易疲勞失效，可靠性差，一般只適於復位力不大的場合，並需要定期更換彈簧。

(a)　　　　　　　(b)　　　　　　　(c)

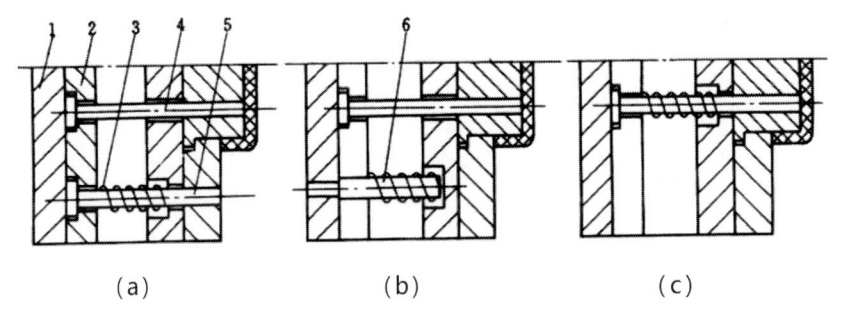

1-推板 2-推桿固定板 3-彈簧 4-推桿 5-復位桿 6-立柱

圖4-3-6　彈簧式先復位機構

(2)楔桿三角滑塊式先復位機構。

楔桿三角滑塊式先復位機構如圖4-3-7所示。楔桿固定在定模內部，三角滑塊安裝在推管固定板6的導滑槽內部，在合模狀態，楔桿1與三角滑塊4的斜面仍然接觸，如圖(a)所示。開始合模時，楔桿1與三角滑塊4的接觸先於斜導柱2與側型芯滑塊3的接觸。圖(b)所示為楔桿1接觸三角滑塊4的初始狀態，在楔桿1的作用下，在推管固定板6上的導滑槽內的三角滑塊向下移動的同時迫使推管固定板向左移動，使推管5的復位先於側型芯滑塊3的復位，從而避免兩者發生干涉。

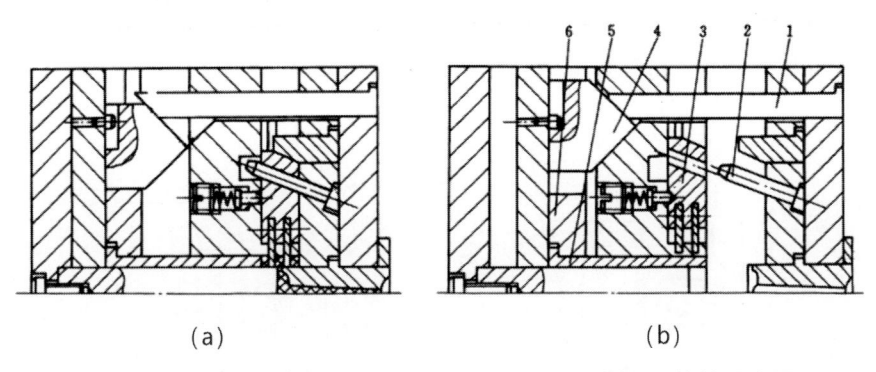

(a)　　　　　　　　　　　(b)

1-楔桿 2-斜導柱 3-側型芯滑塊 4-三角滑塊 5-推管 6-推管固定板

圖4-3-7　楔桿三角滑塊式先復位機構

(3)楔桿擺桿式先復位機構。

楔桿擺桿式先復位機構如圖4-3-8所示，其結構與楔桿三角滑塊式先復位機構相似，所不同的是擺桿代替了三角滑塊。圖(a)所示為合模狀態。擺桿4一端用轉軸固定在支承板3上，另一端裝有滾輪。合模時，楔桿1推動擺桿上的滾輪，迫使擺桿4繞著轉軸做逆時針方向旋轉，同時它又推動推桿固定板5向左移動，使推桿的復位先於側型芯的復位。為了防止滾輪與推板6之間的磨損，在推板6上常常鑲有淬過火的墊板。

221

(a) (b)

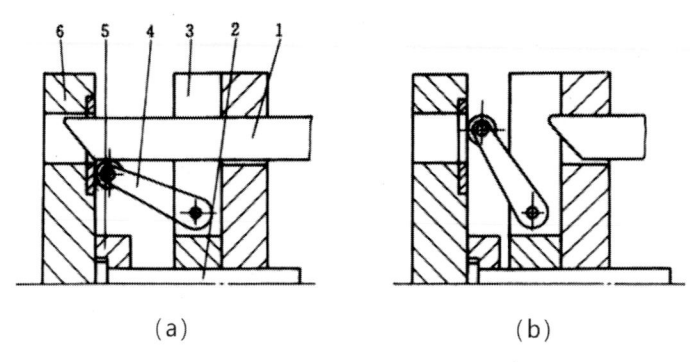

1-楔桿 2-推桿 3-支承板 4-擺桿 5-推桿固定板 6-推板

圖4-3-8 楔桿擺桿式先復位機構

(4)楔桿滑塊擺桿式先復位機構。

楔桿滑塊擺桿式先復位機構如圖4-3-9所示。圖(a)所示為合模狀態，楔桿4固定在定模部分的外側，下端帶有斜面的滑塊5安裝在動模支承板3內，滑銷6也安裝在動模支承板3內，但它的運動方向與滑塊的運動方向垂直，擺桿2上端用轉軸固定在與動模支承板3連接的固定板上，合模時，楔桿4向滑塊靠近；圖(b)所示是合模過程中楔桿4接觸滑塊的初始狀態，楔桿4的斜面推動支承板內的滑塊5向下滑動，滑塊的下移使滑銷6左移，推動擺桿2繞其轉軸做順時針方向旋轉，從而帶動推桿固定板1左移，完成推桿7的先復位動作；開模時，楔桿4脫離滑塊，滑塊在彈簧8的作用下上升，同時，擺桿2在本身重力的作用下回擺，推動滑銷6右移，從而擋住滑塊5繼續上升。

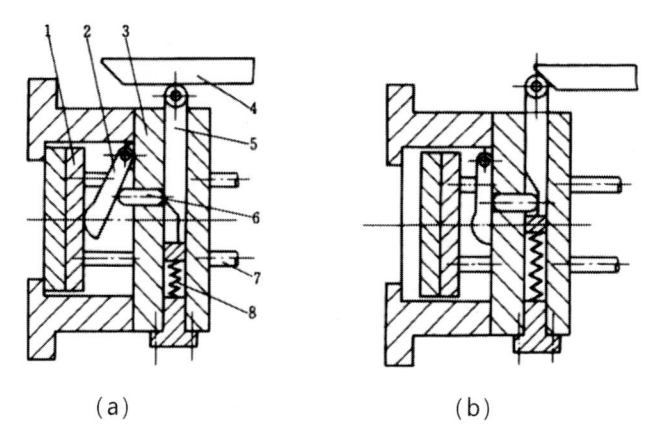

(a) (b)

1-推桿固定板 2-擺桿 3-動模支承板 4-楔桿 5-滑塊 6-滑銷 7-推桿 8-彈簧

圖4-3-9 楔桿滑塊擺桿式先復位機構

2.斜導柱固定在動模，側滑塊安裝在定模

由於開模時一般要求塑件包緊在動模凸模上的部分留在動模，而側型芯則安裝在定模上，這樣就會產生以下幾種情況：一種情況是如果側抽芯與脫模同時進行，由於側型芯在開模方向的阻礙作用使塑件從動模部分的凸模上強制脫下而留在定模，側抽芯結束後，塑件無法從定模型腔中取出；另一種情況是由於塑件包緊於動模凸模上的力大於側型芯使塑件留於定模型腔的力，則可能會出現塑件被側型芯撕裂或細小的側型芯被折斷的現象，導致模具損壞或無法工作。從以上分析可知，斜導柱固定在動模，側滑塊安裝在定模的模具結構的特點是側抽芯與脫模不能同時進行，要麼是先側抽芯後脫模，要麼先脫模後側抽芯。

如圖 4-3-10 所示，這種機構稱為凸模浮動式作斜導柱定模側抽芯。凸模 11 以 H8/f8 的配合安裝在動範本 3 內，並且其底端與動模支承板的距離為 h。開模時，由於塑件對凸模 11 具有足夠的包緊力，致使凸模在開模距離 h 內和動模後退的過程中保持靜止不動，即凸模浮動了距離 h，使側型芯滑塊 10 在斜導柱 12 的作用下側向抽芯移動距離 S。繼續開模，塑件和凸模一起隨動模後退，推出機構工作時，推件板 4 將塑件從凸模上推出，凸模浮動式斜導柱側抽芯的機構在合模時，應考慮凸模 11 重定的情況。

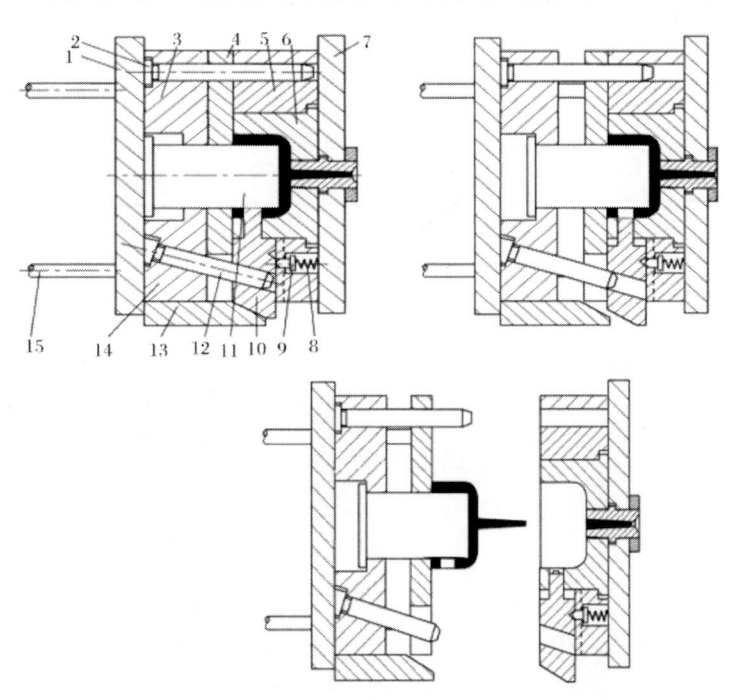

1-支承板；2-導柱；3、14-動範本；4-推件板；5-定範本；6-凹模；7-定模座板；
8-彈簧；9-限位銷；10-側型芯滑塊；11-凸模；12-斜導柱；13-楔緊塊；15-推桿

圖4-3-10　凸模浮動式作斜導柱定模側抽芯

3.斜導柱與側滑塊同時安裝在定模

在斜導柱與側滑塊同時安裝在定模的結構中，一般情況下斜導柱固定在定模座板上，側滑塊安裝在定範本上的導滑槽內。為了造成斜導柱與側滑塊兩者之間的相對運動，還必須在定模座板與定範本之間增加一個分型面，因此，需要採用定距順序分型機構，即開模時主分型面暫不分型，而讓定模部分增加的分型先定距分型並讓斜導柱驅動側滑塊進行側抽芯，抽芯結束後，然後主分型面分型。由於斜導柱與側型芯同時設置在定模部分，設計時斜導柱可適當加長，保證側抽芯時側滑塊始終不脫離斜導柱，所以不需設置側滑塊的定位裝置。

圖4-3-11所示的結構是擺鉤式定距順序分型的斜導柱抽芯機構。合模時，在彈簧7的作用下，由轉軸6固定在定範本10上的擺鉤8勾住固定在動範本11上的擋塊12。開模時，由於擺鉤8勾住擋塊12，模具首先從A分型面分型，同時在斜導柱2的作用下，側型芯滑塊1開始側向抽芯，側抽芯結束後，固定在定模座板上的壓塊9的斜面壓迫擺鉤8做逆時針方向擺動而脫離擋塊12，在定距螺釘5的限制下A分型面分型結束，動模繼續後退，然後B分型面分型，塑件隨凸模3保持在動模一側，最後推件板4在推桿13的作用下使塑件脫模。

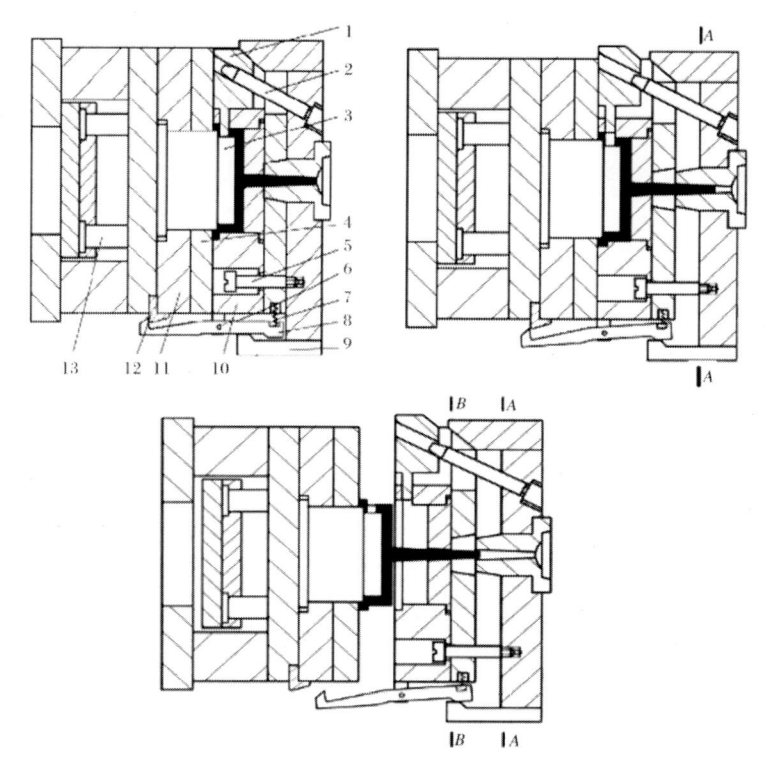

1-側型芯滑塊；2-斜導柱；3-凸模；4-推件板；5-定距螺釘；6-轉軸；
7-彈簧；8-擺鉤；9-壓塊；10-定範本；11-動範本；12-擋塊；13-推桿
圖4-3-11　擺鉤式定距順序分型的斜導柱抽芯機構

4.斜導柱與側滑塊同時安裝在動模

斜導柱與側滑塊同時安裝在動模的結構，一般是透過推件板推出機構來實現斜導柱與側型芯滑塊的相對運動的。在圖4-3-12所示的斜導柱側抽芯機構中，斜導柱固定在動範本5上，側型芯滑塊2安裝在推件板4的導滑槽內，合模時靠設置在定範本上的楔緊塊1鎖緊。開模時，側型芯滑塊2和斜導柱3一起隨動模部分後退，當推出機構工作時，推桿推動推件板4使塑件脫模，同時，側型芯滑塊2在斜導柱3的作用下在推件板4的導滑槽內向兩側滑動進行側向抽芯。這種模具的結構，由於斜導柱與側滑塊不脫離導柱，因此也不需設置側滑塊定位裝置。另外，這種利用推件板推出機構造成斜導柱與側滑塊相對運動的側抽芯機構，主要適合於抽拔距離和抽芯力均不太大的場合。

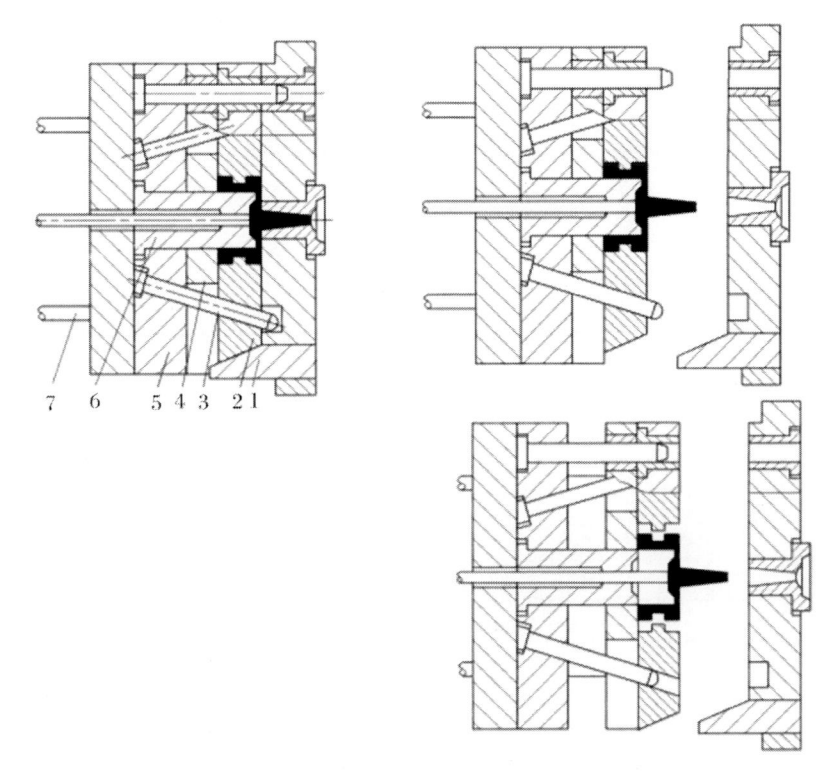

1-楔緊塊 2-側型芯滑塊 3-斜導柱 4-推件板 5-動範本 6-凸模 7-型芯

圖4-3-12 斜導柱與側滑塊同在動模的結構

二、彎銷側向分型與抽芯機構

彎銷抽芯機構的原理和斜導柱抽芯相同，只是在結構上用彎銷代替斜導柱。這種機構的優點在於傾斜角較大，最大可達 40°，因而在開模距離相同的條件下，其抽拔距離大於斜導柱抽芯機構的抽拔距離。

225

塑膠模具結構

通常,彎銷裝在範本外側,一端固定在定模上,另一端由支承塊支承,因而承受的抽拔力較大。如圖4-3-13所示就是彎銷抽芯機構的典型結構。圖中滑板3移動一定距離後,由定位銷4定位,支承板1防止滑板3在注射時產生位移。

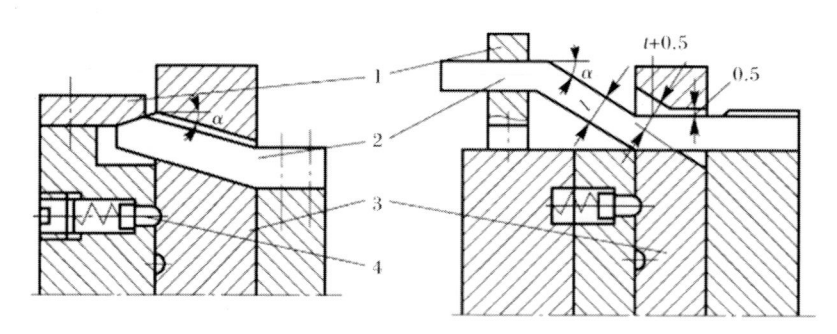

1-支承板 ;2-彎銷 ;3-滑板 ;4-定位銷

圖4-3-13　彎銷抽芯機構

設計彎銷抽芯機構時,應使彎銷與滑塊孔之間的間隙稍大一些,以避免閉模時碰撞,通常為 0.5 mm 左右。彎銷和支承板(塊)的強度,應根據抽拔力的大小來確定。

三、斜導槽分型與抽芯機構

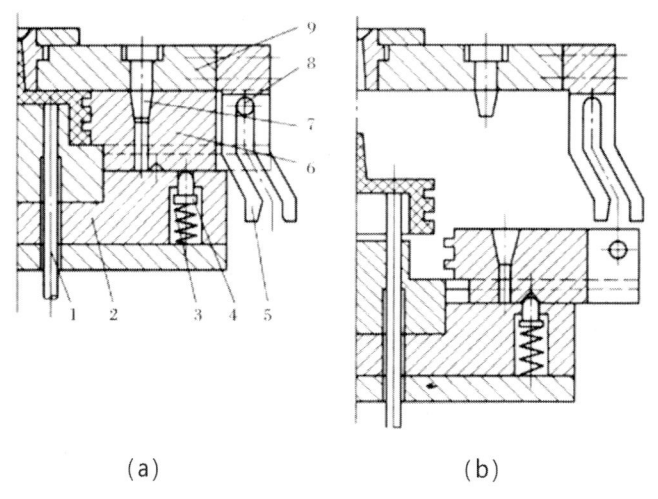

(a)　　　(b)

1-推桿 ;2-動範本 ;3-彈簧 ;4-頂銷 ;5-導槽板 ;6-側型芯滑塊 ;7-止動銷 ;8-滑銷 ;9-定範本

圖4-3-14　斜導槽分型與抽芯機構

當側型芯的抽拔距離比較大時,在側型芯的外側可以用斜導槽和滑塊連接代替斜導柱,如圖4-3-14所示。斜導槽板用四個螺釘和兩個銷釘安裝在定模外側,開模時,側型芯滑塊的側向移動是受固定在它上面的圓柱銷在斜導槽內的運動軌跡所限制的。當槽與開模方向沒有斜度時,滑塊無側抽芯動作;當槽與開模方向成一角度時,滑塊可以側抽芯。槽與開模方向角度越大，側抽芯的速度越快，槽愈長，側抽芯的抽芯距也就愈大，由此可以看出，斜導槽側抽芯機構設計時比較靈活。

斜導槽的傾斜角在25°以下較好，如果不得不超過這個角度時，可以把傾斜槽分成兩段，如圖 4-3-15 所示。第一段 α_1 角比鎖緊塊 α' 角小 2°，在 25°以下，第二段做成 所要求的角度，但是 α_2 最大在 40°以下，S 為抽拔距，圖(a)、圖(b)為斜導槽的兩種不同結構形式。

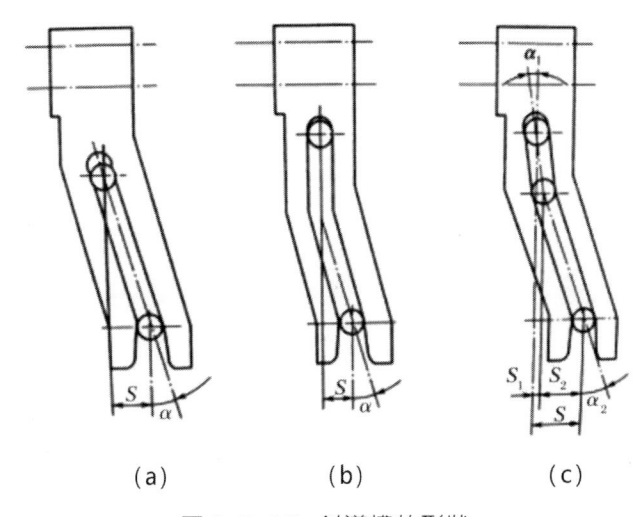

(a)　　　(b)　　　(c)

圖4-3-15　斜導槽的形狀

任務評價

(1)繪製塑膠防護罩模具裝配圖及成型零部件零件圖。

(2)根據學生繪製的模具裝配圖及零件圖進行評價，見表 4-3-1。

表4-3-1　繪製模具裝配圖及零件圖的情況評價表

評價內容	評價標準	分值	學生自評	教師評價
模具裝配圖繪製	結構是否完整、正確	60分		
型腔零件圖	是否正確	15分		
型芯零件圖	是否正確	15分		
情感評價	是否積極參與課堂討論、與同學協作完成情況	10分		
學習體會				

電池蓋模具結構設計

　　許多塑膠製件帶有淺的內側孔、內側凹或卡口，由於抽芯距和抽芯力不大，可以採用斜頂結構完成塑膠製件的側向分型與抽芯結構和脫模。這樣的設計使得塑膠模具結構簡單，模具零件製造加工方便。本項目以下圖所示的電池蓋為載體來介紹斜頂內側抽芯注射模的典型結構及設計要點等知識，並根據提供的塑膠製件零件圖完成整套注射模具的設計。

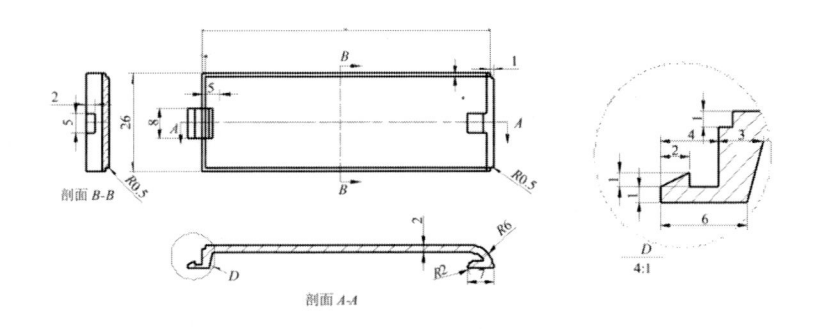

電池蓋

目標類型	目標要求
知識目標	(1)熟悉斜滑塊抽芯機構的組成 (2)理解斜滑塊抽芯機構的設計要點 (3)熟悉斜導桿導滑的內側分型機構的組成 (4)理解斜滑塊抽芯機構的設計要點
技能目標	(1)認識斜滑塊分型與抽芯機構 (2)認識斜頂分型與抽芯機構 (3)能夠根據塑件確定內側抽芯機構及尺寸
情感目標	(1)具備自學能力、思考能力、解決問題能力與表達能力 (2)具備團隊協作能力、計畫組織能力、善於與人溝通、交流，能參與團隊合作完成工作任務

任務 設計電池蓋模具結構

任務目標

(1)掌握斜滑塊導滑抽芯的組成、工作原理及設計要點。
(2)掌握斜頂內側分型機構的組成、工作原理及設計要點。
(3)理解模具設計步驟。

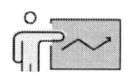

任務分析

當塑膠製件內部側壁上有凹凸部位時,通常採用斜頂抽芯機構的形式。由於斜頂抽芯機構在範本上所占的空間位置少,當塑膠製件被頂出時,斜頂抽芯機構亦有頂出的作用,因而在模具中大量應用。透過本任務的學習,完成電池蓋內側抽芯的設計。

任務實施

1.分型面的選擇(如圖5-1-1)

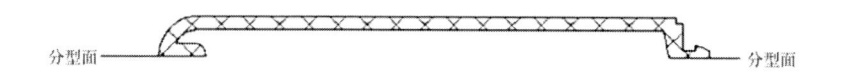

圖5-1-1 分型面的選擇

2.確定型腔佈置

本產品採用一模四腔的結構佈置,為了四個型腔能同時充滿,採用對稱排列方式,如圖5-1-2所示。

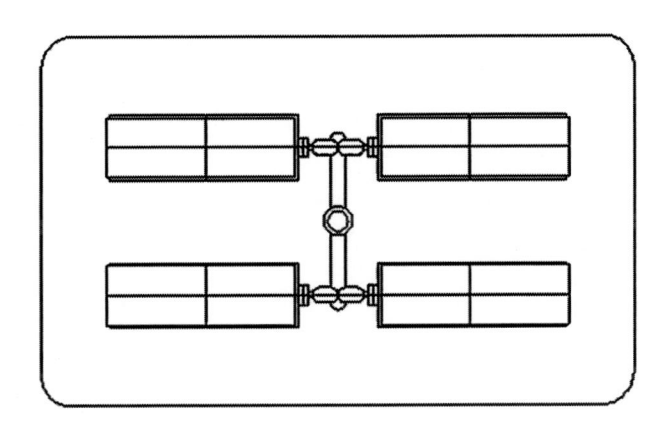

圖5-1-2　型腔的排列

3.選擇標準的模架

選擇型腔、型芯的尺寸為 150 mm × 250 mm × 35 mm，選用龍記標准模架 CI3340A70B60 標準模架。其中 C 板高度取 90 mm。

4.澆注系統的設計

由於產品外觀要求不高，為了方便加工和減少模具成本，選用側澆口，物料為 ABS，澆口尺寸如圖 5-1-3 所示。

5.推出機構的確定

推出機構採用頂桿推出。頂桿的佈置如圖5-1-4所示。

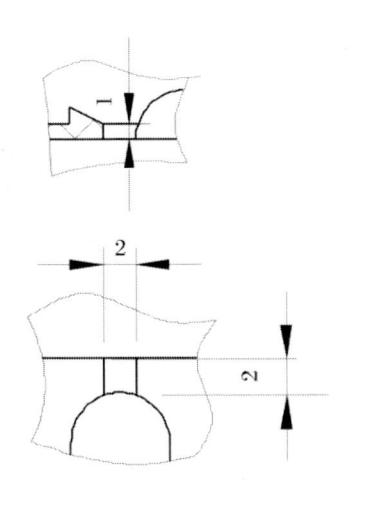

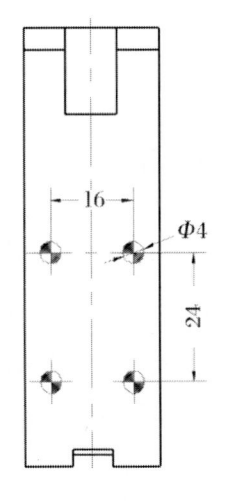

圖5-1-3　澆口尺寸　　圖5-1-4　頂桿的佈置

6.斜頂的設計

在圖 5-1-4 中，製件有一個 5 mm×5 mm 的內側凹凸，在模具設計中，設計成斜頂的模具結構。採用整體式，截面長和寬分別為 13 mm 和 10 mm，高度為 115 mm，斜角為8°。斜頂與推桿固定板連接方式則採用了"T"形導滑座連接方式，在推桿固定板上開一條"T"形的導滑槽，斜頂與"T"形導滑座用螺絲固定，推出機構推出時，斜頂帶動導滑座向右移動，如圖5-1-5所示，當推桿固定板被推出到限位塊的時候，推板的推出行程為 55 mm，這時斜頂完成側抽芯，抽芯距離為 7.73 mm。

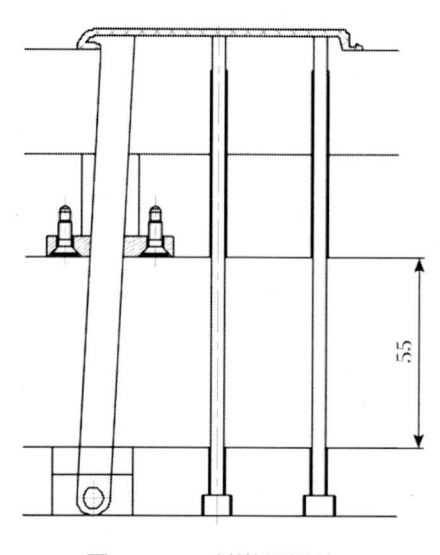

圖5-1-5 斜導桿滑塊

相關知識

一、斜滑塊抽芯機構

斜滑塊抽芯機構適用於成型面積較大，側孔或側凹較淺,所需的抽拔距較小的場合。

滑塊裝在與開模方向傾斜的導滑槽內，推出滑塊時，塑件在滑塊的帶動下在脫離主型芯時完成側向分型抽芯動作。

1. 斜滑塊導滑的側向抽芯

斜滑塊抽芯機構的基本形式如圖5-1-6所示。

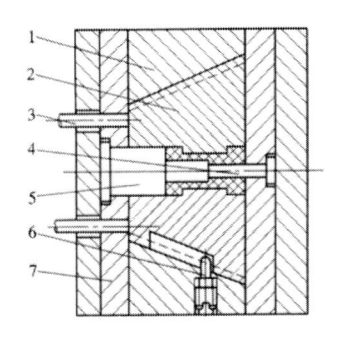

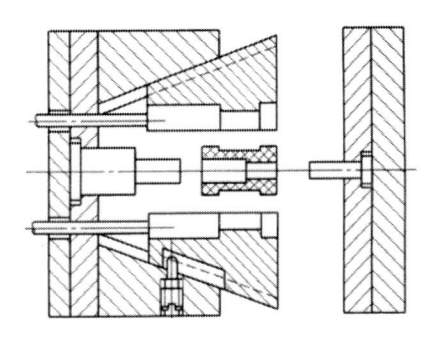

1-模套 2-斜滑塊 3-推桿 4-定模型芯 5-動模型芯 6-限位螺銷 7-動範本
圖5-1-6 斜滑塊抽芯機構的基本形式

工作原理：型腔由兩個斜滑塊組成。開模後，塑件包在動模型芯 5 上和斜滑塊 2 一起隨動模部分向左移動，在推桿3的作用下，斜滑塊2相對向右運動的同時向兩側分型，分型的動作靠斜滑塊2在模套1的導滑槽內進行斜向運動來實現，導滑槽的方向與斜滑塊2的斜面平行。斜滑塊2側向分型的同時，塑件從動模型芯5上脫出。限位螺銷6是為防止斜滑塊從模套中脫出而設置的。

圖5-1-7所示為斜滑塊導滑的內側分型與抽芯的結構形式。斜滑塊2的上端為成型塑件內側的凹凸形狀，推出時，斜滑塊2在推桿4的作用下，在推出塑件的同時向內側移動而完成內側抽芯的動作。

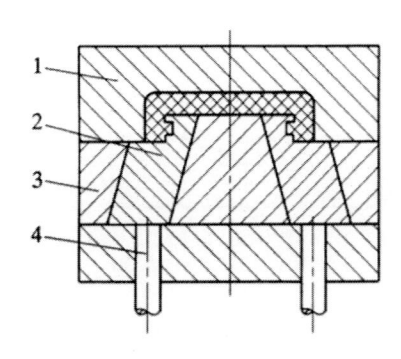

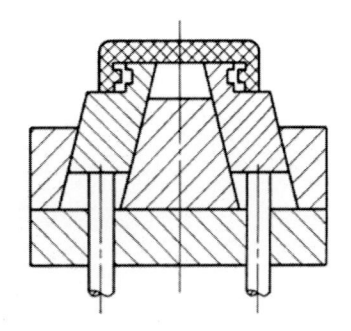

1-型芯塊 2-斜滑塊 3-型芯固定板 4-推桿 5-固定板
圖5-1-7 斜滑塊導滑的內側分型與抽芯

工作原理：斜滑塊2的上端為側向型芯，它安裝在型芯固定板3的斜孔中。開模後，推桿4推動斜滑塊2向上運動，由於型芯固定板3上的斜孔作用，斜滑塊同時還向內側移動，從而在推桿4推出塑件的同時，斜滑塊2完成內側抽芯動作。

2.斜滑塊式機構的設計要點

(1)斜滑塊的組合形式。

根據塑件需要，斜滑塊通常由2～6塊組合而成，在某些特殊情況下，斜滑塊還可以分得更多。

如圖5-1-8所示是幾種常見的瓣合模滑塊和模套的一些組合形式。

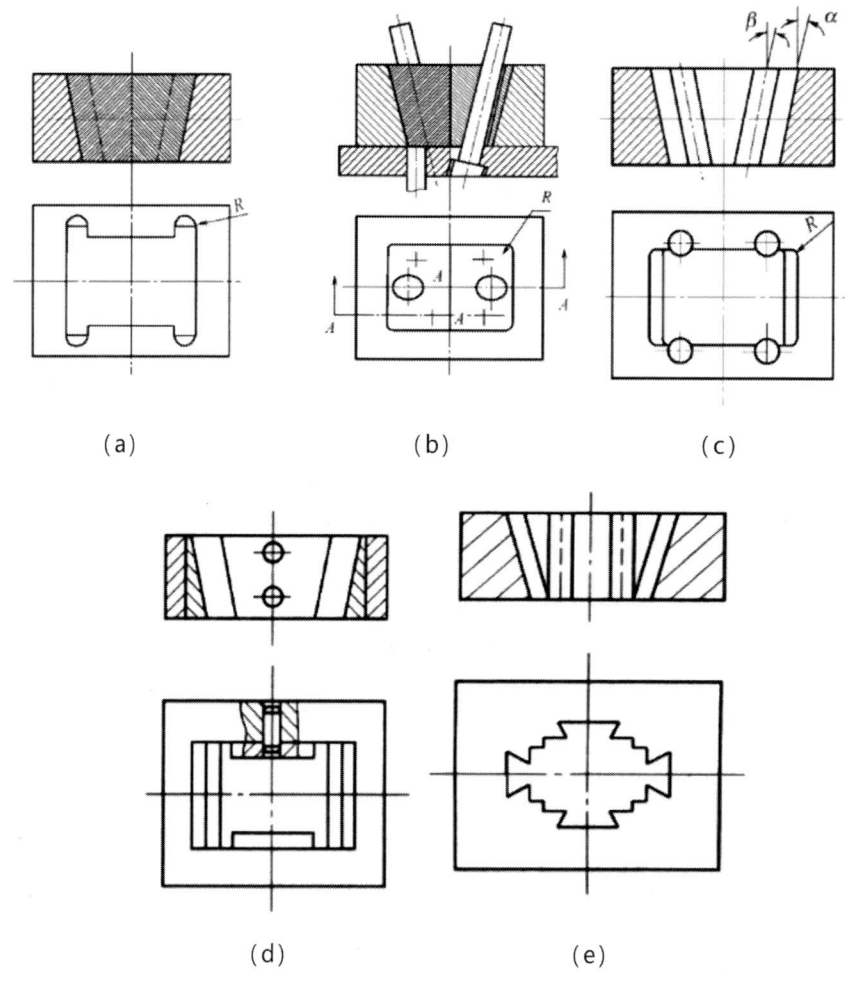

(a)　　　　　　　(b)　　　　　　　(c)

(d)　　　　　　　(e)

圖5-1-8　常見的瓣合模滑塊和模套的組合形式

按照導滑部分的特點，圖(a)導滑槽為整體式"T"形導滑槽，其加工精度不易保證，且不能熱處理，但結構較緊湊，故適於中小型或批量不大的模具。其中半圓形截面也可製成方形，成為方形導滑槽。

圖(b)和(c)都是用導柱進行導滑。所不同的是圖(c)是將導柱斜鑲並固定在模套的內側面作為軌道導滑，而圖(b)則將導柱斜鑲在動範本上。它們的共同特點是結構簡單，製造方便。由於其斜孔可在斜滑塊與模套研合後組合加工，所以容易保證質量。導柱斜孔的角度應小於或等於斜滑塊導向角，即 $\beta \leq \alpha$，以避免在側抽芯過程中斜滑塊與模套產生引動干擾。

圖(d)為鑲拼式導滑，導滑部分(鎖緊楔)和分模楔都單獨製造後鑲入模套，這樣就可進行熱處理和磨削加工，從而提高了精度和耐磨性。分模楔要有良好的定位，所以用圓柱銷連接，鎖緊楔用螺釘緊固。

圖(e)為燕尾式導滑槽，適於小型模具多滑塊的情況，模具結構緊湊，但加工較困難。用型芯鑲塊作為斜滑塊的導向，常用於斜滑塊的內側抽芯。

(2)正確選擇主型芯的位置。

主型芯位置選擇恰當與否，直接關係到塑件能否順利脫模。例如，圖5-1-9(a)中將主型芯設置在定模一側，開模後主型芯首先從塑件中抽出，然後推桿推動斜滑塊開始分型，由於塑件沒有中心導向，容易附在黏附力較大的斜滑塊一側，從而使塑件不能順利脫模，如果將主型芯位置改變，將其設置在動模上，如圖(b)所示，則主型芯在塑件脫模過程中具有中心導向作用，所以在斜滑塊分型過程中不會黏附在斜滑塊上，因此脫模比較順利。

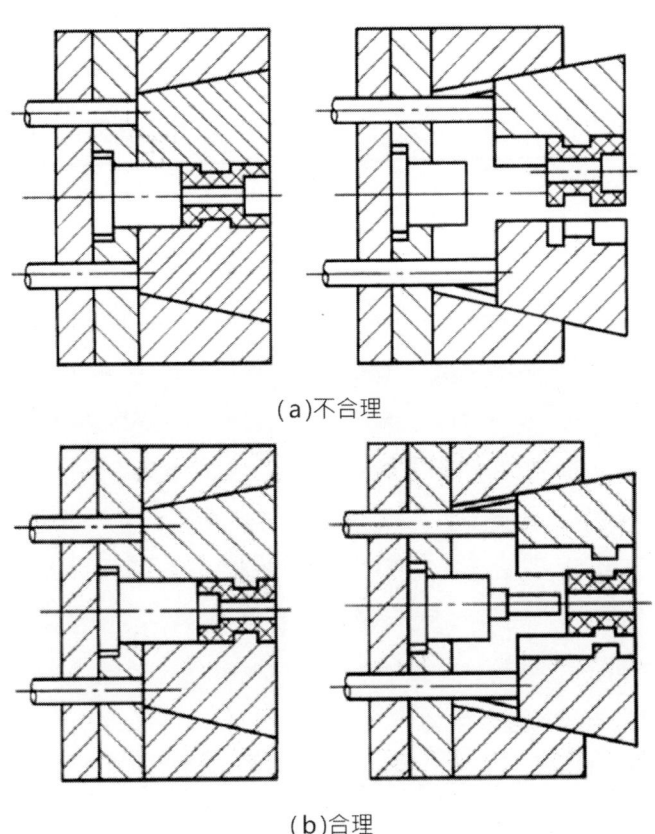

(a)不合理

(b)合理

圖5-1-9 主型芯位置選擇

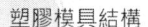

(3)開模時斜滑塊的止動方法。

斜滑塊通常設置在動模部分,為了方便利用動模邊的推出機構,並且避免開模時定模型芯將斜滑塊帶出而損傷製件,要求塑件對動模部分的包緊力大於對定模部分的包緊力。

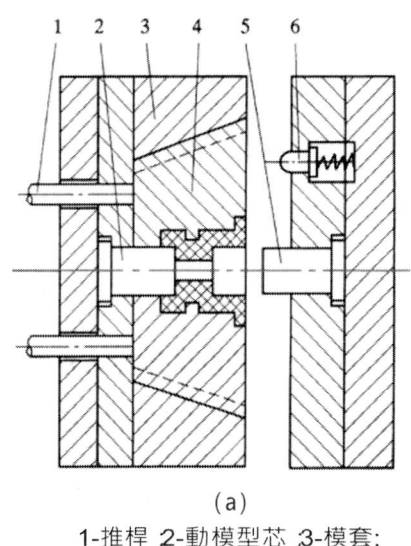

(a)
1-推桿;2-動模型芯;3-模套;
4-斜滑塊;5-定模型芯;6-彈簧頂銷

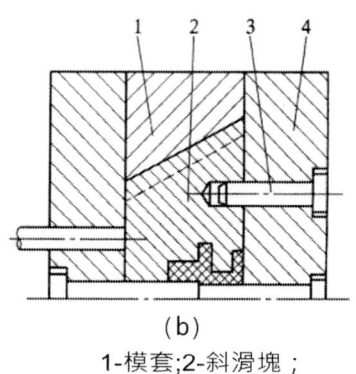

(b)
1-模套;2-斜滑塊;
3-導銷;4-定範本

圖5-1-10 斜滑塊的彈簧止動裝置

但有時因為塑件的特殊結構,定模部分的包緊力大於動模部分,此時,如果沒有止動裝置,則斜滑塊在開模動作剛開始之時便有可能與動模產生相對運動,導致塑件損壞或滯留在定模內而無法取出。為避免這種現象發生,可參照圖5-1-10(a)設置止動裝置,開模後,彈簧頂銷6緊壓斜滑塊4防止斜滑塊與動模分離,繼續開模時,塑件留在動模上,然後由推桿1帶動斜滑塊4側向分型並頂出塑件。

斜滑塊止動還可採用圖5-1-10(b)所示的導銷機構,即在斜滑塊上鑽一圓孔與固定在定模上的導銷3呈間隙配合。開模後,在導銷3的約束下,斜滑塊2不能進行側向運動,所以開模動作也就無法使斜滑塊與動模之間產生相對運動。繼續開模時,導銷3與斜滑塊2上的圓孔脫離接觸,動模內的頂出機構將推動斜滑塊側向分型並頂出塑件。

(4)斜滑塊的推出行程與傾角。

斜滑塊式機構的推出行程計算,與斜導柱式機構中抽拔運動所需的開模距計算相似,但斜滑塊強度較高,其傾角可比斜導柱傾角設計得大一些,一般在5°~25°之間選取。必要時,導向傾向角可適當加大,但最大不應超過30°。

(5)斜滑塊的裝配要求。

為了保證斜滑塊在合模時拼合緊密，避免注射成型時產生飛邊，必須使斜滑塊底部與模套端面之間要留 0.2～0.5 mm 間隙，頂部也必須要高於模套 0.2～0.5 mm，如圖 5-1-11 所示。這樣做的目的是為了斜滑塊與動模(或導滑槽)之間有了磨損之後，通過修磨斜滑塊的端面，繼續保持拼合的緊密性。

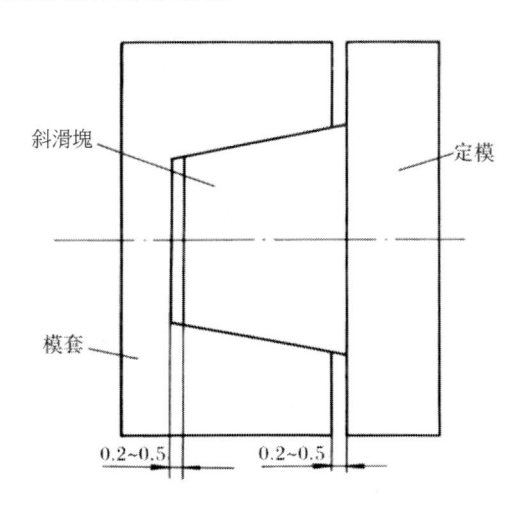

圖5-1-11　斜滑塊與模套的配合

(6)斜滑塊推出後的限位。

在臥式注射機上使用斜滑塊側向抽芯機構時，為了防止斜滑塊在工作時從動模板上的導滑槽中滑出去，影響該機構的正常工作，因此，應在斜滑塊上制出一長槽，動範本上設置一螺銷定位，如圖5-1-12所示。

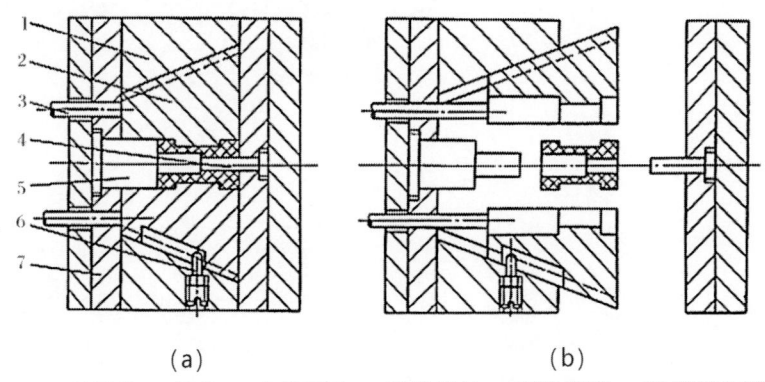

1-模套　2-斜滑塊　3-推桿　4-定模型芯　5-動模型芯　6-限位螺銷　7-動模型芯固定板
圖5-1-12　斜滑塊的外側分型與抽芯

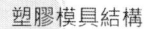

二、斜頂內側分型機構

斜頂主要用於塑件內側凹較淺的情況。如圖5-1-13、圖5-1-14所示為斜頂抽芯的典型結構。斜頂運動方向與開模方向的夾角一般小於 12°，通常取 3°~8°；斜頂頂面低於動模鑲塊面 0.05 mm；斜頂與模坯間用導滑塊進行導向，導滑塊可以用青銅等耐磨材料製造。

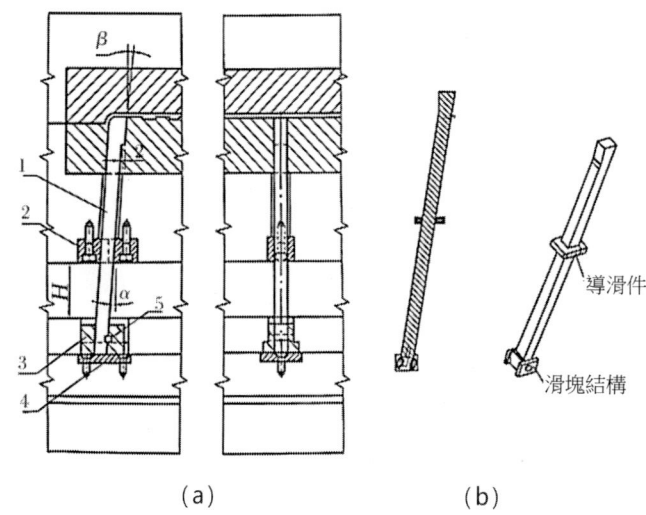

1-斜頂；2-導滑板；3-滑動座；4-耐磨板；5-限位銷
圖5-1-13 斜頂抽芯機構和斜導桿示意圖

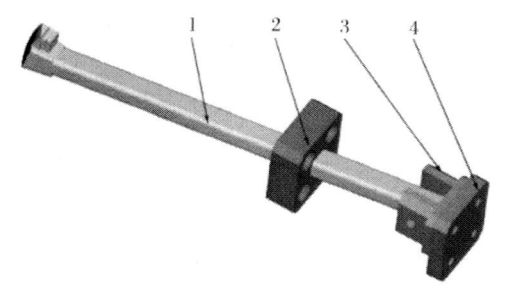

1-斜頂桿；2-導滑板；3-滑動座；4-耐磨板
圖5-1-14 斜導桿

三、斜頂抽芯的設計要點

(1)在設計斜頂抽芯機構時，必須要計算斜頂頂出行程H與斜頂角度C。斜頂角度C不能太大或太小，必須要結合塑件側凹或側凸深度來綜合衡量斜頂角度C和斜頂頂出行程H。下列是相關的計算公式。

$$\tan C = \frac{S}{H} \qquad (5\text{-}1\text{-}1)$$

式中：C——斜頂角度；

S——斜頂抽芯距，≥塑件側凹、側凸深度 $A+(1.5\sim2)$mm；

H——頂出行程。

2.斜頂主體

斜頂主體具有成型以及抽芯的作用，因此在設計時，除了要保證移動外，還應保證其斜頂的定位如圖 5-1-15 所示。一般小於 12°，通常取 3°~8°。

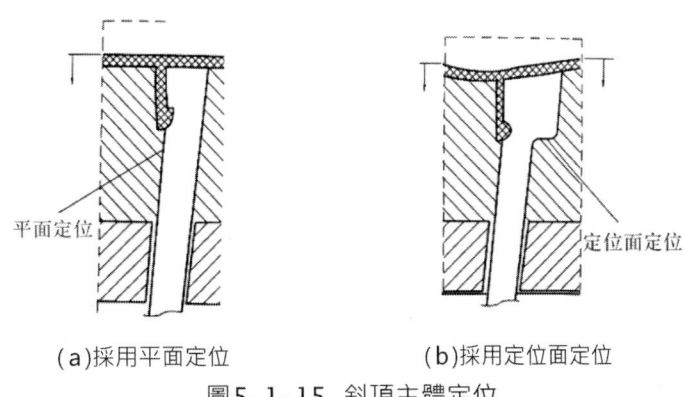

(a)採用平面定位　　(b)採用定位面定位

圖 5-1-15 斜頂主體定位

3.導向件

由於斜頂的傾斜角 α 一般較小，則斜頂的側向受力點將下移，為了提高導向壽命，往往添加導向件，與斜頂主體進行相對運動，如圖 5-1-13 所示導滑板 2。

4.滑動座

斜頂的導滑槽在滑動座中移動，如圖 5-1-16 所示。斜頂在滑動座中應保證 L 的距離，作為斜頂運動空間。

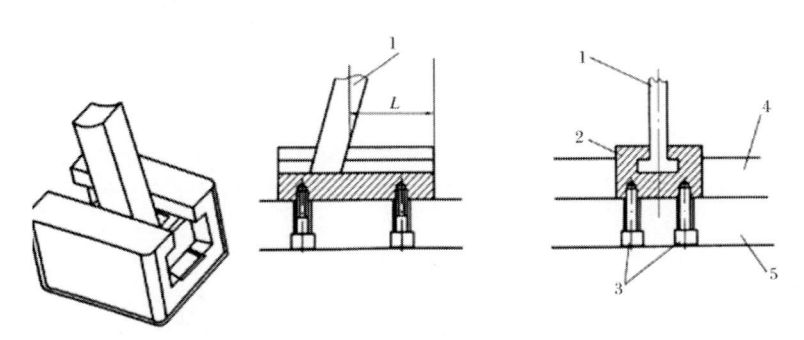

1-斜頂；2-滑動座；3-螺釘；4-推桿固定板；5-推板

圖 5-1-16　斜頂中的滑動座

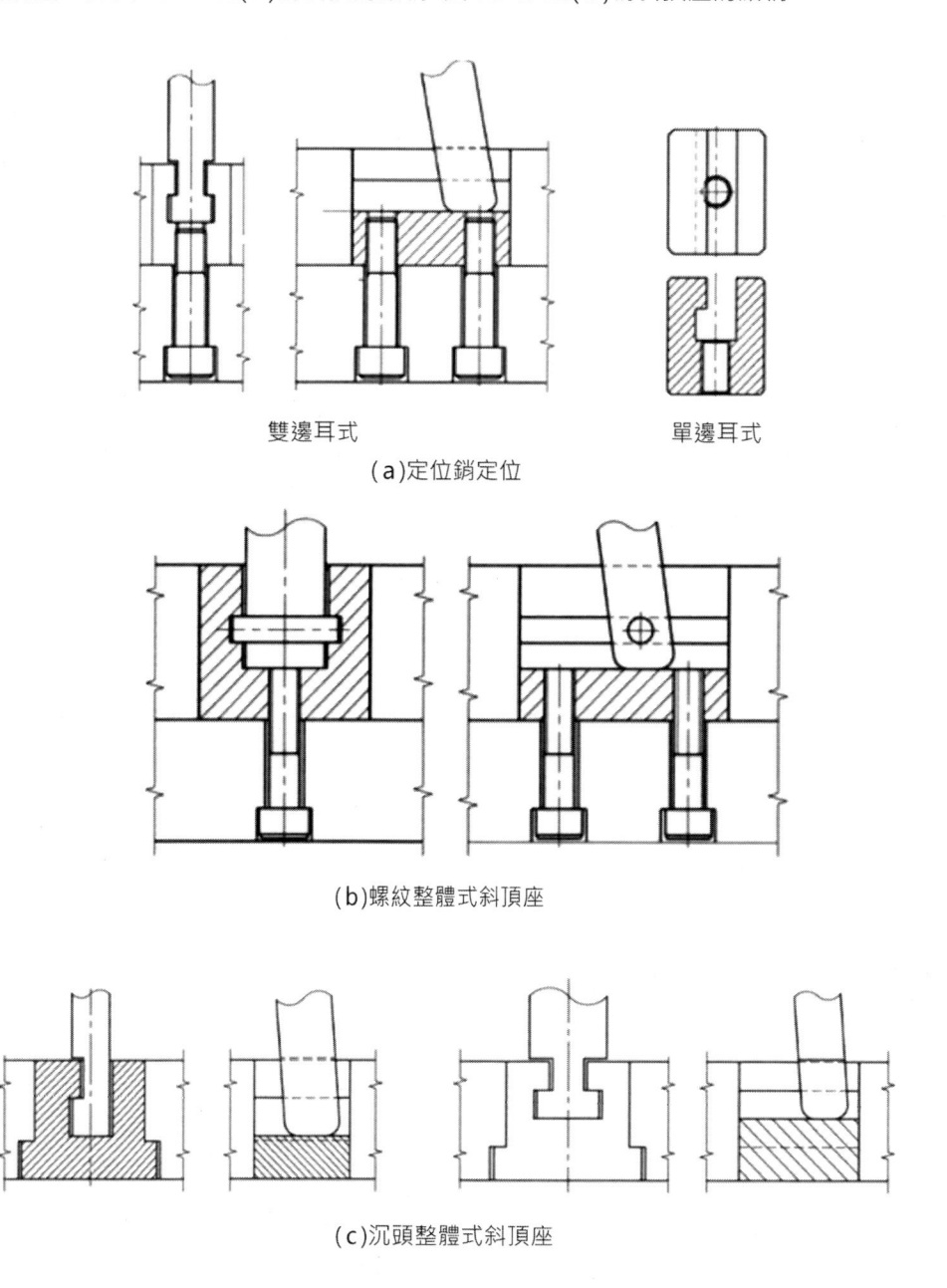

塑膠模具結構

　　斜頂與頂出板之間的連接結構如圖5-1-17所示。圖(a)所示為定位銷定位的斜頂座;圖(b)所示為螺紋整體式斜頂座,可與圓銷配合使用;圖(c)所示為沉頭整體式斜頂座;圖(d)所示為滾輪式斜頂座;圖(e)為半截式斜頂座,分為"T"形槽式頂桿與"T" 形槽式滑座。如圖 3-1-18(a)為斜頂的結構,圖 5-1-18(b)為斜頂座的結構。

雙邊耳式　　　　　　　　　　單邊耳式
(a)定位銷定位

(b)螺紋整體式斜頂座

(c)沉頭整體式斜頂座

240

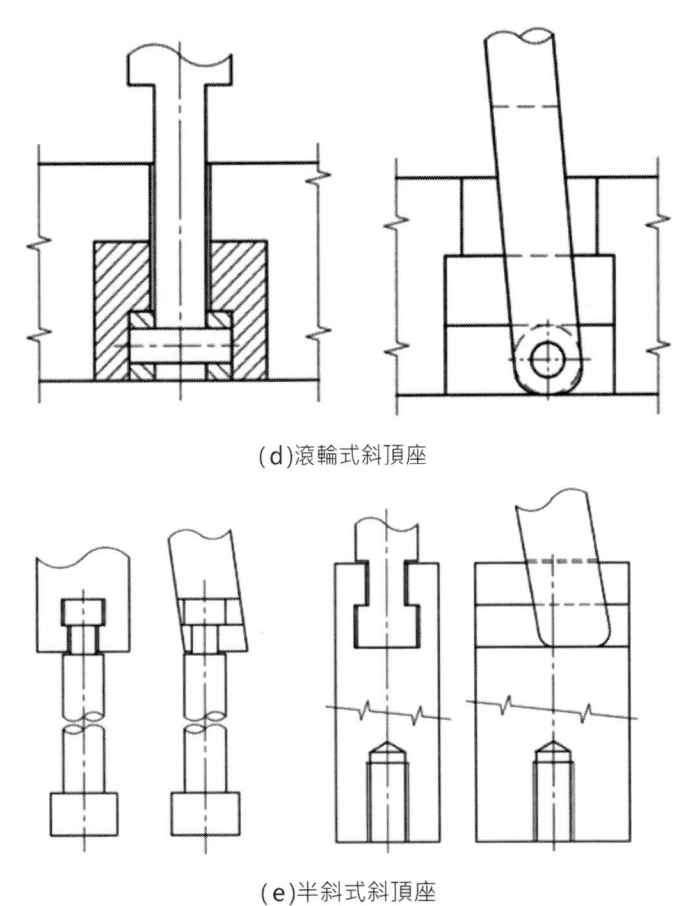

(d)滾輪式斜頂座

(e)半斜式斜頂座

圖5-1-17 斜頂與頂出板間的連接結構

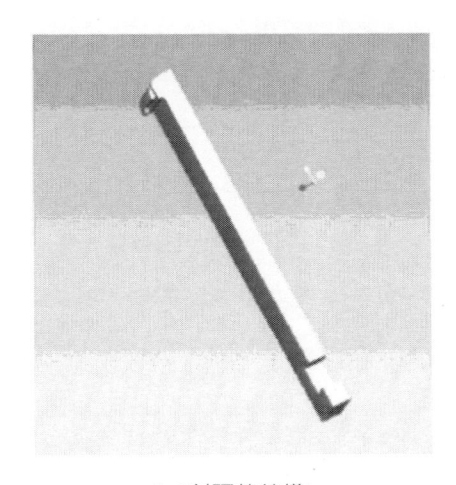

(a)斜頂的結構 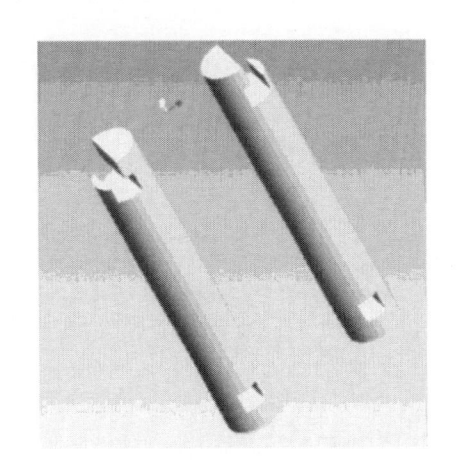　　(b)斜頂座的結構

圖5-1-18 斜頂和斜頂座的結構

四、注射模設計步驟

1.明確設計任務和準備必要的技術資料

設計者在接收任務後，開始設計前必須明確以下事項：

(1)塑件的幾何形狀及使用要求。塑膠的種類、成型收縮率、透明度、尺寸精度、表面粗糙度、塑件的組裝狀態及使用要求等。

(2)明確注射機的規格參數。最大注射量、鎖模力、最大注射壓力、範本尺寸與拉桿間距、最大(最小)模厚、合模行程、噴嘴頭部孔徑及球面半徑、定位圈直徑等。

(3)明確使用者的要求。是否自動成型、型腔數目、有無流道凝料和塑件的側孔、是成型還是採用機加工等。

(4)模具製造工藝的要求。模具製造設備、製造技術水準等。

2.確定模具的結構方案

(1)型腔數目與布排。根據塑件外形、重量及所選用的注射機等，決定型腔數量和排列方式。

(2)確定分型面。

(3)確定澆注系統和排氣方式。

(4)選擇推出方式。

(5)確定冷卻、加熱方式。

(6)根據模具材料、強度計算或者經驗資料等，確定模具支承零部件厚度、外形尺寸、外形結構、所有連接、定位、導向件位置(即進行模架的選擇)。

(7)確定成型零部件的結構形式、計算其尺寸。

(8)繪製模具結構草圖。

3.繪製模具圖

(1)繪製模具總裝配圖。儘量採用1:1的比例；正確選擇足夠的視圖，把以上設計正確表達出來，把模具的整體結構、各零部件裝配關係、緊固、定位表達清楚。

(2)繪製零件圖。繪製非標準的模具零件，尤其是成型零件。零件圖的繪製應符合機械製圖國家標準；繪圖順序為先成型零件、後結構零件；圖形方位盡可能與其在總圖中一致，視圖選擇與表達應合理、佈置得當。

4.編制零件加工工藝卡片

編制成型零件等非標準零件的工藝卡片。

5.編寫設計說明書

設計說明書包括下述內容：

(1)設計任務。

(2)使用設備及與設計有關的設備參數。

(3)方案的確定：根據塑件的特點、成型設備及加工條件，綜合分析確定(包括型腔數目、澆口位置、分型面選擇、推出特點等)。

(4)參數校核：注射量、鎖模力、最大注射壓力、注射模具與注射機的安裝部分、模具厚度及開模行程。

(5)成型零件尺寸計算。

(6)模具動作原理及結構特點。

(7)存在問題及解決辦法，包括模具設計、製造、裝配、試模，以及模具在使用過程中可能出現的問題。

(8)成型工藝條件，包括注射機料筒溫度、塑膠注射前的預處理及塑件的後處理等。

(9)模具的裝配工藝。

(10)模具設計時所用的參考資料，對設計所選用的參數、公式等必須說明出處。

6.校對審核

(1)檢查模具結構設計是否合理，包括：模具的結構和基本參數是否與注射機規格匹配；導向機構是否合理；分型面選擇是否合理；型腔佈置與澆注系統設計是否合理；成型零部件設計是否合理；推出機構是否合理；側向分型與抽芯機構是否合理，有無干涉可能；是否需要加熱冷卻裝置，如需要，其熱源與冷卻方式是否合理；支承零部件結構設計是否合理等。模具品質方面，包括：是否考慮塑件對模具導向精度的要求；成型零件的工作尺寸計算是否合理，其本身能否具有足夠的強度和剛度；支承零部件能否保證模具具有足夠的整體強度和剛度等。

(2)裝配圖審核，包括：零部件的裝配關係是否明確；配合代號標注得是否恰當、合理；零件標注是否齊全；與明細欄中的序號是否對應；有關的必要說明是否具有明確的標記，整個模具的標準化程度如何。

(3)零件圖審核，包括：零件號、名稱、加工數量是否有確切的標注；尺寸公差和形位公差是否合理齊全；各個零件的材料選擇是否恰當；熱處理要求和表面粗糙度要求是否合理。

(4)複查零件加工工藝是否合理、可行、經濟。

塑膠模具結構

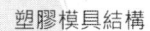

任務評價

(1)完成如圖5-1-19所示的塑件的模具設計。參照圖5-1-20電池蓋模具裝配圖,繪製塑膠蓋模具裝配圖,要求完成裝配圖的繪製及零部件尺寸的確定。

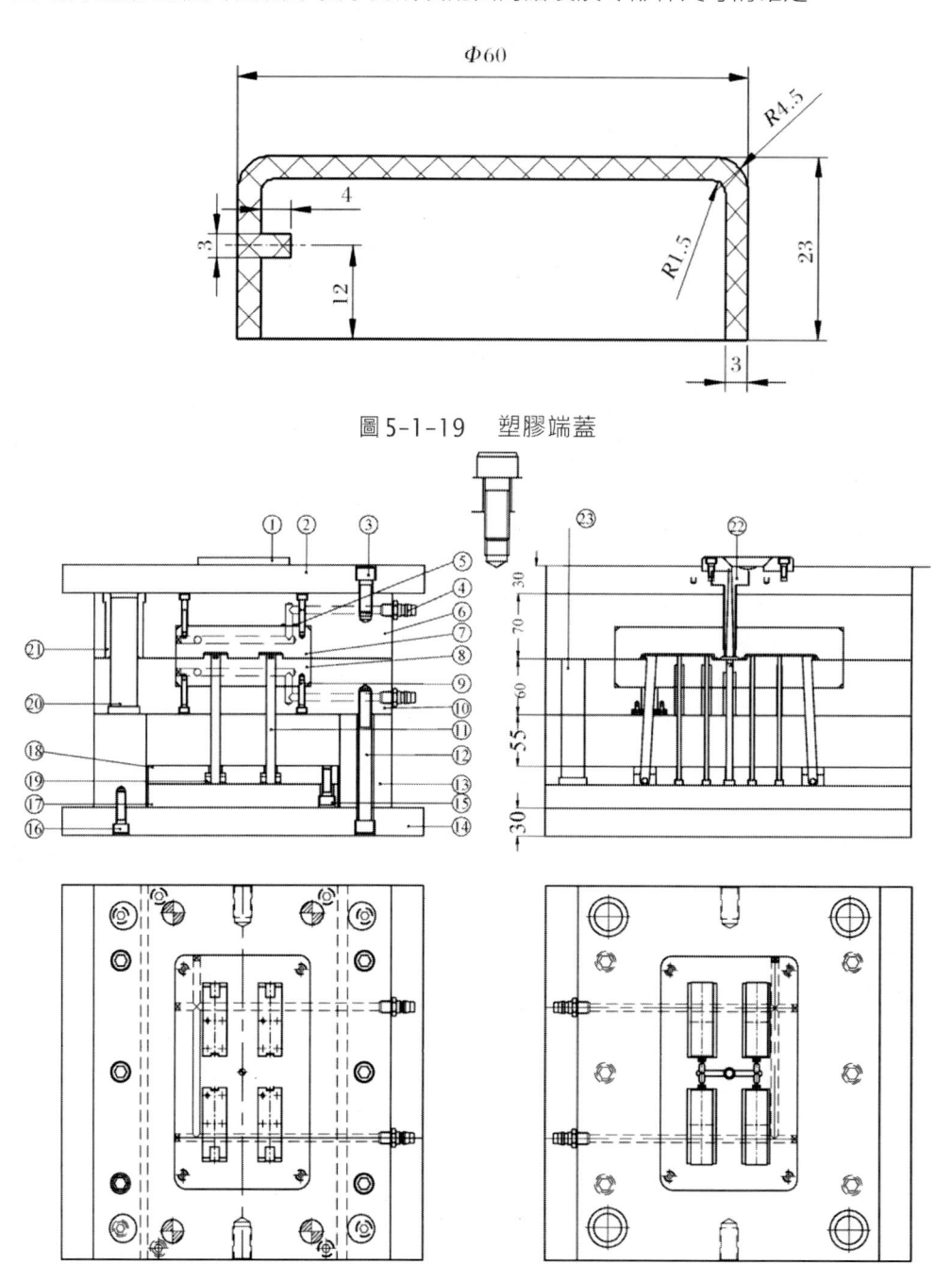

圖5-1-19　塑膠端蓋

編號	零件名稱	規格	數量	材料	技術要求	備註
23	復位杆	Ø25×135	4	STD		
22	喷嘴	Ø12×100	1	STD	HRC40±2	
21	導套	Ø30×70	4	STD		
20	導柱	Ø30×125	4	STD		
19	銷釘	Ø6×22	4	STD		
18	面針板	400×210×20	1	45		
17	底針板	400×210×25	1	45		
16	杯頭螺絲	M10×35	6	STD		
15	杯頭螺絲	M10×30	4	STD		
14	底板	400×400×30	1	45		
13	方鐵	58×400×100	2	45		
12	杯頭螺絲	M14×140	6	STD		
11	斜頂	15×10×145	4	GS738	預硬290-330HB	
10	B板	400×350×60	1	45		
9	杯頭螺絲	M6×35	8	STD		
8	後模仁	250×150×30	1	GS738	預硬290-330HB	
7	前模仁	250×150×35	1	GS738	預硬290-330HB	
6	A板	400×350×70	1	45		
5	密封圈	Ø2×16(外徑)	4	橡膠		
4	水管接頭	1/4	4	黃銅		
3	杯頭螺絲	M14×30	6	STD		
2	面板	400×400×30	1	45		
1	定位環	Ø100×15	1	STD		

未注公差按下表：

尺寸	公差
0~100	±0.1
100~500	±0.2
500~1000	±0.3
>1000	±0.5
角度	±5

圖名：遙控器電池後蓋-模具裝配圖

設計／審核／批准　樹脂材料　版本　比例　第三角度投影　收縮率　注塑機　單位 mm　圖福　第 張共 張

圖5-1-20 電池蓋模具裝配圖

(2)根據塑膠端蓋模具設計情況進行評價，見表 5-1-1。

表5-1-1 塑膠端蓋模具設計評價表

評價內容	評價標準	分值	學生自評	教師評價
模具裝配圖繪製	結構是否完整、合理	50分		
尺寸確定	是否合理	30分		
資料查閱	是否有效利用手冊、電子資源等查找相關資料	15分		
情感評價	是否積極參與課堂、與同學協作完成情況	5分		
學習體會				

附 錄

附錄一 常見名稱術語對照表

中文名稱	企業稱呼	中文名稱	企業稱呼
模架	模胚	復位桿	回針、扶針、複針、復位頂桿、復位頂針
定模鑲件	前模仁、定模仁、母模肉	斜頂	斜頂塊、斜頂桿、斜方、推方
動模鑲件	後模仁、動模仁、公模肉、釒岡柯	鑲件	入子
定位環	法蘭	推桿	頂針、頂桿
澆口套	唧嘴、熱咀	矩形推桿	扁頂針
斜導柱	斜邊、斜銷	階梯推桿	有托頂針
鎖緊塊	鏟基、鏟雞、止動塊、斜楔	推管	司筒、套筒
耐磨板	耐磨片、油板	推管型芯	司筒針、套筒針
滑塊	行位	垃圾釘	限位釘、頂針板止停銷
進澆點	入水、入水點	注射機頂桿	頂輥、頂棍
流道拉料桿	水口鉤針、水口扣針、拉料頂針	彈簧	彈弓
冷卻水道	運水	內六角沉孔螺絲	杯頭螺絲、杯頭螺釘
密封圈	"O"形圈、膠圈	無頭螺絲	機米螺絲、基米螺絲、止付螺絲
水嘴	水管頭、喉嘴、水喉、冷卻水介面	鎖模器	開閉器、扣機、扣雞、拉扣、拉鉤、鎖模扣
導柱	邊釘、直邊、導邊	尼龍鎖模器	尼龍拉鉤、尼龍扣機、尼龍扣、樹脂開閉器、尼龍膠塞、尼龍膠扣
頂出導柱	中托邊、哥林柱、中托司	分型線	啪啦線(相應的分型面叫啪啦面)

附錄二 海天公司部分注射機型號參數

海天 HTFX系列		HTF58X A	B	C	HTF86X A	B	C	HTF120X A	B	C	HTF160X A	B	C	HTF200X A	B	C	HTF250X A	B	C
螺孔直徑	mm	26	30	34	34	69	40	36	40	45	40	45	48	45	50	55	50	55	60
理論容量	cm³	24	21	19	21	20	18	23	20	19	23	20	19	22	20	18	22	20	18.3
射出量	g	66	88	113	131	147	181	173	214	270	253	320	364	334	412	499	442	535	636
射出速度	mm/s	60	80	103	119	134	165	157	195	246	230	291	331	304	375	454	402	487	579
塑料化能力	g/s	145	145	145	104	104	104	121	121	121	124	124	124	126	126	126	124	124	124
射出壓力	MPa	7	9.3	12	11	12	15	12	15	19	16	20	25	19	24	29	24	29	34.3
螺旋回轉數	r/min		255			0~240			0~220			0~230			0~190			0~225	
鎖模力	kN		810			860			1200			1600			2000			2500	
鎖模行程	mm		270			310			350			420			470			540	
時間間隔	mm		310×310			360×360			410×410			455×455			510×510			570×570	
最大板厚	mm		320			360			430			500			510			570	
最小板厚	mm		120			150			150			180			200			220	
頂出行程	mm		70			100			120			140			130			130	
頂出力	kN		22			33			33			33			62			52	
頂出根數			1			5			5			5			9			9	

續表

海天 HTFX系列		HTF58X			HTF86X			HTF120X			HTF160X			HTF200X			HTF250X		
		A	B	C	A	B	C	A	B	C	A	B	C	A	B	C	A	B	C
最大泵壓力	MPa	17.5			16			16			16			16			16		
馬達輸出功率	kW	11			13			15			18.5			22			30		
加熱器輸出功率	kW	5.15			5.7			9.3			9.3			12.45			14.85		
機械外形尺寸	m	4.04×1.0×1.72			4.5×1.25×1.9			4.92×1.33×1.95			5.4×1.45×2.05			5.3×1.6×2.1			6.02×1.7×2.1		
機械重量	t	2.5			3.45			4			5			6.8			8.1		
貯料器容量	kg	25			25			25			25			50			50		
料筒體積	L	180			200			210			240			300			570		

附錄三 常用熱塑性成型工藝參數

<table>
<tr><th colspan="2">名稱</th><th></th><th>低密度聚乙烯</th><th>高密度聚乙烯</th><th colspan="3">丙烯腈-丁二烯-苯乙烯共聚物</th><th>氯化聚醚</th></tr>
<tr><th colspan="2">代號</th><th></th><th>LDPE</th><th>HDPE</th><th>ABS</th><th>高抗沖ABS</th><th>耐熱型ABS</th><th>CPT</th></tr>
<tr><td rowspan="4">材料</td><td>密度</td><td>g/cm³</td><td>0.91~0.93</td><td>0.94~0.96</td><td>1.05</td><td>1.05~1.08</td><td>1.06~1.08</td><td>1.4</td></tr>
<tr><td>收縮率</td><td>%</td><td>1.5~4.5</td><td>1.5~4.0</td><td>0.3~0.8</td><td>0.3~0.8</td><td>0.3~0.8</td><td>0.4~0.8</td></tr>
<tr><td>熔點</td><td>℃</td><td>110~125</td><td>110~135</td><td>130~160</td><td>128~155</td><td>160~190</td><td>178~182</td></tr>
<tr><td>熱變形溫度(45N/cm²)</td><td>℃</td><td>38~49</td><td>60~82</td><td>65~98</td><td>62~95</td><td>90~124</td><td>141</td></tr>
<tr><td rowspan="7">工藝參數</td><td>模具溫度</td><td>℃</td><td>33~65</td><td>50~70</td><td>60~80</td><td>60~80</td><td>70~95</td><td>80~110</td></tr>
<tr><td>噴嘴溫度</td><td>℃</td><td>150~170</td><td>160~180</td><td>180~190</td><td>175~190</td><td>190~230</td><td>170~180</td></tr>
<tr><td>中段溫度</td><td>℃</td><td>160~180</td><td>170~200</td><td>180~230</td><td>175~225</td><td>200~240</td><td>180~210</td></tr>
<tr><td>後段溫度</td><td>℃</td><td>140~150</td><td>150~160</td><td>150~170</td><td>145~165</td><td>180~200</td><td>180~190</td></tr>
<tr><td>注射壓力</td><td>MPa</td><td>30~90</td><td>80~100</td><td>60~100</td><td>60~100</td><td>80~120</td><td>80~120</td></tr>
<tr><td>塑化形式</td><td></td><td>螺桿式、柱塞式</td><td>螺桿式、柱塞式</td><td>螺桿式 柱塞式</td><td>螺桿式</td><td>螺桿式</td><td>螺桿式</td></tr>
<tr><td>噴嘴形式</td><td></td><td>通用式</td><td>通用式</td><td>通用式</td><td>通用式</td><td>通用式</td><td>通用式</td></tr>
<tr><td rowspan="6">力學性能</td><td>拉伸強度</td><td>MPa</td><td>10~16</td><td>20~30</td><td>35~49</td><td>33~45</td><td>53~56</td><td>26</td></tr>
<tr><td>拉伸彈性模量</td><td>GPa</td><td>0.10~0.27</td><td>0.42~0.95</td><td>1.8</td><td>1.8~2.3</td><td>2.0~2.6</td><td>1.1</td></tr>
<tr><td>彎曲強度</td><td>MPa</td><td>25</td><td>20~30</td><td>80</td><td>97</td><td>78</td><td>49~62</td></tr>
<tr><td>彎曲彈性模量</td><td>GPa</td><td>0.06~0.42</td><td>0.7~1.8</td><td>1.4</td><td>1.8</td><td>2.4</td><td>0.9</td></tr>
<tr><td>壓縮強度</td><td>MPa</td><td></td><td>18~25</td><td>18~39</td><td></td><td>70</td><td>0.9</td></tr>
<tr><td>硬度</td><td></td><td>邵氏D41~46</td><td>邵氏D60~70</td><td>洛氏R62~86</td><td>洛氏R121</td><td>洛氏R108~116</td><td>洛氏R100</td></tr>
</table>

續表

電性能	體積電阻率	Ω·cm	>10^{16}	>10^{16}	>10^{13}	>10^{16}	>10^{13}	>10^{16}
	介電常數		106Hz2.3~2.4	106Hz2.3~2.4	60Hz3.7	60Hz2.4~5.0	60Hz2.7~3.5	60Hz3.1~3.3
材料	名稱		硬聚氯乙烯	軟聚氯乙烯	聚苯乙烯	改性聚苯乙烯	玻璃增強聚苯乙烯	有機玻璃
	代號		UPVC	SPVC	PS	HIPS	GFR-PS	PMMA
	密度	g/cm³	1.35~1.45	1.16~1.35	1.04~1.06	0.98~1.10	1.20~1.33	1.18~1.20
	收縮率	%	0.2~0.4	1.5~3.0	0.2~0.8	0.2~0.6	0.1~0.4	0.2~0.8
	熔點	℃	160~212	110~160	131~165			160~200
	熱變形溫度(45N/cm²)	℃	67~82		65~90	64~92.5	82~112	74~109
工藝參數	模具溫度	℃	30~60	30~40	40~60	40~60	20~60	40~80
	噴嘴溫度	℃	150~170	145~155	160~170	170~180	170~180	180~250
	中段溫度	℃	165~180	155~180	170~190	170~200	170~215	200~270
	後段溫度	℃	150~160	140~150	140~160	150~160	150~170	180~200
	注射壓力	MPa	80~130	40~80	60~100	60~100	70~100	80~150
	塑化形式		螺桿式	螺桿式	螺桿式 柱塞式	螺桿式	螺桿式	螺桿式、柱塞式
	噴嘴形式		通用式	通用式	通用式	通用式	通用式	通用式
力學性能	拉伸強度	MPa	35~50	10~24	35~63	14~68	77~106	50~80
	拉伸彈性模量	GPa	2.4~4.2		2.8~3.5	1.4~3.1	3.23	3.16
	彎曲強度	MPa	≥90		61~98	35~70	70~119	100~145
	彎曲彈性模量	GPa	0.05~0.09	0.006~0.012				2.56
	壓縮強度	MPa	74~80	6.2~11.5	80~112	28~112	90~130	
	硬度		洛氏 R110~120		洛氏 M65~80	洛氏 M20~90	洛氏 M65~90	15.3HBS
電性能	體積電阻率	Ω·cm	6.71×10^{13}	10^{11}~10^{15}	10^{17}~10^{19}	>10^{16}	10^{13}~10^{17}	10^{2}~1.5×10^{15}
	介電常數		60Hz3.2~4.0	60Hz5.0~9.0	10^{6}Hz≥2.7	60Hz3.12		60Hz3.7